KB273735

이야기에서 물리 찾기 1

이야기에서 물리 찾기

청유재 사람들 지음

1

지학사

이토록 물리학적인 이야기라니!

인류에게는 이야기를 만들어 다른 사람에게 들려주는 재주, 또 그 이야기를 듣고 공감하는 능력이 있습니다. 어쩌면 지구상의 모든 생명체 중 유일하게 인류만 가지고 있는 능력이고, 우리 인류가 현재와 같은 문명을 이루도록 한 가장 강력한 원동력일 겁니다.

문자가 만들어지기 전에도 인류는 말을 통해 후천적으로 얻은 귀중한 지식까지 후손에게 전할 수 있었습니다. 여기에 이야기가 아주 중요한 역할을 했지요. 수많은 지식을 "이럴 때는 이렇게 해라"라며 무조건 외우게 했다면 쉽게 전달되지 않을 겁니다. 현재 우리의 교육은 그런 방식으로 진행되고 있지만요. 지식 전달에 이야기를 곁들이면 효율이 훨씬 높아집니다. 밤하늘에 아무렇게나 흩어져 있는 많은 별 중에서 어느 한 별을 가리키며 "저 별이 해가 진 뒤에 동쪽 하늘에 떠오르면 봄이 오는 것이니 농사를 준비해라"라고 한다면 알아듣기도 어렵고 기억하기도 어려울 겁니다. 대신, 밤에 모닥불에 모여 앉아 몇 개의 밝은 별을 묶어 목동과 처녀의 모양에 대응시켜 별자리를 만들고 거기에 이카리오스와 그 딸 에리고네의 슬픈 이야기를 들려주면 억지로 외우지 않아도 이야기와 함께 머리에 각인이 될 겁니다. 지식은 대대로 전수될 것이고 이야기도 살이 붙어 점점 더 재미있어지겠지요. 한때 이러한 '스토리 텔링 방식의 교육' 바람이 우리나라 교육계에 분 적이 있습니다만 대학 입시라는 거대한 벽에 가로막혀 소멸했나 봅니다.

교훈이 담긴 이야기는 어떤가요? 이것은 어린이에게 인류 사회의 규범과 도덕을 교육하는 데 아주 효과적인 도구였습니다. 사실 지금도 그렇지요. "남에게 나쁜 일을 하지 마라"고 가르치는 것보다는 어느 오누이의 어머니를 해친 호랑이가 벌을 받는다는 이야기가 가슴에 더 새겨질 겁니다. 거북이와 달리기 시합을 하다가 자만에 빠져 잠을 자는 바람에 시합에 지는 토끼의 이야기는 "남보다 뛰어나다고 자만하지 마라"고 하는 딱딱한 훈계보다 훨씬 오래 가슴에 남지 않을까요?

이야기라고 하면 인문학(人文學)에서 다루는 거라고 여길 수 있습니다. 이야기는 그야말로 사람(人, 인)이 말과 글(文, 문)을 사용해서 하는 행위니까요. 이야기를 짓거나 평론하고 분석하는 '문학'은 확실히 인문학의 한 분야입니다. 하지만 모든 이야기에는 자연과학적 요소도 들어 있습니다. 주인공의 성격이나 상황 등을 설정하여 이야기를 지어내는 건 문학의 영역이지만, 우리 주변에서 일어나는 여러 현상과 어느 정도 맞도록 이야기를 이끌어 가는 데는 자연과학적 사고방식도 중요하기 때문입니다. 이야기가 일상의 경험과 너무 동떨어지거나 일관성이 없게 전개되면 사람들이 곧바로 이의를 제기할 겁니다. '말도 안 돼!'라고 하면서요. 공감하지 못하니 좋은 이야기가 아닌 거지요. 모두 물리를 전공한 우리 가족이 연속극이나 영화에서 일관성이 없는 대목이 나올 때 일제히 내뱉는 말이 '말도 안 돼!'입니다.

이런 경험을 바탕으로 잘 알려진 몇몇 이야기에 물리학을 연계하는 **'이야기에서 물리 찾기'**를 시도해 보았습니다. 물리학을 적용한다고 해서 피터 팬이 하늘을 날고, 사람과 호랑이가 대화를 나누는 데 대해 '말도 안 돼'라고 말하려는 건 아닙니다. 이 책에서는 토끼와 거북이가 대화를 나누고 달리기 시합을 하는 설정은 그럴 수 있다고 받아들입니다. '호랑이가 담배 피던 시절'도 문제 삼지 않습니다. 이야기의 처음 설정은 수학에서 공리와 같은 것입니다. 이야기를 하는 사람과 듣는 사람 사이에 '그렇다고 치자'며 암묵적으로 약속하는 것이니까요. 더구나 사람이 하늘을 날고 동물끼리 대화를 나누는 것이 불가능하다고 단언하는 어떤 물리법칙도 없습니다. SF 영화이기는 하지만 아이언 맨은 보조 장치를 이용하여 하늘을 날고, 소설 '개미'에서는 컴퓨터로 페로몬 분사를 조절하여 개미와 대화를 나누기도 하니까요.

다시 한번 말하지만 **'이야기에서 물리 찾기'**는 인문학적 상상에 무작정 자연과학적 잣대를 들이대려는 것은 아닙니다. 게다가 인문학과 자연과학을 구분하거나 서로 대립하는 학문으로 여기는 것은 잘못입니다. 현재 우리 사회에서 그렇게 받아들여지고 있지만요. 태초의 인류에게 이야기는 모든 지식을 집대성한 것이었습니다. 철학이었고 윤리였고 과학이었고 또 교육이었습니다. 그래서 오래된 이야기에는 그것이 만들어질 당시의 과학적 사고가 들어 있습니다. 현재는 그 이야기를 과학과 연결해서 생각하기 어려울 수도 있지만요. 토끼와 거북이 이야기를 예로 들어 볼까요? 토끼가 빠르게 달리고 거북이가 느리게 기어가는 것은 과학 상식입니다. 이솝이 살던 때만이 아니라 지금도 그렇습니다. 그러니 달리기 시합에서 토끼가 이기는 건 당연합니다. 그것이 뒤집히니까 이야기가 재미있는 겁니다. 그런데 이런 질문을 해 보세요. 왜 달리기 시합을 하는 동물이 토끼와 거북이여야 할까요? 빠르게 달리는 동물은 여우나 개도 있고, 달팽이나 나비 애벌레는 거북이보다도 더 느리게 움직이는데요. 덩치가 크고 날 수도 있는 베짱이와 크기가 작고 땅에서 기어다닐 수밖에 없는 개미가 경주하는 이야기는 어떤가요? 하지만 중간에 잠을 자야 하는 이야기의 주인공으로는 토끼가 제격입니다. 토끼는 초저녁에 활동을 시작하는 밤야행성 동물로 낮에는 주로 굴속에서 잠을 자거든요. 이솝이 이야기를 만들 때도 사람들이 토끼의 이런 생태를 알고 있었을 겁니다. 그러니까 누구도 '토끼가 무슨 낮잠을 자?'라고 따지는 사람이 없었겠지요.

토끼의 시합 상대로 거북이가 선택된 것도 제법 과학적입니다. 거북이는 느리지만 먹이를 향해 곧바로 기어갑니다. 포식자인 거북이는 이리저리 도망 다닐 필요가 없지요. 단단한 등껍질도 있고요. 우리가 토끼와 거북이의 경주 이야기를 들을 때 거부감을 느끼지 않는 이유는 어쩌면 이러한 과학적 상식이 우리에게 내재해 있기 때문이 아닐까요? 일상에서 토끼와 거북이의 생태를 직접 접하기 어려운 현대인이라 할지라도 말이지요.

그런데 과학은 이야기가 만들어진 후에도 계속 정교하게 다듬어지면서 발전하였습니다. 이솝 당시에는, 예를 들어 토끼와 거북이의 속력을 알 수 없었습니다. 아예 속력이라는 물리량이 정의되지도 않았고, 그렇다 해도 당시의 시계로는 속력을 측정할 수도 없었을 겁니다. 그러니 토끼가 거북이에 비해 빠르다는 정성적인 사실만으로 이야기가 만들어진 겁니다. 이제는 가능하지요. 거북이가 기어가는 속력은 토끼가 달리는 속력의 1/100 정도입니다. 일정한 거리를 경주할 때, 토끼는 거북이가 완주하는 데 걸리는 시간의 1/100만에 결승점에 도달할 수 있으니까, 시합에서 지려면 거북이가 완주하는 시간의 99% 이상을 자야만 합니다! 거북이가 결승점에 도달하는 데 1시간이 걸린다면 59분 이상을 자야 하는 겁니다. 큰 육식동물의 먹잇감인 토끼가 나무 그늘에서 이렇게 오래 잠을 잘 수는 없지요. 그래서 그런지 17세기에 라퐁텐이 개작한 이야기에는 토끼가 잠을 자지 않습니다. 대신 토끼가 결승점을 향해 곧바로 달려가지 않고 이리저리 돌아다닙니다. '언제든지 마음만 먹으면 거북이를 이길 수 있다고' 자만하면서요. 이것도 17세기의 과학적 사실이 반영된 것이라고 할 수 있습니다. 토끼는 도망칠 때 이리저리로 뛰어다니거든요.

'해님과 달님' 이야기에서 호랑이에게 내려온 썩은 동아줄도 그렇습니다. 썩은 줄이 쉽게 끊어진다는 것은 일상에서 경험할 수 있고 당연하게 받아들여지는 과학 상식입니다. 이야기에 나온 '썩은 동아줄'은 믿고 의지했는데 그럴만한 것이 아니라고 밝혀지는 어떤 존재를 상징하는 말로도 통합니다. 그런데 뉴턴의 운동법칙을 제대로 적용하면 이야기처럼 줄이 중간에 끊어지기가 어렵다는 것을 알 수 있습니다. 만일 썩은 동아줄이었다면 정지해 있던 호랑이가 끌어올려지는 순간에 끊어져야 하거든요. 그 순간 줄에 중력보다 큰 힘이 작용하게 되니까요. 그러니 호랑이가 높은 데서 떨어져 죽지 않을 수도 있습니다. 만일 줄이 등속도로 끌어올려지는 대로 호랑이가 얌전하게 올라갔더라면요.

이렇게 언뜻 보면 과학적으로 옳게 보이는 것도 현재의 물리학을 적용하면 잘못된 것도 있습니다. **'이야기에서 물리 찾기'**에서는 이야기를 읽을 때 당연하게 받아들여지는 일반적인 과학 상식을 물리법칙을 적용하여 따져 보고자 합니다. '이야기를 이렇게 물리학적으로 분석하니 또 다른 재미가 있네?'라고 좋아할 독자가 많기를 기대합니다. 혹시 이야기가 전하고자 하는 본질을 흐려 놓을 수 있기에, 그에 대한 보상으로 나름의 새로운 교훈을 제시하기도 합니다. 하지만 이 책에서 가장 강조하고 싶은 것은 당연하다고 생각하는 것에 대해 던지는 엉뚱한 질문 그 자체입니다. 심지어 '여우와 신포도' 이야기마저도 왜 여우이고 포도여야 하는지에 대한 질문으로 시작합니다.

　　　　　　　　　* * *

　　'이야기에서 물리 찾기'는 물리 이야기책입니다. 고대에 재미있는 이야기를 곁들여 별자리를 알려주던 것처럼, 수다를 떨 듯 이야기로 물리학을 전달하는 것이지요. 이 책의 구성은 각각의 주제나 용어에 대해 개념을 깔끔하게 정리해 놓은 교과서와는 다릅니다. 특히, 일선 학교에서 선생님들이 교과서를 요약해서 '이것만 공부하면 된다'라며 나누어 주는 유인물과는 정반대입니다. 이렇게 토막 난 지식을 전달하는 교육에서는 창의력의 기본 요소인 융합적이고 발산적인 사고가 길러질 리 없습니다. 이 책에서는 오히려 하나의 주제에 얼마나 많은 것들이 관련되어 있는지를 보여 주려고 합니다. '이런 것들도 알면 좋겠다'라는 식으로 관련된 잡다한 내용을 이야기할 겁니다. 마치 아라비안나이트처럼 때로는 이야기가 가지를 치거나 옆길로 자주 새 나가기도 합니다. 세헤라자드는 사나운 왕으로부터 목숨을 지키기 위해 이야기를 덧붙이지만, 우리는 여러분의 타고난 창의성을 암기식 교육으로부터 지켜 보려고 그렇게 합니다. 이야기가 옆길로 새면 헷갈릴 수도 있을 겁니다. 그렇지만 이 책은 어떤 특정한 내용만 알게 하려는 것이 아닙니다. 호랑이에게 내려온 줄이 썩은 것인지 아닌지는 중요하지도 않지요. 사실 확인할 방법도 없습니다. 단지 이야기의 소재일 뿐이지요. 늘어놓은 잡다한 이야기 중 하나라도 여러분이 재미있게 받아들여 자신의 지식으로 만들면 좋겠습니다.

이 책에서는 답이 없을 수도 있는 질문을 던집니다. 질문한 다음 곧바로 답을 제시하지도 않습니다. 답보다 그 답을 찾아가는 과정을 아는 것이 더 중요하다고 생각하기 때문이지요. 질문을 던진 다음 그에 관련된 여러 이야기를 늘어놓습니다. 답을 찾는 데 그리고 나중에 그 답을 이해하는 데 필요한 여러 기초 지식을 나열하는 겁니다. 추리소설에서 단서를 흘리듯이 말이지요. 답이 궁금한 사람은 '답이 언제 나와?'라고 지루해할지도 모르겠습니다. 하지만 이렇게 해서라도 'A는 B다'라고 딱 외울 것만 가르치는 우리나라 과학 교육에서 조금이라도 벗어나 보려고 합니다. 이렇게 단편적인 사실만 아는 것은 오래전에 장자(莊子)가 '외줄 위에서 걷는 광대의 걸음처럼 위태롭다'라고 비판했던 얇은 지식입니다. 걷는 데 필요한 발바닥 면적만큼의 땅만 남기고 나머지를 모두 파내 버리면 제대로 걸을 수 없는 것처럼, 이런 얕은 지식만으로는 세상을 제대로 살아가기 어렵습니다. 기원전 장자의 시대에도 그랬는데 AI가 사람을 능가하려는 세상에서는 말할 것도 없지요. 그런데도 우리 교육 현장에서는 시험에 나오는 것만 외우고 모두 무시하라고 가르칩니다.

이 책에서 다루는 '토끼와 거북이 경주', '해님과 달님', '여우와 신포도' 이야기는 물리학 교과서처럼 속도, 가속도, 힘과 운동과 같은 물리학 개념을 순서대로 설명해 보려고 고른 것입니다. 하지만 토끼가 이리저리 방향을 바꾸며 달리는 것을 전류가 흐르는 도선 안에서 전자의 움직임과 비교하기도 하기도 하니 물리 교과서의 순서를 엄격하게 지키지는 건 아닙니다.

이 책에는 설명에 필요한 수식을 모두 사용하였습니다. '물리'라는 단어가 책 제목에 들어가면 판매 부수가 1/10로 줄어들고, 수식 하나가 들어갈 때마다 다시 1/10로 줄어든다고 합니다. 그런데도 고집을 부리는 이유는 물리학의 본질이 '수학을 도구로 사용하는 자연 현상의 정량적 분석'이기 때문입니다. 히가시노 게이고의 소설이 원작인 일본 수사 드라마 '갈릴레오'에서 주인공인 물리학과 교수가 사건을 해결할 때마다 아무 곳에나 수식을 써 내려가는 장면은 이것을 상징적으로 나타내고 있습니다. (드라마에서 그가 마구 써 대는 수식이 실제 상황과 거의 관계가 없지만요.) 그러니 수식을 사용하지 않고 정성적인 분석에 그친다면 진정한 물리학이 아닙니다.

현재 우리나라 물리 교육에서 학생들이 어려워한다는 이유로 초등학교에서는 아예 수식을 배제한 채 가르치고, 중학교에서도 되도록 수식을 피하고 있습니다. 어쩌면 이런 교육이 학생들이 나중에 물리학을 어려워하게 만드는 원인일 수도 있습니다. 결국 수식을 사용해야 할 텐데 자꾸 뒤로 미루다 보니 고등학교나 대학교에서 만나는 물리학에 접근 불능 상태가 되는 거지요.

수식을 사용하지 않는 물리학을 비유하는 이야기를 하나 할까요? 어떤 사람(A)이 무언가를 잃어버렸는지 가로등 불이 비치는 곳에서 열심히 찾고 있었습니다. 지나가던 사람(B)이 도와주려고 나섰는데 가로등 밑에는 이렇다 할만한 것이 보이지 않았습니다. 다음은 두 사람이 나누는 대화입니다.

B : 여기는 아무것도 없는데요? 어디에서 무엇을 잃어버렸어요?

A : (깜깜한 수풀을 가리키며) 저기에서 집 열쇠를 떨어뜨렸어요.

B : (기가 막혀서) 그런데 왜 여기에서 찾고 있어요?

A : (당연한 듯이) 여기가 가로등이 비추어서 밝으니까요.

어떤가요? 학생들이 어려워한다는 이유로 수식 없이 물리학을 가르치는 것이 마치 이 이야기에 나오는 수풀에서 잃어버린 열쇠를 단지 밝다는 이유로 가로등 밑에서 찾는 것과 똑같다는 생각이 들지 않나요? 수식은 물리학의 언어입니다. 우리말로 따라 읽기야 하겠지만 수식은 번역과 해석이 필요한 외국어입니다. 지구상의 모든 사람이 알아듣기 어려우니 외계어라고 해야겠네요. 그래서 수식을 이해하고 능숙하게 사용하려면 많이 연습해야 합니다. 또 쉬운 것부터 차례로, 그리고 제대로 배우고 익혀야 합니다. 영어를 가르치고 배울 때 어떻게 하는지 생각해 보세요. 'I love you.'와 같은 간단한 문장으로부터 시작하잖아요? 사실 외국어만이 아니라 우리말도 그렇게 배웠습니다. 틀릴 때마다 제대로 할 수 있을 때까지 계속 도와주는 사람도 있었지요. 수식도 그렇게 가르치고 배우며 익혀야 합니다. 그런데 우리의 수식 교육은 그렇게 하지 않습니다. 심지어 수식의 기본인 등호 '='에 대해서조차 제대로 설명하지 않습니다. 그래서 '~와 같다'라는 뜻의 동사인 '='를 우리말의 어조사인 '는'이라고 알고 있는 사람이 많을걸요?

이러한 이유로 이 책에서는 과감하게 수식을 사용합니다. 다만, 나온 수식을 명확하게 해석(번역)하고 자세하게 설명하려고 합니다. 그리고 공식처럼 수식만 툭 던져 놓는 것이 아니라 물리학의 기본 법칙으로부터 유도하겠습니다. 이에 대해 물리학에 어느 정도 기초가 있는 독자는 아마도 지루하다고 여길지도 모르겠습니다. 반면에 아무리 자세하게 설명했다고는 하나 어렵게 여길 독자도 있을 겁니다. 지루하거나 어려우면 수식의 설명이나 유도 과정은 건너뛰기를 권합니다. 하지만, 이 책에서 인용하는 모든 물리학을 담으려고 노력한 것이니 읽어 보기를 권합니다. 물리학 책을 그대로 베낀 것도 아니고 학교 수업 내용을 답습하는 것이 아니라는 점을 강조합니다.

여러 이유로 이 책은 결코 쉬운 책은 아닙니다. 그렇지만 우리 저자들은 앞서 출판된 '부엌에서 물리 찾기' 서문에서도 말한 것처럼 과학자가 꿈인 초등학생이 이 책을 읽기를 간절히 바랍니다. 이 책에서 던지는 엉뚱한 질문을 재미있게 읽고 받아들여서, 당연하게 보이는 모든 것에 의심하며 질문을 던지는 습관을 어렸을 때부터 기르면 좋기 때문입니다. 당장은 어렵고 복잡하더라도 현재 자신이 알고 있는 지식을 동원하여 모르는 내용을 유추해 본다면 두뇌 훈련에도 좋을 겁니다. 나중에 과학자가 되면 이 세상의 누구도 알지 못하는 것을 연구해야 하니까요. 초등학생이 읽기를 바라는 또 하나의 이유는 초등학생 대상으로 아주 쉽게 단편적인 내용만 기술한 책을 읽고 '나 이것 알아'라고 하지 않기를 바라기 때문입니다. 이 책에서 접하는 이해하기 어려운 내용을 접하여 어떤 것에 대한 지식이 끝이 없다는 것을 알았으면 좋겠습니다.

물리학을 공부하려고 물리학과에 입학한 신입생들이 이 책을 읽으면 좋겠습니다. 물리학에 기초 지식이 있을 테니 큰 문제 없이 읽고 이해할 수 있을 겁니다. 특히 이 책의 상당 부분을 할애한 물리량과 물리 법칙에 대한 자세한 설명은 자신이 가지고 있던 기초 지식을 더욱 단단히 다지는 데 도움이 될 것입니다. 그리고 훌륭한 물리학자가 되려면 많은 내용을 배우고 익히는 것뿐 아니라 질문을 만들어낼 줄 알아야 한다는 걸 깨닫기를 바랍니다.

이 책이 중등 교육 현장에서 스토리 텔링 방식의 교육자료로 활용된다면 좋겠습니다. '속력은 움직인 거리를 움직이는 데 걸린 시간으로 나눈 것이다'라는 공식을 '거-속-시'라고 외우게 하고 '100m를 10초에 달리면 속력이 얼마인가?'라는 딱딱한 문제를 푸는 수업보다 '토끼가 얼마나 자야 거북이에게 경주에서 질까?'라는 이야기가 학생들에게 더 효과적이지 않을까요? 사실 이 책의 출발점 역시 가족 중의 한 사람(KH)이 대학 일반 물리 강의에 사용했던 '달리기 시합에서 토끼가 얼마나 잤기에 거북이에게 졌을까?'라는 질문이었습니다. 실제로 계산해 보니 토끼가 터무니없이 오래 자야 해서 식구들이 모두 재미있어했지요. (우리 가족은 모두 물리학을 전공하였습니다.)

최근 과학을 다루는 동영상이 많아졌고 그것을 보는 사람도 많습니다. 조회한 수뿐 아니라 구독자까지 많은 유튜브 채널도 제법 됩니다. 이렇게 과학에 관심이 높아진 것은 우리나라의 과학 발전에 좋은 소식입니다. 한 나라의 과학이 발전하기 위해서는 연구자들의 역량이 뛰어나기도 해야겠지만 일반인들의 관심과 지적 수준 역시 높아야 하기 때문입니다. 그래서 이런 희망을 품어 봅니다. 비교적 시간적 여유가 있고 혹시 과학에 관심이 생긴 할머니와 할아버지들이 이 책을 읽고 손주들에게 토끼와 거북이 이야기를 해 줄 때 '토끼가 얼마나 자야 거북이에게 경주에서 질까?'라는 것도 곁들이면 참 좋겠다고 말이지요. 마치 먼 옛날 할아버지 할머니들이 손주들에게 이야기로 지식을 전달하던 것처럼요. 자녀들을 이 학원 저 학원에 보내는 부모님들이 이 책을 읽고 '토끼처럼 바쁘게 이리저리 뛰어다니기보다는 거북이처럼 느리더라도 결승점을 향해 움직여야 경주에서 이긴다.'라는 물리학적 교훈을 진지하게 생각해 주기를 기대하는 건 어떤가요? 이것들 모두 우리 물리학 가족이 세상 물정을 너무 몰라 품는 희망이겠지요?

지금은 아이들이 모두 떠났지만 '우리 집'은 충남 논산에 있는 작은 주택입니다. 서예가이신 장암(長巖) 선생께서 청유재(淸遊齋, 맑게 놀다 가는 집이라는 뜻)라는 몸에 맞지 않은 옷처럼 집에 비해 너무 거창한 택호를 지어 주셨는데 그 뜻을 마음에 새기고 살고 싶어 그리 부르고 있습니다. 그래서 이 책의 저자를 '청유재 사람들'로 한 것입니다. 자연과 자연과학을 좋아하는 분은 청유재에 언제든 환영합니다. 오셔서 맑게 놀다 가시면 좋겠습니다.

이 책에 나오는 몇몇 그림(그림 1-1, 그림 2-1, 그림 3-1)은 올해 95세인 장모님께서 그리신 것입니다. 사군자와 같은 문인화 외에는 배우신 적이 없는데 딸 가족이 책을 만드는 데 필요하다고 부탁드렸더니 여러 동화책에 나오는 그림을 참고하여 색연필로 그려 주셨습니다. '훨씬 잘 그린 그림을 써야지'라고 하시지만 우리 가족의 책에 오히려 훨씬 더 큰 의미가 있는 그림입니다.

인기 없는 물리학 책을 출판하시겠다고 받아주신 권준구 사장님께 감사드립니다. 복잡한 그림과 수식이 많은 원고를 편집하고 교정하느라 애쓰셨을 김지영 차장님 및 편집부에 감사를 드립니다.

2026년 1월 청유재에서

저자 대표 박병윤

목차

들어가며   4

첫 번째 이야기: 토끼와 거북이의 경주

왜 달리기 시합을 하는 것이 토끼와 거북이일까요?   30
- 토끼가 주인공인 이유를 생각해 봅시다   31
- 거북이가 주인공인 이유를 생각해 봅시다   32

거북이는 용감한 걸까요? 아니면 무모한 걸까요?   33
- 거북이가 토끼를 이기는 것이 과학적으로 불가능할까?   36
- 속력만 따지면   36
- 달리기는 가속운동이라 에너지가 소모됩니다   40
- 속력이 아니라 속도가 중요해요   42

토끼는 얼마나 오랫동안 잠이 든 걸까요?   44
- 거북이에게 지려면 토끼는 아주 오래 자야 해요   44
- 앗! 구간단속 주의!   49

토끼와 거북이가 경주한 거리는 얼나마 될까요?   50
- 원근법의 원리를 이용하여 경주한 거리 구해 보기   51

• 정보가 완벽하지 않아도 올바른 결론에 이르기   56

• 둥근 지구로 인한 경주 거리의 제한 : 지평선   61

물리 이야기 : 유동속도   69

• 전류에 대한 드루드 모형   70

• 전기장이 걸린 도체 안에서 전자의 운동이

   토끼의 달리기와 비슷해요.   72

토끼와 거북이 경주 이야기의 물리학적 교훈   77

두 번째 이야기 : 해님과 달님

호랑이가 잡은 줄이 과연 썩은 동아줄이었을까요?   88

• 썩은 동아줄이었다면 들어 올려지는 순간에 끊어져야 합니다   88

• 물리 공부 : 위치, 속도와 가속도   92

• 물리 공부 : 뉴턴의 운동법칙   111

• 물리 공부 : 중력   122

• 물리 공부 : 장력   125

• 중력과 장력이 항상 같지는 않습니다   130

호랑이가 왜 높은 곳에서 떨어졌을까요?   138

• 호랑이가 욕심을 부려 가속운동을 했어요   138

• 자기보다 무거운 상자를 끌어 올리는 원숭이의 묘기   140

호랑이가 손에 기름도 발랐었지요?   147

• 물리 공부 : 수직항력   148

· 물리 공부 : 정지마찰력과 운동마찰력　152

· 김시습 이야기　157

· 호랑이 추락 사건의 전말　159

· 기름을 바르면 왜 미끄럽나요?　163

동아줄은 왜 튼튼한가요?　171

**'해님과 달님' 이야기가 '빨간 모자'나 '아기 염소와 늑대' 이야기와
얼마나 비슷할까요?**　183

해님과 달님 이야기의 물리학적 교훈　190

세 번째 이야기 : 여우와 신포도

왜 여우와 포도일까요?　195

· 인지부조화를 자기합리화로 해소하는 이야기에 여우와 포도는
딱 맞는 조합입니다　198

여우는 얼마나 높이 뛸 수 있을까요?　204

· 일차원 운동으로 단순화하기　204

· 크기를 가진 물체의 위치는 정의하기 어렵습니다　206

· 물리 공부 : 연직상방향 운동　211

· 동물이 뛰어오를 수 있는 높이는 크기에 따라 다르지 않다?　216

물리 공부 : 포물선 운동!　221

· 갈릴레오의 발견　221

• 영화 '매트릭스'의 한 장면 … 228

• 데카르트식 좌표계 : x와 y … 230

• 포물선이라는 이름에 대한 유감 … 239

• 스듬히 던진 물체도 포물선 운동을 하나요? … 252

• 원숭이 사냥꾼 문제 … 259

• The quick brown fox jumps over the lazy dog … 261

물리 공부 : 벡터(vector) 물리량 … 264

• 벡터를 화살표로 나타내기 … 266

• 벡터 물리량끼리 더하기 … 268

• 벡터에서 벡터를 빼기 … 276

• 스칼라 물리량과 벡터 물리량을 곱하기 … 278

• 속도와 가속도는 벡터 물리량입니다 … 281

• 힘도 벡터입니다 … 288

• 포물선 운동을 벡터로 알아보기 … 290

• 벡터를 좌표로 나타내기 … 294

• 수평 방향으로는 등속운동, 연직 방향으로는
등가속운동이라는 말의 근거 … 305

물리 공부 : 질량 중심(center of mass) … 312

여우는 과연 얼마나 높이 뛸 수 있을까요? … 321

• 동물이 뛰어오를 수 있는 높이에는 제한이 있습니다 … 328

• 근육이 수축할 때 일어나는 일 … 331

여우와 신포도 이야기의 물리학적 교훈 … 336

나가며 … 337

토끼와 거북이의 경주

경주(競走, 走-달리기를 競-겨루는 것)는 물리학 교재에 처음으로 나오는 물리량인 **속도**와 관계가 있습니다. 우리나라 교육에서 학생들이 처음으로 수식으로 배우는 물리량도 속도입니다. 역사적으로도 속도는 갈릴레오와 뉴턴이 물리학의 기초를 세우는 데 아주 중요한 역할을 했습니다. 그래서 '물리 찾기'를 할 첫 번째 이야기는 **이솝**(Aesop, 그리스어로는 Aἴσωπος-아이소포스) 우화의 하나인 '토끼와 거북이의 경주'입니다.

'토끼와 거북이의 경주'는 모르는 사람이 없을 정도로 널리 알려진 이야기입니다. 토끼가 거북이에게 느림보라며 약을 올리자, 거북이가 달리기 시합을 제안합니다. 누가 봐도 승부가 예견된 시합이었지요. 그런데 토끼는 거북이와는 비교도 안 되게 빨리 달려 앞서가다가 중간에 잠을 자고, 그동안 쉬지 않고 기어간 거북이가 시합에서 이긴다는 이야기입니다. 거북이처럼 능력이 부족하더라도 꾸준히 노력하면 성공할

그림 1-1

수 있다는 교훈을 주는 우화입니다. 토끼도 반면교사가 될 수 있습니다. 자신이 남보다 잘하는 일일지라도 자만에 빠지지 말고 성실하게 수행하라는 교훈을 주니까요.

워낙 유명한 이야기인지라 작가의 가치관에 따라 다양하게 변형되기도 했습니다. 17세기에 프랑스의 작가 **라퐁텐**(Jean de la Fontaine, 1621-1695)이 개작한 우화에서는 토끼가 잠을 자지 않습니다. 대신 이리저리 돌아다니며 여유를 부리다가 거북이에게 집니다. 라퐁텐은 토끼의 자만심만 나무라지 않습니다. 어쩌다 한번 승리했다고 기고만장해진 거북이도 꼬집지요. 이것은 능력이 좋아서 성공한 사람들이나, 몇 번의 시험에서 운이 좋아 성공한 사람들 모두 새겨야 할 교훈일 겁니다.◆

◆ 잠자는 토끼를 깨우지 않고 지나쳐 간 거북이의 정직하지 못함을 비판하는 견해도 있습니다.

26

깨워야 하나?

　어린이를 위한 몬테소리 교육법을 창시한 이탈리아의 교육학자 **몬테소리**(Maria Montesoti, 1870-1952)는 이 시합의 불공정성을 지적합니다. 그래서 토끼는 육지에서 달리고 거북이는 물에서 헤엄치는 것으로 이야기를 바꾸지요. 이를 통해 몬테소리는 모든 학생에게 똑같은 내용을 가르치고, 똑같은 시험을 치르게 해서 우열을 가리는 전 세계의 교육제도에 경종을 울리고자 했을 것입니다. 거북이는 땅에서 움직일 때는 짧은 다리로 엉금엉금 기어가야 해서 느리지만 물에서는 빠른 속도로 헤엄칠 수 있습니다. 몬테소리는 달리던 토끼가 발을 다쳐서 뛰지 못하게 되자, 거북이가 토끼를 등에 업고 물에서 헤엄쳐서 동시에 결승점에 다다른다는 내용으로 이야기를 발전시켰습니다. 거북이의 이러한 행동으로 몬테소리는 경쟁의 무의미함까지 강조합니다.

어떤 이야기 전개가 더 바람직한지, 어떤 교훈이 더 옳거나 나은지 따질 일은 아닙니다. 우화에서는 좋은 교훈을 얻으면 충분합니다. 이야기가 전하고자 하는 근면과 성실, 겸손, 공정, 정직, 사랑 모두 좋은 말이니까요.

이제 이 이야기에서 '물리 찾기'를 시작하겠습니다. 토끼와 거북이가 서로 대화를 나누고 달리기 시합까지 하는 설정은 이야기의 전개를 위해 꼭 필요한 것입니다. 이런 설정은 이야기하는 사람과 그것을 듣는 사람 사이에 '그렇다고 하자'라고 약속을 하는 것입니다. 마치 수학에서 공리를 정하는 것과 같지요. 또, 우화에서는 교훈을 효율적으로 전달하기 위해 과감하게 세부적인 사항을 단순화합니다. 이것 역시 물리학에서 자연 현상을 분석하는 방법과 같습니다. 물리학자에 대한 유명한 농담 중 하나가 '소가 공 모양이라고 하는 사람'이잖아요? 그러니 우리의 '물리 찾기'는 이러한 우화적 상황 설정과 단순화에 대해 시비를 걸려는 건 아닙니다. 우화적 상황 설정과 단순화는 받아들이되, 그런데도 나타나는 물리적 문제에 대해 분석해 보려는 것입니다. 미리 강조하지만, 물리법칙을 억지로 들이대고는 우화의 허점이라며 지적해서 그 이야기를 통해 전달하고자 하는 멋진 교훈을 폄훼하려는 의도는 전혀 없습니다. '생각해 보니 그렇네?'라고 재미있게 여겨 주면 좋겠습니다.

모든 일에는 이유가 있어야!

물리학자들은 '모든 자연 현상을 설명할 수 있다'라는 믿음을 가지고 있습니다. 아직은 물리학이 완벽하지 않아 그럴 수 없지만 언젠가는 가능할 거라고 여깁니다. 사실 다른 분야의 과학자도 마찬가지일 겁니다. 하지만 물리학자는 유난히 그 믿음의 강도가 훨씬 더 심합니다.◆ 그래서 설명할 수 없는 상황을 만나면 '왜?'라는 질문을 퍼붓습니다. 히가시노 게이고의 추리소설 '갈릴레오' 시리즈에는 이러한 물리학자의 특성이 다소 과장되어 익살스럽게 나타나 있습니다. 주인공인 물리학 교수 유가와는 '모든 일에는 반드시 그 이유가 있어야 한다.'라고 입버릇처럼 말하지요. 그리고는 사건 속의 초자연적 현상을 물리학 법칙을 적용하여 설명합니다. 이런 물리학자의 관점에서 '왜?'라는 질문을 하나 던져 볼까요?

◆   세상의 모든 것을 설명할 수 있는 이론 체계인 TOE(theory of everything)라는 용어를 만들어 놓고 도전하고 있으니까요. 이런 물리학자가 토끼의 자만심을 비난하다니 토끼가 비웃을 일이지요?

왜 달리기 시합을 하는 것이 토끼와 거북이일까요?

황당하지요? 우화적 설정은 받아들이겠다더니 심지어 토끼와 거북이가 주인공인 것에 대해 시비를 걸다니요. 하지만 잘 생각해 보세요. 이 이야기에는 빠르고 느리게 움직이는 두 동물이 있으면 됩니다.◆ 누가 시합에서 이길지 뻔히 알 수 있도록 하기 위한 거지요. 그런데 빠르게 달리는 동물이라면 치타가 으뜸입니다. 매나 독수리는 심지어 하늘을 날기까지 하네요. 거북이가 물에서는 그런대로 빠르게 움직일 수 있으니 돌고래와 시합하게 하면 그나마 공정해 보입니다. 느린 동물은 어떤가요? 달팽이는 거북이보다도 느리게 움직입니다. 개미도 아주 부지런히 움직이지만 크기가 작으니 느리다고 해야 하지 않을까요?

더구나 절대적으로 빠르거나 느린 동물이 이야기에서 필요한 것도 아닙니다. 달리기 시합이니까 상대적인 빠르기만 다르면 됩니다. 예를 들어, 말과 소가 경주를 한다고 해도 되지요. 소 대신 돼지면 더 확실하겠네요. 말과 돼지가 달리기 시합을 한다고 합시다. 뭔가 이상하지요? 토끼와 거북이 이야기에 너무 익숙해서 그럴까요? 그렇지 않습니다.

◆ 반드시 동물일 필요도 없지요. 달리기 시합에서 누가 이길지 알 수 있는 빠르고 느리게 움직이는 어떤 것이면 됩니다. 예를 들어, 어린이들이 좋아하는 '꼬마 기관차 토마스' 이야기에 나오는 세대의 기관차도 되겠네요.

토끼가 주인공인 이유를 생각해 봅시다

이 이야기에서는 주인공 중 하나가 빠르게 달리다가 자만에 빠져 여유를 부리다 잠이 들어야 합니다. 그래야 누구나 질 거라고 여겼던 상대방이 이기게 되니까요. 여기에 딱 들어맞는 동물이 토끼입니다. 토끼는 반야행성(半夜行性, semi-nocturnal) 동물입니다. 낮에는 굴에서 잠을 자다가 저녁이 되어 어둑어둑해지면 활동을 시작하지요. 요즘도 애완용으로 토끼를 기르는 사람들이 제법 있는지 낮에 잠이 든 토끼의 사진을 인터넷에서 쉽게 찾을 수 있습니다. 또, 토끼는 빠르게 달릴 수 있는 대신 아주 쉽게 지칩니다. 빠르게 달리다가 어디론가 숨는 것이 토끼의 생존 전략입니다. 예전에는 겨울에 토끼몰이도 하고 집에서 토끼를 기르기도 해서 사람들이 이러한 토끼의 성질을 잘 알고 있었습니다. 지금보다 사람이 자연과 훨씬 더 가까웠을 **이솝**의 시대에 토끼가 주인공으로 발탁되는 것은 아주 당연한 일이었을 겁니다. 그 누구도 경주하는 도중 토끼가 잠이 든다는 이야기에 대해 '토끼가 낮잠을 자는 게 말이 돼?'라고 시비를 걸지 않았을 테니까요.

17세기에 **라퐁텐**이 이야기를 고칠 때도 주인공은 토끼와 거북이에서 바뀌지 않았습니다. 다만 다른 육식동물의 먹잇감인 토끼가 나무 그늘에서 느긋하게 낮잠을 잔다는 게 작가의 마음에 거슬렸나 봅니다. 개작한 이야기에서는 토끼가 결승점을 행해 곧바로 달리지 않고 이리저리 싸돌아다닙니다. '까짓거 마음만 먹으면 한달음에 달려갈 수 있어'라고 여유를 부리면서요. 그냥 아무렇게나 지어낸 이야기처럼 보이지만 이것도 토끼의 행동 양상을 잘 반영한 겁니다. 토끼가 도망치는 좋은 전략은 빠르게 달리다가 갑자기 방향을 바꾸는 것입니다. 토끼보다 덩치가 큰 육식동물은 관성이 커서 방향을 바꾸기가 힘드니까요. 어때요, 이야기의 주인공으로 토끼가 제격이지요?

그렇다면 거북이는요?

거북이가 주인공인 이유를 생각해 봅시다

공인된 느린 동물이라는 점만으로는 주인공으로 발탁되지 못합니다. 느린 동물도 많이 있으니까요. 물이 주 활동무대지만 육지에서도 활동할 수 있다는 것도 내세워야겠네요. 그래야 토끼와 육지에서 달리기 시합을 하지요. 꾸준히 한 방향을 향해 이동할 수 있는 집중력이야말로 강점입니다. 거북이는 잡식동물이고 어렸을 때 외에는 오히려 포식자에 속하는 편입니다. 그러니 다른 동물을 피해 도망 다녀야 할 필요가 별로 없지요. 이 정도면 토끼의 상대역으로 딱 맞지 않나요?

그럴듯한가요? 듣고 보니 '왜 토끼와 거북이를 주인공으로 했을까?'라는 것이 재미있는 질문이지요? 물론 **이솝**과 **라퐁텐**이 왜 그랬는지를 알 수는 없습니다. 다만 이들이 이야기를 만들 때 당시의 과학 상식과 어긋나지 않게 했을 거라는 가정하에 논리를 펼쳐 보았습니다. 아무리 지어낸 이야기지만 사람들이 가지고 있는 과학 상식과 맞지 않으면 공감을 일으키지 못하는 이야기가 되고 말았을 테니까요. 말과 돼지가 경주하다가 도중에 말이 잠을 자는 바람에 돼지가 이긴다고 하는 이야기는 아무래도 어색하지 않나요?

토끼와 거북이 중에서 달리기 시합을 제안한 건 의외로 거북이입니다. 토끼가 느림보라고 놀렸기 때문이지요. 토끼의 놀림에 아무리 화가 났다고는 해도, 빠르기라는 관점에서 보았을 때 거북이는 도무지 상대를 이길 수 없는 무모한 경주를 제안한 겁니다. 거북이가 "그래, 너는 달리기를 잘하지. 그렇지만 나는 헤엄을 잘 쳐. 물에서 헤엄치기 시합을 해 볼래?"라고 했다면 좋았을 텐데요. 그랬다면 토끼가 물에서 헤엄칠 수나 있었을지 모르겠네요. 별주부전(鼈主簿傳)에서는 토끼가 자라의 등에 업혀서 바닷속 용궁으로 들어갑니다.

한편, 토끼에게 도전장을 내민 거북이는 불가능해 보이는 일에 도전하는 용기를 낸 거니 칭찬해야 할지도 모릅니다. 문명은 이러한 도전정신으로 불가능한 것을 가능하게 만든 사람들에 의해 발전해 왔으니까요. 과학과 기술의 발전 과정은 특히 더 그렇습니다.

거북이는 용감한 걸까요? 아니면 무모한 걸까요?

거북이가 불가능해 보이는 일에 도전했다고 추켜세웠는데요. 이때 불가능하다는 것이 과학적으로 그렇다는 것인지 기술적으로 그렇다는 것인지를 확실하게 따져 봐야 합니다. 과학적으로 불가능한 일은 절대로 일어날 수 없으니까요. 아무리 용기를 부려도 그렇습니다. 그건 무모한 일일 뿐입니다.

　물리학뿐 아니라 모든 과학적인 탐구는 어떤 일의 원인과 결과, 그 과정을 완벽하게 이해하는 데에 목표가 있습니다. 오랜 세월 축적된 경험을 통해서 규칙을 찾아내고 다듬기를 거듭해서 완성된 것이 과학 법칙입니다. 그래서 과학 법칙을 적용하면 어떤 일이 어떻게 진행되고 반드시 어떤 결말에 이르는지를 알게 해 줍니다. 과학 법칙으로 인정을 받으려면 어떤 사람이거나 똑같은 조건으로 시작하면 항상 같은 결과가 나와야 합니다. 이것을 **반복가능성**(反復可能性, repeatability)과 **재현가능성**(再現可能性, reproducibility)이라고 합니다.◆ 특히 물리학에서는 예외가 있는 것은 규칙이나 법칙으로 여기지 않습니다. 그러므로 과학적인 규칙이나 법칙에 맞지 않는 일은 아무리 노력해도 그리고 누가 하더라도 일어날 수 없으며, 불가능한 일입니다. 예를 들어, 외부에서 에너지가 유입되지 않는데도 영원히 일을 할 수 있는 기계를 만드는 것은 그럴듯해 보이지만 과학적으로 불가능합니다. 물론, 어떤 과학 법칙도 절대적으로 옳지는 않기에 나중에 약간의 수정이 가해질 수도 있습니다. 하지만 물리법칙의 본질이 바뀌는 일은 드뭅니다.

◆　반복가능성은 똑같은 사람이 똑같은 기계를 가지고 실험을 했을 때 같은 결과가 나온다는 것을 의미하고 재현가능성은 다른 사람이 같은 종류의 다른 기계를 가지고 실험을 했을 때 같은 결과가 나와야 하는 것을 의미합니다.

반면에, 기술적으로 불가능한 일은 지금은 아니지만 언젠가는 가능하게 만들 수 있습니다. 비행기와 스마트폰을 생각해 보세요. 사람이 하늘을 날고, 멀리 지구 반대편에 있는 사람과 얼굴을 보며 이야기하는 것은 예전에는 꿈에도 생각하지 못했던 일이었습니다. 하지만 그것이 불가능하다는 과학 법칙은 없습니다. 오래전에도 새는 하늘을 날고 소리와 빛은 파동의 형태로 우리의 귀와 눈에 전달되고 있었습니다. 그래서 사람이 하늘을 날고, 멀리 있는 사람끼리 얼굴을 보고 이야기하는 건 과학적으로 불가능한 일은 아니었습니다. 과학기술자들은 이를 현실에 구현하기 위해 오랜 시간 동안 연구를 거듭했고 과학적인 발견과 기술의 축적으로 비행기와 스마트폰이 세상에 나오게 되었지요. 아직 요원해 보이는 기술인 양자컴퓨터나 핵융합발전도 미래의 언젠가는 가능하게 될 것입니다. 인간의 뇌를 이해하고, 태양의 핵융합반응을 이해하면, 양자컴퓨터도 핵융합발전소도 만들 수 있습니다. '오르지 못할 나무는 쳐다보지 말라'고 하지요. 현재의 기술로는 오르지 못하지만 과학적으로 오르지 못한다는 법칙이 있는 것이 아니면 오르려고 노력해도 됩니다. 한발씩 딛고 오르다 보면 어느새 우리는 나무에 올라 아래를 내려다보고 있을 테니까요.

거북이가 토끼를 이기는 것이 과학적으로 불가능할까?

이제 이렇게 질문해 봅시다. 달리기 시합에서 거북이가 토끼를 이기는 것이 과학적으로 불가능한 일이었을까요? 누가 빠른지를 겨루는 달리기 시합에서는 전통적으로 출발선에서 동시에 출발한 선수 중 누가 먼저 결승점에 도달하는가로 순위를 매깁니다.

하지만 이런 경주 방식으로는 말과 돌고래 중 누가 더 빠른지를 비교할 수 없습니다. 동시에 같은 출발선으로부터 같은 결승선까지 달리거나 헤엄치게 할 수 없으니까요. 육지에서 말에게 일정 거리를 달리게 해서 시간을 재고, 바다에서 돌고래에서 같은 거리를 헤엄치게 해서 시간을 재야만, 두 동물 중 누가 더 빠른지를 알게 됩니다.♦ 이를 위해서는 거리뿐 아니라 시간도 정확하게 측정할 수 있어야 합니다.

속력만 따지면

달리기 경기가 시작된 그리스 시대에는 시간을 재는 도구가 해시계나 물시계였습니다. 그것으로 예를 들어 선수가 100m를 달린 시간을 재기는 어려웠을 겁니다. 아니 재려고 엄두도 내지 못했겠지요. 그 전통

♦ 그렇게 비교해 본 적이 없어서 거북이가 겁도 없이 토끼에게 덤빈 걸지도 모르겠습니다. 거북이는 주로 물에서 활동하고 토끼는 땅에서 활동하니 서로 만날 기회가 없었을 테니까요.

이 지금까지 이어져 내려오는 것이지요. 0.01s 단위로 기록까지 잴 수 있는데 말이지요. 사실 이제는 출발선에서 결승점까지 달리는 데 걸린 시간만 재면 누가 빠른지를 판단할 수 있습니다. 모든 선수를 동시에 출발시키려고 애쓸 필요도 없고 같은 거리를 달리게 하려고 출발선을 트랙에서 비스듬히 그어야 하는 수고도 필요 없지요. 그런데 선수마다 기록을 재는 경기 방식은 그다지 재미있을 것 같지는 않군요. 뒤에서 달리던 선수가 막판에 힘을 내어 앞서 있던 선수를 제치는 것만큼 짜릿한 감동을 주는 일은 없지요. 선수의 입장에서도 그렇습니다. 혼자 달릴 때보다 함께 달릴 때 옆의 선수가 나를 따라잡을까 봐서, 또는 앞에 달리는 선수를 따라잡기 위해서 더욱더 기를 쓰고 달리게 되지요.

갈릴레오(Galileo Galilei, 1564-1642) 시대에 와서야 초 단위의 시간을 측정할 수 있는 시계가 세상에 나옵니다.◆ 지금으로부터 고작 400여 년 전입니다. 그 이전에는 해가 떠서 지고, 달이 주기적으로 모양이 변하는 천문학적 변화로 시간을 알 수 있었습니다. 그리고 사람들은 계절과 기후의 시간에 따른 변화를 농업기술에 사용하는 정도의 수준에서 시간을 활용했지요. 초 단위의 시간 측정기술이 발명되자 갈릴레오는 물체가 땅에 떨어지는 데에 걸리는 시간을 재 보려고 하였습니다. 바로 이 시도로 인해 '시간'이라는 것이 우리가 사는 세상에서 일어나는 일을 다루는 과학에서 중요한 요인으로 자리를 잡았고, 이것이 물체의 운동에 대한 물리학, 아니 어쩌면 모든 물리학의 시작이라고 할 수 있습니다.

갈릴레오에서 시작한 물체의 운동에 대한 물리학은 바로 그다음 세대인 **뉴턴**(Isacc Newton, 1642-1726)에 의해 완성됩니다. 이 과정에서 어떤 물체가 빠른지 느린지를 나타내는 **속력**(速力, speed)이라는 물리량이 탄생하였습니다.◆ 속력은

$$\text{속력} = \frac{\text{움직인 거리}}{\text{걸린 시간}} \qquad \boxed{\text{식 1.1}}$$

와 같은 수식으로 정의합니다. 물체의 움직임을 '매우 빠르다', '약간 빠르다', '더 느리다', '아주 느리다'와 같은 표현으로는 정확하게 기술할 수 없습니다. **식(1.1)**로 정의한 속력 덕분에 이제 '얼마나 빠른가?'라는, 빠르기의 정도를 수(數, number)를 사용해서 양적으로 나타내고 서로 비교할 수 있게 되었습니다.

속력은 이를 나타내는 수뿐 아니라 반드시 단위와 함께 사용해야 합니다. '속력이 3.7이다'라는 말은 의미가 없습니다. 국제단위계(SI 단위, International System Units)를 사용하여 움직인 거리를 m(미터) 단위로 재고, 걸린 시간을 s(세컨드) 단위로 재면 속력의 단위는 m/s(meter per second, 미터 퍼 세컨드)입니다. 하지만 일상에서 사용하는 자동차나 바람의 속력은 대부분 km/h(kilo-meter per hour 킬로미터 퍼 아우어) 단위로

◆　뉴턴이 붙인 이름은 유율(流率, fluxion)입니다.

나타냅니다. 10m/s는 36km/h에 해당하고, 그보다 2배의 빠르기인 20m/s는 72km/h와 같습니다.

식 (1.1)과 같이 속력을 정의하고 나면 누가 빠른지를 비교하기 위해 반드시 같은 장소에서 동시에 출발하는 달리기 경주를 할 필요가 없습니다. 그러니 이제 땅에서 달리는 말과 바다에서 헤엄치는 돌고래 중 누가 빠른지도 알 수 있겠습니다. 또, 토끼는 땅에서 달리고 거북이는 물에서 헤엄쳐서 빠르기를 겨루어도 되었겠네요. 더구나 속력만 비교한다면 똑같은 거리를 달릴 필요도 없겠습니다. 물론, 같은 거리를 달리는 것으로 경기의 순위를 매기는 것이 공정합니다. 100m를 달리는 속력으로 마라톤 전 구간을 계속 달릴 수는 없으니까요. 단거리 경기 중에도 400m를 달리는 데 걸리는 시간이 단순히 100m를 달리는 데 걸리는 시간의 4배가 아닙니다. 똑같은 시간 동안 누가 많이 움직이는가를 겨루는 운동 경기도 있으면 재미있을 텐데 왜 아직 그런 경기가 없는지 궁금하네요.

자, 이제 토끼와 거북이의 속력을 비교해 봅시다. 토끼가 달리는 속력은 40~70km/h, 거북이가 땅에서 기어가는 속력은 0.2~0.5km/h 정도라고 합니다. 물론 이 속력은 여러 종류 또는 여러 마리의 토끼와 거북이에 대한 평균값일 테니 이 범위를 벗어나는, 매우 느린 토끼와 매우 빠른 거북이가 있을지도 모릅니다. 그렇다고 해도 40km/h로 달리는 슈퍼 거북이나 0.5km/h로 기어가는 느림보 토끼가 있을 것 같지는 않습니다. 따라서 속력의 차이만 놓고 보면 거북이의 토끼에 대한 도전은 물리학적으로는 아무래도 무모한 것이었습니다. 구태여 토끼와 거북이의 속력에 대한 정확한 값을 모르더라도, 상식적으로 판단했을 때 거북이가 질 게 뻔하니까요. 물론 그 무모함이 이 이야기를 재미있게 만들지만요.

달리기는 가속운동이라 에너지가 소모됩니다

그런데 우리는 또 하나 다른 요인을 고려해야 합니다. 앞에서 말한 토끼가 달리고 거북이가 기어가는 것을 수치로 나타낸 속력의 범위는 어느 정도 긴 시간 또는 거리에 대해 속력의 평균을 취한 값입니다. 평균을 취하면, 움직인 거리와 걸린 시간의 비가 하나의 값으로 계산이 됩니다. 하지만 토끼와 거북이가 네 발로 몸을 움직이는 동작을 하는 동안을 순간순간 살펴보면, 일정한 속력으로 움직이는 것이 아닙니다. 디디고 있는 발로 땅을 뒤로 밀어 몸이 앞으로 나가게 해야 하고, 공중에 있던 발이 땅에 닿을 때도 땅과 발이 서로 힘을 작용합니다. 우리가 걸을 때도 그렇습니다. 보통 걸음으로 걸을 때 사람들은 성인 기준으로 한 시간에 4km 정도를 걷습니다. 그러니까 평균 속력은 4km/h지요. 그렇지만 한 발씩 떼는 동작을 하는 순간순간에 우리 몸은 일정한 속력으로 움직이는 것은 아닙니다. 앞뒤로 또는 위아래로 속력이 매 순간 바뀝니다. 이것은 가속운동입니다. 커피가 든 잔을 들고 걸어갈 때 커피가 출렁거리는 것이 그 증거입니다. 일정한 속력으로 직선 경로를 달리는 기차에서 테이블에 놓아둔 커피는 출렁거리지 않지요.

이러한 가속운동을 하려면 힘이 작용해야 하니 에너지가 소모됩니다. 그 에너지는 자신이 섭취한 음식물이 분해되는 과정에서 만들어집니다. 빨리 뛰는 토끼는 느리게 걷는 거북이보다 각각의 동작에 훨씬 많은 에너지를 소모합니다. 우리가 가볍게 산책할 때보다 빨리 달릴 때 숨이 가빠지는 것도 그 때문입니다. 근육에 에너지를 공급하기 위해 포도당을 분해하려면 산소가 필요하지요. 그리고 동물마다 종에 따라 그리고 개체의 크기에 따라 단시간에 사용할 수 있는 에너지의 양에는 한계가 있습니다. 아테네가 마라톤 전투에서 승리한 것을 알리려고 40여 km를 달린 아테네 병사는 소식을 전하고 난 다음에는 죽었다는 전설까지 있지요?

토끼는 800m 정도를 최대 속력으로 달리고 나면 지쳐서 쉬어야 한다는군요. 동물 중에 가장 빨리 달린다는 치타도 금방 지친다고 합니다. 덕분에 많은 초식동물이 치타에게 잡히지 않고 살아남아 멸종하지 않을 수 있었겠지요. 그러니까 토끼는 자만심으로 거북이의 기를 죽이기 위해 잠이 든 것이 아닐지도 모릅니다. 토끼도 이기려고 열심히 달렸지만 피곤해져서 잠이 들었을 수도 있겠습니다. 느리게 움직이는 거북이는 에너지를 조금씩 쓰니까 쉬지 않아도 되었고요.

속력이 아니라 속도가 중요해요

토끼와 거북이의 경주에서 고려해야 중요한 요인이 하나 더 있습니다. 앞에서 말한 것처럼 초식동물인 토끼가 덩치 큰 육식동물의 위험으로부터 살아남는 생존 전략은 달리다가 방향을 이리저리 바꾸는 것입니다. 라퐁텐이 개작한 이야기에서 토끼가 이리저리 돌아다닌 것은 늦게 달려가도 이길 수 있다는 자만의 결과가 아니었던 겁니다. 토끼도 나름대로 열심히 달렸지만, 다른 무서운 동물을 만날까 봐 조심하느라 아니면 실제로 만났기 때문에 방향을 바꾸면서 달리느라 늦었을 수도 있습니다.

방향을 바꾸며 달린다면 속력만으로 경기 결과를 예측할 수 없습니다. 이 경우 속력에 움직이는 방향까지 고려한 속도(速度, velocity)라는 물리량을 고려해야 합니다. 속도는 움직인 거리가 아니라 위치의 변화량인 변위(變位, displacement)와 움직임에 걸린 시간의 비로 정합니다. 속력과 속도를 배울 시점에 일선 학교에서 자주 출제되는 악명 높은 시험문제가 있습니다. '400m 트랙인 운동장을 40s 만에 한 바퀴 달려 제자리로 돌아오면 속력과 속도가 얼마인가?'라는 거지요. 움직인 거리는 400m지만 변위는 0이니까 속력은 10m/s지만 속도는 0입니다. 이것은 '움직인 거리'와 '변위'의 차이를 명확하게 알려주려는 것이지만 좋은 문제는 아니라고 생각합니다. 마치 물리학에서 사용하는 속도라는 물리량이 오히려 쓸모없는 것으로 보일 것이기 때문입니다. 속도는 속력보다 훨씬 더 정확한 정보를 담고 있는 물리량인데도 말이지요. 이 문제는 다음에 자세히 논의하겠습니다. 여하간 이리저리 방향을 바꾼 토끼는 거북이보다 훨씬 많은 거리를 달렸더라도 결승점까지의 거리가 줄어들지 않았을 수도 있습니다.

자, 이제 질문에 대한 답입니다. 토끼에게 달리기 경주를 하자고 제안한 거북이는 용감하거나 무모한 것이 아니라 어쩌면 현명하다고 해야 할 겁니다. 달리기에 대한 토끼의 약점을 알고 그것을 잘 활용한 것이니까요. 나와는 비교할 수 없이 강해 보이는 상대도 약점을 알아내서 공격하면 이길 수 있다는 교훈을 얻을 수 있을까요?

지금까지 살펴본 바에 의하면 '토끼와 거북이의 경주' 이야기가 우화치고는 제법 과학적이지 않나요? 하지만 정량적으로 이야기를 분석해 보면 문제가 드러납니다. 다음과 같은 질문을 던져 봅시다. 사실 이 질문이 이 책 '이야기에서 물리 찾기'의 출발점입니다.

토끼는 얼마나 오랫동안 잠이 든 걸까요?

먼저 상황을 단순화하겠습니다. 이솝 우화에서처럼 토끼가 달리다가 잠이 들어 거북이에게 졌다고 합시다. 이기려고 기를 쓴 거북이는 물론이고, 원래는 한 방향으로 달리지 못한다지만, 토끼도 결승 지점까지 최고의 속력으로 같은 길을 따라 달렸다고 가정하겠습니다. 그러다가 지쳐서 나무 아래에서 잠이 든 거지요.

거북이에게 지려면 토끼가 아주 오래 자야 해요

어떤 현상이나 상황을 물리학적으로 분석하려면 적절한 물리량을 도입하고 그에 해당하는 미지수를 문자로 나타내야 합니다. 이때 도입하는 문자는 자신뿐 아니라 나중에 계산을 점검할 다른 사람도 그것이 무엇을 의미하는지 알 수 있도록 하는 것이 좋습니다. 대개 그 물리량의 영어 단어 첫 자를 사용합니다. 첨자를 잘 활용하면 문자의 수를 줄이고 의미도 잘 전달할 수 있습니다. 이것을 능숙하게 할 수 있으면 물리학에 더 가깝게 다가갈 수 있습니다.

토끼가 얼마나 잠을 자서 경주에 졌는지를 알려면 경주하기로 정한 거리를 토끼와 달리는 데 걸리는 시간과 거북이가 기어가는 데 걸린 시간을 구해야 합니다. 이것을 각각 $t_토$와 $t_거$라고 합시다. 학교 수학 수업에서 미지수를 나타낼 때처럼 x와 y라고 하는 것보다 이렇게 해야 의미를 알 수 있어서 좋습니다. t는 시간을 뜻하는 영어 단어인 time의 첫 글자를 딴 것입니다. 그리고 토끼와 거북이를 가리키는 첨자를 써서 구분하였습니다. 각각의 문자가 무엇을 나타내는지 그 의미가 확실하지 않나요?

토끼가 빨리 달리니 $t_토$는 $t_거$보다 값이 작을 겁니다. 계속 달렸다면 토끼가 거북이보다 $t_거 - t_토$만큼 일찍 결승점에 도착하겠지요. 그러니까 토끼가 그 시간보다 더 오래 자야 합니다. 즉,

거북이가 이기려면 토끼가 $t_거 - t_토$ 이상의 시간을 자야 합니다.

물리량을 문자로 나타내면 이렇듯 설명도 훨씬 짧고 명확해집니다. $t_토$와 $t_거$라는 문자를 도입하지 않았다면 앞의 문장에서 $t_토$와 $t_거$ 대신 '경주하기로 정한 거리를 토끼가 달리는 데 걸리는 시간'과 '경주하기로 정한 거리를 거북이가 기어가는 데 걸리는 시간'이라는 말을 계속 반복했어야 할 겁니다. 예를 들어, 바로 앞의 굵은 글씨로 나타낸 문장은

거북이가 이기려면 경주하기로 정한 거리를 거북이가 기어가는 데 걸리는 시간에서 경주하기로 정한 거리를 토끼가 달리는 데 걸리는 시간을 뺀 것 이상을 토끼가 자야 합니다.

처럼 길고 복잡한 문장이어야 합니다. 알아듣기도 훨씬 힘이 들지요.

아직 $t_토$와 $t_거$는 미지수입니다. 누군가가 $t_토 = 1$분이고 $t_거 = 10$분이라고 알려주지 않는다면 말이지요. 아직 값을 모르는 상태지만 임의의 값을 실제로 넣어보면 '토끼가 $t_거 - t_토$ 이상의 시간을 자야 한다'는 사

실*을 찾아내거나 이해하는 데 도움이 되기도 합니다. 예를 들어 거북이가 경주를 마치는 데는 10분이 걸리고 토끼가 경주를 마치는 데는 1분이 걸린다고 해 봅시다. 제대로 달렸다면 토끼는 거북이보다 9분 먼저 결승점에 도착합니다. 그러니 9분 이상을 중간에 자야 거북이가 이길 수 있지요. 그러고 나면 '그러니까 토끼가 $t_거 - t_토$ 이상 자야 하는구나'라고 일반화할 수 있습니다.

미지수 $t_토$와 $t_거$는 다른 정보로부터 구해야 합니다. 경주한 거리와 토끼와 거북이의 속력을 알면 결정되겠군요. 이 물리량들에 대해 새로운 문자를 도입하겠습니다. 출발선에서 결승선까지의 거리는 d라 놓고, 토끼와 거북이의 속력은 각각 $v_토$와 $v_거$라 합시다. 이때도 d는 거리를 뜻하는 distance의 첫 글자이고, v는 속도를 뜻하는 velocity의 첫 글자입니다.** 누구의 속력인지를 나타내기 위해 토끼와 거북이의 첫 글자를 첨자로 사용했습니다. 이 물리량들은 **식(1.1)**에 의해

$$t_토 = \frac{d}{v_토} \quad t_거 = \frac{d}{v_거}$$

식 1.2

와 같은 관계식으로 연결됩니다.

물리학에 처음 입문하는 사람들은 이런 수식을 어려워합니다. 시속 50km/h로 100km를 이동하는 데 걸리는 시간을 물으면 2시간이

◆   이것을 곧바로 찾아내기가 어려울 수도 있습니다.

◆◆   속력은 영어로 speed지만 일반적으로 v로 나타냅니다. s는 물리학이나 수학에서 관례적으로 선분의 길이를 나타내는 데 사용합니다. 반드시 지켜야 하는 것은 아닙니다만.

라고 곧바로 답을 하면서도 **식 (1.2)**과 같은 공식에는 거부감을 느낍니다. 어떻게 2시간이라는 답이 쉽게 나오냐고 물어보면 '그야 당연하지'라고까지 하면서도요. **식 (1.1)**에서 걸린 시간을 등호의 왼쪽으로 보내려면 양변에 걸린 시간을 곱하고, 속력을 오른쪽으로 보내기 위해 양변을 속력으로 나누면 되는데, 이렇게 수학적으로 식을 유도하는 것이 귀찮으니 그냥 모든 식을 외우려 듭니다. 학교 현장에서 어떤 선생님은 '거-속-시'라며 외우는 요령까지 알려주기도 하지요. 하지만, 속력에 대해 정의하는 **식 (1.1)**만 머리에 넣어 놓고, 다른 형태의 식은 곧바로 머리에서 꺼낼 정도가 되어야 물리학을 즐길 수 있습니다. 마치 곱셈을 배울 때와 같지요. 처음에는 3×4가 4를 세 번 더한 $4 + 4 + 4$라는 뜻이어서, 답이 12라는 것을 간신히 이해합니다. 혹시 이런 의미도 무시한 채 '삼사 십이'라고 외우기만 했는지 모르겠습니다만. 여하간 나중에 익숙해지면 $3 \times 4 = 12$로부터 12를 4로 나눈 수를 곧바로 찾아내게 됩니다. 이처럼 수식도 자유자재로 다룰 수 있어야 합니다. 물론 그렇게 되려면 연습을 많이 해야 합니다.

문자 수가 5개로 늘어났네요. $v_\text{토}$와 $v_\text{거}$는 앞에서 인터넷으로 알아본 값을 택한다고 해도 토끼와 거북이가 경주한 거리 d를 모르면 **식 (1.2)**도 아무 쓸모가 없습니다. 그러니 토끼가 얼마나 잠을 잤는지는 아직 알 수 없지요. 그렇지만 거리에 대한 정보가 없어도 우리는 전체 경주 시간, 즉, 거북이가 경주 거리를 기어가는 데 걸리는 시간 $t_\text{거}$의 몇 %를 토끼가 잠을 자야 하는지는 알아볼 수 있습니다. 그 비율은

$$\frac{t_{거}-t_{토}}{t_{거}}=1-\frac{t_{토}}{t_{거}}=1-\frac{v_{거}}{v_{토}}$$

식 1.3

입니다. **식 (1.2)**에 의해 $t_{토}/t_{거}=v_{거}/v_{토}$와 같이 되어, 토끼가 자는 시간의 경주 시간에 대한 비율은 거리 d에 따라 달라지지 않고 오직 토끼와 거북이의 속력에 의해서만 결정됩니다. 재미있지 않나요? 만일 앞에서 예로 든 것처럼 이야기한 것처럼 $v_{토}=50km/h$이고 $v_{거}=0.5km/h$라면, $v_{거}/v_{토}=1/100$이므로 전체 경주시간의 99% 이상을 토끼가 잠을 자야만 합니다. 세상에! 토끼는 거북이가 기어가는 내내 잠을 잔 거네요.

달린 거리가 1km라고 가정해 볼까요? 토끼가 달리다가 지쳐서 쉴 정도가 되려면 800m 이상이어야 하니 그 정도가 적당해 보입니다. 그러면 0.5km/h로 움직이는 거북이가 1km를 이동하는 데 걸리는 시간은 두 시간이나 됩니다. 2시간의 99%, 거의 두 시간이나 자는 토끼가 있을까요? 저녁에 활동하는 동물이니 낮에 자신이 파 놓은 굴에 숨어서 그만큼 잘 수는 있겠지요. 그렇지만 육식동물이 호시탐탐 노리고 있을 텐데 나무 그늘이라지만 그림 1-2 처럼 넓은 들판에서 느긋하게 잠들지는 못할 겁니다. 정량적으로 접근해 보니 어떤가요? 토끼가 거북이에게 지려면 거북이가 경주를 마치는 데 걸리는 시간의 99%를 자야 한다는 것을 알게 되었네요. 토끼와 거북이가 서로 대화를 하고 달리기 시합을 한다는 이야기에서 이러한 문제가 있다는 생각은 해 보지 않았잖아요?

앗! 구간단속 주의!

아무짝에도 쓸데없어 보이는 썰렁한 이야기라 할지 모르겠습니다. 그런데 이 논의를 우리 생활에서 일어날 만한 상황에 적용해 볼까요? 어떤 사람이 제한 속도가 100km/h인 고속도로를 달리고 있습니다. 급한 일이 있어 제한 속도를 넘은 120km/h로 달리다가 구간단속◆을 하는 곳이라는 것을 깨달았습니다. 교통표지판을 기억해 보니 단속구간의 총 길이는 40km였습니다. 종점이 얼마 남지 않았는데 다행히 잠시 차를 멈출 수 있는 졸음쉼터가 보입니다. 여기에서 얼마만큼 멈추었다가 출발하면 범칙금을 내지 않게 될까요? 바삐 가야 하니까 최소한의 시간만 멈추려고 합니다. 어때요? 이 상황이 토끼와 거북이의 경주와 똑같지 않나요? 토끼의 경우와 달리, 결승점에 늦게 도착하려고 일부러 멈춰서 쉬는 것만 빼면요.

40km를 100km/h로 달리면 $(40km)/(100km/h) = 0.4h$니까 24분이 걸립니다. 그런데 이 사람은 120km/h로 달렸기 때문에, 이대로라면 $(40km)/(120km/h) = 1/3h$니까 20분 만에 40km 구간을 지나게 되어 과속으로 판정이 납니다. 그러니 4분만 쉬면 되겠습니다. 그리고 보니 40km를 과속해서 달렸는데도 4분밖에 차이가 나지 않는

◆ 구간단속은 차가 시점을 통과한 후 종점에 도달하는 데까지 걸리는 시간을 측정하여 과속 여부를 판단합니다. 시점과 종점 사이의 거리가 정해져 있으니 시간이 어느 값보다 작으면 과속인 거지요. 일반적인 과속단속은 속도 측정 장치가 있는 지점을 지나는 때의 속력으로 과속 여부를 판단합니다.

거네요. 분초를 다투지 않는 상황이라면 운전할 때 과속은 되도록 하지 않는 것이 좋겠습니다.

식(1.3)을 이용할 수도 있습니다. $v_\text{토}$에 120km/h를 $v_\text{거}$에 100km/h를 대입하면 전체 달린 시간의 $1-(100\text{km/h})/(120\text{km/h})$, 즉, 1/6만큼의 시간 동안 쉬면 됩니다. 40km를 100km/h로 달렸을 때 24분 걸리니까 그 값의 1/6, 즉 4분을 쉬면 되지요. 앞에서 구한 값과 같네요. 그런데 **식(1.3)**은 더 편리합니다. 1/6은 100km/h와 120km/h로부터 나온 값이기 때문에 이동한 거리가 얼마이거나 달라지지 않습니다. 그래서 구간단속 구간의 길이가 50km인 경우라면 50km를 100km/h 달리는 데 30분이 걸리니 그 시간의 1/6인 5분을 쉬면 된다는 것을 암산으로도 계산할 수 있지요. 120km/h로 50km를 달릴 때 걸리는 시간을 따로 구하지 않아도 되는 겁니다. **식(1.3)**도 써먹을 데가 있지요?

경주한 거리를 모르니 아무래도 허전하지요? 한번 도전해 볼까요?

토끼와 거북이가 경주한 거리는 얼마나 될까요?

이 질문도 황당하지요? 어쩌면 이런 도전을 해 볼 수 있다는 것이 물리학의 매력 중 하나일 겁니다. 실제 물리학을 연구하는 과정에서는 모든 물리량을 측정할 수 없는 상황이 자주 발생합니다. 필요한 모든 정보가 제공되었을 때 알려진 법칙을 적용하여 미지수를 하나 찾아내는 시험문제를 푸는 것과는 다르지요. 특히 어떤 사실을 처음으로 발견하는 작업에서는 그에 대한 정보가 거의 없는 경우가 많습니다. 이럴 때조차도 주어진 정보를 최대한 활용하여 올바른 결론에 이르도록 해야 합니다.

원근법의 원리를 이용하여 경주한 거리 구해 보기

물리학의 역사에서 실제로 있었던 예를 하나 들어볼까요? 영국의 물리학자 **톰슨**(Sir Joseph John Thomson, 1856-1940)은 음극선이 전자의 흐름이라는 것을 발견하고 그 전자가 모든 원자에 들어 있는 원자보다 훨씬 가벼운 입자라고 밝혔습니다. 톰슨은 실험을 통해 전자의 전하량 q 과 질량 m의 비율인 **비전하**(比電荷, mass to charge ratio) q/m만 측정할 수 있었습니다. 그 측정값이 다른 이온의 비전하에 비해 천배 이상으로 크게 나왔는데, 그것은 질량 m이 매우 작거나, 전하량 q가 매우 크다는 두 가지 가능성만을 의미했지요. 하지만 톰슨은 선하량이 일반적인 이온과 크게 다르지 않을 것이라고 가정하여 전자의 질량이 아주 작다고 결론을 내렸습니다. 즉, 전하량 q가 매우 크다는 가정을 과감히 버린 것이지요. 이때 톰슨이 두 가지 가능성 중에서 아무렇게나 하나를 고른 것이 아닙니다. 전자의 질량이 작아야 모든 원자에 전자가 들어 있다고 가정할 수 있고, 그렇다면 원자에서 전자가 빠져나간 것이 이온일 테니까

그림 1-3 **그림 1-1**과 **그림 1-2**로부터 경주 거리 알아내기

전자의 전하량이 이온의 전하량에 비해 큰 차이가 없어야 한다고 논리적으로 판단한 것입니다. 실험과 직접적으로 관계가 있는 것은 아니었지만 당시에 알려진 여러 과학적 사실을 모두 동원한 것입니다.

이제부터 **그림 1-1**로부터 토끼와 거북이의 경주 거리를 추론해 봅시다. 우리가 가진 모든 상식과 과학적 지식을 총동원해서 말이지요.

그림 1-1이 원근법을 잘 지켜서 그려진 그림이라고 가정하겠습니다. 그림에는 두 개의 나무가 나옵니다. 하나는 출발 지점에 있고 다른 하나는 결승 지점에 있습니다. 두 나무가 같은 종의 나무이고 충분히 오랜 시간 자랐다면 두 나무의 키는 거의 같다고 할 수 있습니다. 나무가 계속 자라서 크기가 커지더라도 일정 높이 이상으로는 자라지 않으니까요. 같은 종의 나무는 모양도 비슷합니다. 특히, **그림 1-1**의 나무 두 그루는 넓은 벌판에서 다른 나무와 떨어져서 저 혼자 마음껏 자란 듯하니

더더욱 그렇지요. 그런데도 그림에 나무의 크기가 다르게 그려진 이유는 두 나무가 있는 곳까지의 거리가 다르기 때문입니다. 멀리 있는 나무는 작게 보이지요. 이것이 우리가 경험으로부터 알고 있는 상식입니다.

두 나무가 똑같은 크기라면 그림에서는 화가로부터의 거리에 반비례하여 크기가 작아집니다. 그림 1-1에서 측정해 보면 두 나무의 땅에서부터 나뭇잎이 무성한 지점까지의 높이의 비◆가 10 : 1입니다. 이것을 그림 1-3에 표시해 두었습니다. 두 나무가 거의 같은 모양이라고 가정하면 화가로부터 가까운 나무까지의 거리와 멀리 있는 나무까지의 거리의 비는 1 : 10입니다. 이제 화가로부터 가까운 나무까지의 거리만 알면 되겠네요?

추리를 한 번 더 해 보지요. 그림 1-2에서는 토끼가 나무 옆에 기대어 자고 있으니 화가로부터 같은 거리에 있습니다. 그러니 이 그림에서 토끼와 나무의 크기의 비는 그림에 나타난 비율과 같습니다. 측정해 보면 토끼의 키와 나무의 첫 번째 가지까지의 높이의 비는 대략 1 : 2입니다. 그러니까, 나무 첫 번째 가지까지의 높이는 토끼 키의 두 배지요. 그런데 그림 1-1에서 토끼의 키는 첫 번째 나무의 가지까지 높이보다 큽니다. 그림 1-3에 나타낸 것처럼 그 비가 3 : 2입니다. 실제로는 나뭇가지까지의 높이보다 키가 반밖에 되지 않는 토끼가 그림에서 1.5배로 크게 그려졌다는 것은 토끼가 첫 번째 나무보다 3배로 가깝게 있다는 것

◆ 우리에게 가까이 있는 나무는 전체가 그려지지 않았으니 나무의 키는 비교할 수 없습니다. 하지만 최선을 다해야지요. 나무가 거의 같은 모양이라고 가정하고 비교할 수 있는 부분끼리라도 비교해야지요.

원근법(遠近法, perspective)의 원리

- 원근법은 3차원의 세계를 2차원의 평면에 그림으로 그릴 때 멀고 가까운 것을 느낄 수 있도록 표현하는 회화 기법을 말합니다.

- 멀리 있는 물체일수록 작게 보입니다. 망막에 맺히는 **상(象, image)**의 크기는 눈으로부터 물체가 있는 곳까지의 거리 d에 반비례합니다. 그림 1-4 에서 닮은꼴 삼각형의 성질에 의해 $a:h=d:H$이므로 $h=a(H/d)$이기 때문입니다. d가 충분히 큰 경우 수정체에서 물체가 이루는 각을 θ라 할 때, 물체의 높이는 대략 $H \approx d\theta$이므로 상의 크기는 θ에 의해 결정된다고 할 수 있습니다. 멀리 있을수록 물체의 θ는 작아져서 눈에 작게 보입니다.

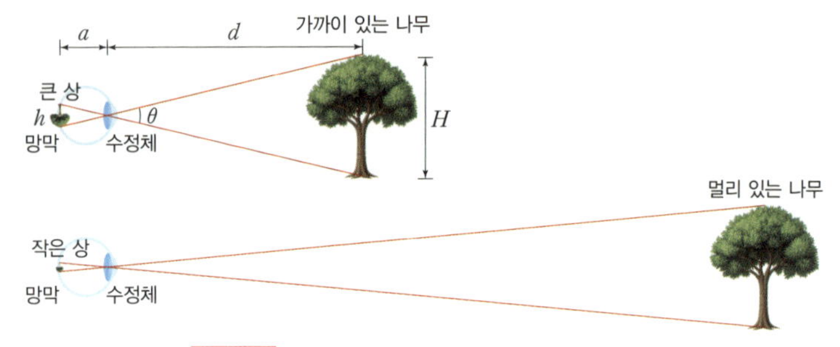

그림 1-4 멀리 있는 물체가 작게 보이는 이유

- 멀리 있는 물체는 어둡게 보입니다. 물체가 직접 빛을 내거나 다른 물체가 내는

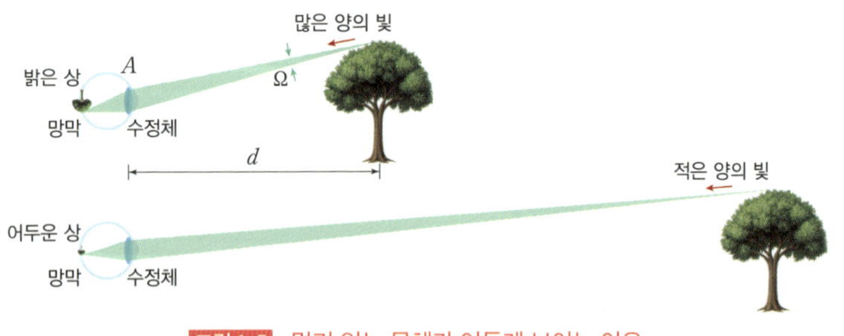

그림 1-5 멀리 있는 물체가 어둡게 보이는 이유

빛을 반사할 때, 그 빛은 사방으로 퍼져나갑니다. 그중 일부만 수정체에 의해 망막에 상으로 맺히는 것입니다. 물체로부터 d만큼 떨어진 곳에서는 물체에 반사된 빛이 $4\pi d^2$(반지름이 d인 공의 면적)의 면적에 흩어질 것이므로 수정체의 면적을 A라 할 때 우리 눈에 들어오는 빛의 양은 $A/(4\pi d^2)$에 비례합니다. 즉, 물체는 거리의 제곱에 반비례하여 밝거나 어둡게 보입니다. 이때 A/d^2을 **고체각(solid angle)**이라고 합니다. 즉, 물체의 밝게 보일지 어둡게 보일지는 고체각 $\Omega = A/d^2$에 의해 결정됩니다.

- 멀리 있는 물체일수록 더 푸르게 보입니다. 물체와 우리 눈 사이에 있는 공기에 의해 **산란(散亂, scattering)**된 푸른색의 빛이 우리 눈에 들어오기 때문입니다. 이것은 하늘이 파란 이유와 같습니다.

그림 1-6 멀리 있는 물체가 푸르게 보이는 이유

- 원근법: 멀리 있는 물체를 크기가 거리에 반비례하도록 작게 그리고, 밝기가 거리의 제곱에 반비례하도록 어둡게(그리고 약간 푸르게) 그리면 됩니다.

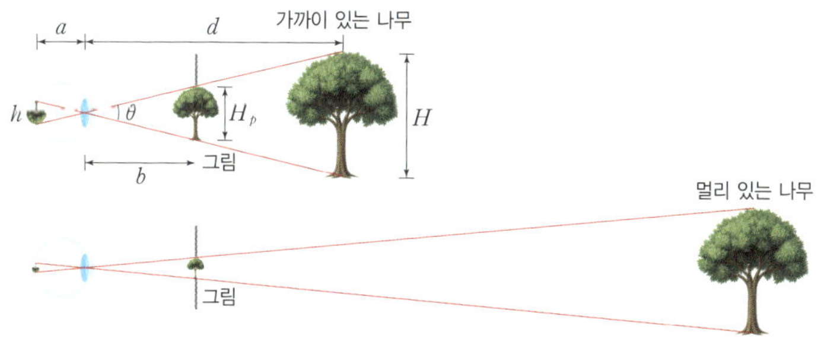

그림 1-7 $b:d=H:H_p$를 만족하는 b만큼 떨어진 거리에 그림을 놓고 그림과 물체를 바라보았을 때 똑같아 보이게 그린다. H:실제 물체의 크기, H_p:그림에서 물체의 크기

입니다. 즉, 그림 1-1에서 화가로부터 토끼까지의 거리와 화가로부터 첫 번째 나무까지 거리의 비는 1 : 3이지요. 여러 개의 비가 나오니 정신이 없지요? 하지만 논리를 펼치는 두뇌 훈련으로 좋으니 차분하게 하나씩 따져 보기 바랍니다. 여러분도 집에 '토끼와 거북이의 경주' 그림책이 있다면 경주 거리를 한번 구해 보세요.

이제 화가로부터 토끼까지의 거리만 알면 됩니다. 그런데 그 값을 그림으로부터 구하는 방법은 없군요. 화가에게 물어봐야 할까요? 아니면 나중에 토끼와 거북이가 경주를 떠난 뒤에 줄자를 가지고 가서 재 봐야겠습니다. 토끼가 사람과 얼마만큼 떨어져 있을 때 도망가지 않는지도 알아볼 수 있겠네요. 에이, 그러니까 결국은 경주 거리를 알 수 없는 것 아니냐고요? 하지만 이렇게 함으로써 결승점까지의 거리를 직접 재는 대신에 화가로부터 출발점까지의 거리만 재면 경주 거리를 알 수 있게 되었잖아요? 마치 톰슨이 전자의 비전하 q/m값만 알아냈을 뿐 전하량과 질량은 알아내지 못한 것과 같은 것이지요. 과학사에 이것과 비슷한 또 다른 이야기가 있습니다.

정보가 완벽하지 않아도 올바른 결론에 이르기

고대 그리스의 **아리스타르쿠스(Aristarchus of Samos, c. 310 - c. 230, BCE)**는 태양을 중심에 둔 태양계 모형을 최초로 제안한 천문학자입니다. 그리고 지구에서 태양까지의 거리, 지구에서 달까지의 거리를 계산

했습니다. 직접 자로 재지 않고 논리적으로 알아낸 것이지요. 자로 잴 수 있는 거리도 아닙니다만. 아리스타르쿠스는, 지구와 태양, 지구와 달 사이의 거리가 유한하다면, 그림 1-8 (가)에 보인 것처럼 달이 완전한 반달일 때 지구(E, Earth), 달(M, Moon), 태양(S, Sun)을 연결하여 만들어지는 삼각형 $\triangle EMS$가 $\angle EMS$가 직각인 직각삼각형이어야 한다고 했습니다. 그리고 그 각 $\angle MES$, 즉 θ가 87°라는 것을 관측으로 알아냈습니다. 아마도 해가 진 다음 정확한 반달이 되기를 기다려 그 순간 해와 달의 천구에서의 경도와 위도로부터 각을 계산했겠지요. 빗변과 어느 한 변이 이루는 각이 87°인 직각삼각형에서 그 변의 길이와 빗변 길이의 비는 1 : 20입니다. 이 비는 모든 닮은 삼각형에서 같으므로, 지구에서 태양까지 거리 d_{ES}는 지구에서 달까지 거리 d_{EM}의 20배◆라고 결론을 내렸지요. 삼각함수를 써서 나타내면 다음과 같이 나타낼 수 있습니다.

$$\frac{d_{EM}}{d_{ES}} = \cos\theta \qquad \text{식 1.4}$$

그림 (나)는 우리나라 초등학교 교과서에서 달의 위상을 설명할 때 나오는 그림입니다. 그믐에서 상현달, 상현달에서 보름달, 보름달에서 하현달로 변할 때 달이 90°씩 돌아가는 것으로 그려져 있습니다.◆◆ 물

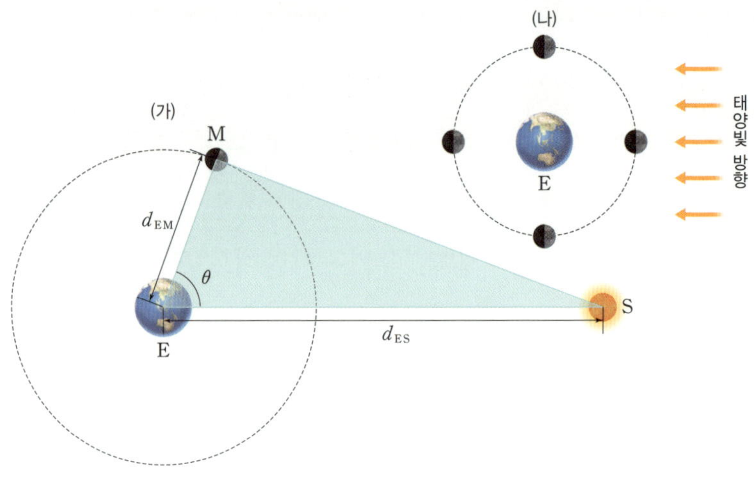

(가) 아리스타르쿠스의 생각: 지구(E), 태양(S), 달(M)을 연결한 삼각형은 달을 낀 각이 직각인 직각삼각형이다.
(나) 우리나라 초등학교 교과서에서 달의 위상 변화를 설명하는 그림: 지구와 태양 사이의 거리가 충분히 멀어서, 그믐-상현-보름-하현일 때의 달이 90°마다 나타난다.

론 이것이 잘못된 것은 아닙니다. 지구에서 태양까지의 거리는 지구에서 달까지의 거리에 비해 400배나 되니까 태양 빛이 지구와 달이 있는 공간을 평행하게 비춘다고 할 수 있습니다. 그래서 그림에 태양 빛의 진행 방향을 평행하게 그리고 설명까지 해 두었지요. 그런데 대부분의 수업 시간에 이 점을 설명하는지 모르겠습니다. 물론 아직 어린 초등학생들에게 그림 (가)처럼 각 $\angle EMS$가 직각이어야 한다는 것을 알려주기가 어렵다고 할지는 모릅니다. 하지만 그것이 그렇게 어려운 일일까요? 초등학교 이후에는 이에 대해 다시는 배울 기회가 없으니까요. 어느 각이 직각인지도 모르고 그저 그림 (나)처럼 90°씩 돌아간다고 배운 채 평생 사는 것이 과연 옳은 일인지 생각해 볼 문제입니다.

자, 다시 아리스타르쿠스로 돌아가기로 하지요. 아리스타르쿠스가 알아낸 것은 지구에서 태양까지 거리 d_{ES}가 지구에서 달까지 거리 d_{EM}의 20배라는 것입니다. 그런데 이것은 지구에서 달까지 거리를 알지 못하면 아무 소용이 없습니다. 이것은 우리가 앞에서 화가로부터 멀리 결승 지점 근처에 있는 나무까지의 거리가 화가로부터 가까운 나무까지 거리의 10배라고 알아낸 것과 비슷하지 않나요? 가까운 나무까지의 거리를 알지 못하면 아무 소용이 없으니까요.

아리스타르쿠스는 월식 현상을 이용하여 지구에서 달까지의 거리를 알아냈습니다. 그림 1-9 (가)는 월식이 일어나고 있을 때의 달 사진입니다. 지구에 의해 태양 빛이 가려지기 때문에 월식이 일어납니다. 그러니까 검은 부분은 지구의 그림자입니다. 아리스타르쿠스는 지구에서 태양 사이의 거리가 충분히 머니까 달에 드리워진 지구의 그림자와 지구의 크기가 크게 다르지 않을 것이라고 가정하였습니다. 그래서 월식이 일어날 때 달의 모습을 정확하게 그린 그림에서 (당시에는 사진이 없었으니까요), 그림자 부분을 연장하여 만들어진 원의 반지름 (＝지구의 반지름 R_E)과 달의 반지름 R_M의 비가 2.9 : 1이라는 것을 알아냈습니다. 즉, 달의 반지름이 지구 반지름의 약 2/5라는 것을 알아낸 것이지요.

이렇게나 달이 큰데도 하늘에 보이는 달은 아주 작습니다. 팔을 쭉 펴면 새끼손가락의 손톱으로도 가릴 정도지요. 멀리 떨어져 있기 때문

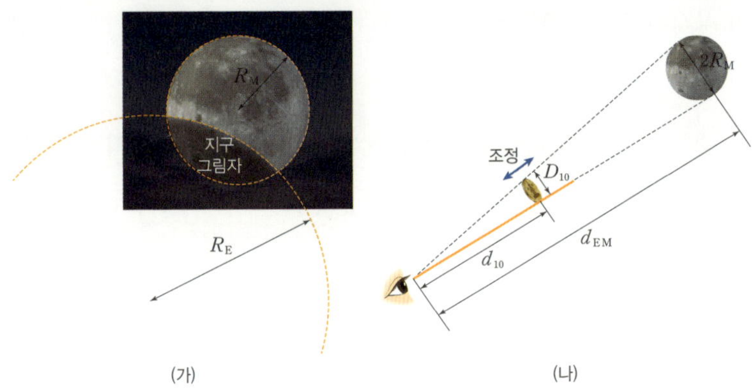

그림 1-9 아리스타르쿠스의 생각: (가) 월식은 지구 그림자가 달에 드리운 것이다. 지구에서 태양까지의 거리가 충분히 머니까 그림자의 크기는 지구의 크기와 크게 다르지 않을 것이다. (나) 닮은꼴 삼각형에서 변 길이의 비는 같으므로 $d_{10} : D_{10} = d_{EM} : 2R_M$이다.

입니다. 그림 (나)와 같이 긴 막대에 반지름을 아는 작은 원 모양의 물체, 예를 들어 10원짜리 동전을 붙이고, 눈으로부터 떨어진 거리를 조정하면 정확하게 동전이 달을 가릴 때를 찾을 수 있습니다. 그리고 닮은꼴 삼각형에서 변 길이의 비가 항상 같다는 것을 이용하면, 눈으로부터 동전까지의 거리 d_{10}, 동전의 지름 D_{10}, 눈으로부터 달까지의 거리 ($=$ 지구에서 달까지의 거리 d_{EM}), 달의 지름 $2R_M$은 다음과 같은 관계식을 만족합니다.

$$d_{10} : D_{10} = d_{EM} : 2R_M$$

식 1.5

여기에 월식으로부터 알아낸 $R_M = 2.9R_E$을 대입하여 d_{EM}을 구하면

$$d_{EM} = \frac{d_{10}}{D_{10}}(2 \times 2.9 R_E)$$

와 같이 됩니다. 즉, 측정할 수 있는 d_{10}과 D_{10}으로부터 d_{EM}을 구할 수 있는 거지요. 아! 그런데 지구의 반지름 R_E을 알아야 하네요. 그런데 아리스타르쿠스 시대에는 지구의 크기가 알려지지 않았습니다. 그래서 결국 지구에서 달까지의 거리는 물론 지구에서 태양까지의 거리를 알아내지는 못했지요. 이것도 우리 이야기랑 비슷하지 않나요? 화가로부터 나무까지 거리가 화가로부터 토끼까지 거리의 3배라는 것을 알지만 화가로부터 토끼까지 거리는 알지 못해서 결국 경주 거리를 알아내지는 못했으니까요. 지구 반지름은 아리스타르쿠스의 다음 세대 학자인 **에라토스테네스**(Eratosthenes of Cyrene, c.276~c.195BCE)가 100여 년 후에야 알아냈습니다. 하지에 시에네 지방의 우물 바닥을 햇빛이 도달한다는 이야기를 듣고 지구 반지름을 구했다는 일화는 유명하지요. 지구과학 교과서 대부분에 소개되어 있을 겁니다.

둥근 지구와 눈높이로 인한 경주 거리의 제한: 지평선

다시 토끼와 거북이 이야기로 돌아가겠습니다. 당연히 이 시합에는 경주 거리에 생물학적인 제한이 있습니다. 달리는 데 사용할 수 있는 에너지에 한계가 있어서 토끼와 거북이가 무한정 오래 그리고 멀리 달릴 수는 없을 테니까요. 에너지로 인한 것이니 넓게 보면 화학적이고도 물

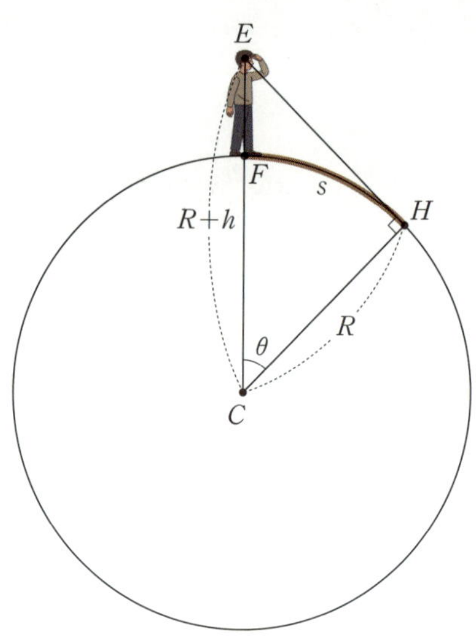

그림 1-10 지평선의 기하학: 둥근 지구에서 H점 너머는 보이지 않는다. 지구의 중심점을 C, 사람 눈의 위치를 E라 할 때, 삼각형 $\triangle EHC$는 $\angle EHC$가 직각인 직각삼각형이다.

리학적인 제한이라고도 해도 되겠습니다. 그런데 이것 외에도 다른 제한이 있습니다. 이 경주를 지평선이 보이는 넓은 평원에서 했다고 가정해 봅시다. 지평선은 둥근 지구에서 우리가 눈으로 볼 수 있는 한계입니다. 그 너머는 보이지 않지요. 그러니 거북이가 자신에게 보이지도 않는 지평선 넘어까지 달리기 경주를 하자고 토끼에게 제안할 수는 없을 겁니다.

지평선까지의 거리는 눈의 높이 h에 의해 결정됩니다. 그러니까 사람마다 키에 따라 지평선까지의 거리가 모두 다릅니다. 키가 클수록 더 멀리 볼 수 있지요. 지구를 완벽한 구라고 가정하면 지평선까지의 거리는 수학적으로 구할 수 있습니다. **그림 1-10**에서 눈(E), 지평선 위의 한 점(H), 지구 중심(C)◆를 세 꼭짓점으로 하는 삼각형은 직각삼각형입니다. 지표면으로부터 눈까지의 높이를 h, 지구 반지름을 R이라 하고, 각 $\angle ECH$를 θ라 놓으면

$$\cos\theta = \frac{R}{R+h}$$

식 1.7

입니다. 물론, 그림 1-10 에서 사람의 키는 엄청나게 과장된 것입니다. 지구에서 가장 높은 산인 에베레스트도 그림 1-10 에서 원을 그린 선의 두께를 넘지 못합니다. 그러므로 h가 지구 반지름 R에 비해서는 무척 작을 테니 θ는 아주 작은 값을 가집니다. 아주 작은 θ에 대해 $\cos\theta$는

$$\cos\theta \approx 1 - \frac{\theta^2}{2}$$

식 1.8

로 근사할 수 있습니다. **식 (1.7)**의 오른쪽도 분자와 분모를 R로 나누면 $\dfrac{1}{1+h/R}$이 되는데, 이것은 $1 + (-h/R) + (-h/R)^2 + \cdots$처럼 1에서 시작해서 $(-h/R)$을 계속 곱한 수를 모두 더한 것과 같습니다.◆◆ 그러니까 h가 지구 반지름에 비해서 무척 작을 때

◆ 점에 붙인 E, H, C는 각각 눈, 지평선, 중심을 뜻하는 영어 단어 Eye, Horizon, Center 의 첫 자를 사용한 것입니다. 아무렇게나 A, B, C라고 하는 것보다, 이렇게 의미를 가진 좋은 문자를 사용하면 편리합니다.

◆◆ a에서 시작해서 계속 r을 곱한 수를 더한 값을 S라 합시다. 즉, $S = a + ar + ar^2 + \cdots$ 입니다. 등호의 양쪽에 r을 곱하면 $Sr = ar + ar^2 + ar^3 + \cdots$가 됩니다. S에서 Sr을 빼면 오른쪽에 있는 항은 대부분 서로 지워지고 a와 a에 r을 무한히 곱한 수 ar^∞만 남을 것입니다. 만일 r의 크기가 1보다 작으면 ar^∞은 0에 수렴할 것이므로 $S(1-r) = a$가 됩니다. 그러므로 $S = a/(1-r)$이지요.

$$\frac{R}{R+h} \approx 1 - \frac{h}{R}$$

식 1.9

과 같이 근사할 수 있습니다. 그러므로 아주 작은 θ인 경우 **식(1.4)**는

$$\frac{\theta^2}{2} = \frac{h}{R}$$

식 1.10

와 같은 관계식이 성립한다는 것을 우리에 알려줍니다. 지평선까지의 거리 s는 반지름이 R인 원에서 끼인 각이 θ인 부채꼴의 호의 길이이므로

$$s = R\theta = \sqrt{2Rh}$$

식 1.11

가 됩니다.

그러니까, 눈의 높이가 1.5m인 사람에게 지평선까지의 거리는 $s = \sqrt{2(6{,}400\text{km})(1.5\text{m})} = \sqrt{2(6{,}400{,}000\text{m})(1.5\text{m})} = 800\sqrt{30}$ m 이겠네요. $\sqrt{30}$이 5와 6 사이의 수니까 지평선까지의 거리는 4km보다 멀고 5km보다는 가까운 것입니다. 정확하게는 $\sqrt{30} = 5.48$이므로 지평선까지의 거리 s는 4.38km지요. 이 거리가 조선 시대에 사용하던 10리(약 4.6km)라는 거리에 가깝다는 것이 우연의 일치일까요? '나를 버리고 가시는 님은 10리도 못 가서 발병 난다'라는 노래 가사에서 구태여 10리라고 한 것이 지평선 너머로 가면 보이지 않기 때문 아니었을까요? 그러니까 내 눈에서 벗어나기 전에 발병이 날 거라는 뜻이지요. 나그네가 여행할 때 멀리 지평선에 가물가물하게 보이는 마을까지의 거리를 10리라고 어림할 수 있으면 편리했을 법합니다.

그림 1-11 십 리를 가면 마을이 나오겠군. 오늘 밤은 저 마을에서 쉬고 갈까?

　물론 이것은 근거가 없는 말일 수도 있습니다. 조선 시대에 사용한 '1리'라는 거리의 단위는 태종 때 1걸음을 '6척'으로 잡고 360보를 걸은 거리로 정한 것이고, 그것도 명나라의 제도를 가져온 것이니 말입니다. 하지만 하필 360보로 정한 것은 어떤 것을 기준으로 한 것일까요? 현재 약 4 km(정확하게는 3.927 km)가 10리로 숙소된 것은 일제 강점기에 우리보다 짧은 일본의 1리(3.927 km)에 맞추었기 때문입니다. 이것도 '리'라는 거리의 단위가 지평선까지의 거리와 밀접한 관계가 있다고 추측하게 만드는 근거가 될 수 있습니다. 예전에는 일본 사람들이 우리나라 사람들보다 키가 작았다고 하니까요.

　거북이의 눈높이는 사람에 비해 낮습니다. 가장 큰 장수거북의 눈도 지면에서 30 cm를 넘지 않을 것입니다. 더구나 장수거북은 바다에 삽니다. 토끼와 경주를 했을 육지에서 사는 거북은 일반적으로 바다거북보다는 크기가 작습니다. 경주를 제안한 거북이의 눈이 지면으로부터 약 20 cm인 곳에 있다면 지평선까지의 거리는 **식 (1.11)**에 의해 $s = \sqrt{2(6{,}400{,}000\,\text{km})(0.2\,\text{m})} = 1.6\,\text{km}$입니다. 그러니 경주 거리가 이보다 길 수는 없었겠지요. 물론, 아주 큰 나무는 지평선 너머에서도 보입니다만, 밑동까지 보이는 나무를 결승 지점으로 정해야 하지 않겠어요? 여하간 지금까지의 이야기는 토끼와 거북이가 평원에서 달리기 경주를 했다고 가정한 경우입니다. 높은 산에서 내려다보거나, 산 아래에서 산 중턱에 있는 나무까지 경주를 했다면 거리가 더 늘어날 수 있습니다. 하기야 1.6 km도 충분히 먼 거리입니다. 그랬다면 경주에 걸린 시간이 3시간 이상이고 토끼는 또 그만큼 잠을 더 자야지요.

앞에서 이야기했듯이 토끼는 한 방향으로 오래 달리지 않습니다. 포식자들을 피하는 데는 빨리 달리는 것 못지않게 자주 방향을 바꾸는 것도 유리하니까요. 반면에 거북이는 딱딱한 등껍질 덕분에 야생에서 어느 정도는 보호를 받습니다. 거북이 자체가 파충류로서 포식자이기도 하지요. 그러니 단순하게 토끼와 거북이의 속력만 비교해서 누가 이길지를 예측하면 안 됩니다. 경주하는 동안 토끼는 **그림 1-12**처럼 움직였을 겁니다. 가다가 무엇인가에 겁을 먹거나, 실제로도 포식자를 피해 도망가야 했을 테니까요. 토끼는 경주에 이기기 위해 결승 지점을 향해 달

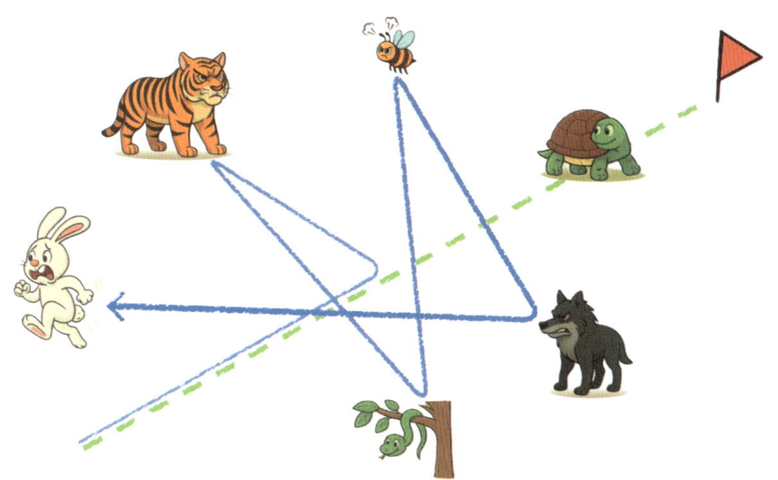

토끼의 매 순간 거북이보다 빨리 달리지만, 결승 지점을 향한 '유동속도'는 거북이보다 느리다.

려가려 하지만, 얼마 되지 않아서 다른 동물에게 놀라 도망치고 또 도망칠 겁니다. 아무리 빠르게 그리고 열심히 달리더라도 결승 지점은 별로 가까워지지 않지요. 물리학에도 이런 운동이 있습니다.

금속과 같은 도체 안에서 **전자**(電子, electron)가 꼭 토끼처럼 움직입니다. 도체 안에서 전자는 상상할 수 없을 정도로 빠르게 움직입니다. 상온의 도체 안에서, 전자의 속력은 거의 백만 m/s 정도니까요. 금속결합을 할 때 원자에서 떨어져 나온 전자를 자유전자라고 부르기는 하지만, 금속 안에서 전자는 완벽하게 자유롭지는 않습니다. 전자가 양이온

엄밀히 말하자면 전자는 '위치나 운동량의 시간에 대한 변화'를 정의할 수 없어서 양자역학을 적용해야 합니다. 전류에 대한 고전역학적 모형에서만 '전자의 운동'이라는 용어를 사용할 수 있습니다.

과 충돌하기 때문이지요. 충돌할 때마다 방향이 바뀝니다. 마치 토끼가 포식자를 만날 때마다 운동 방향이 바뀌는 것과 같지요. 도체 안에 전기장이 형성되어 있지 않다면, 전자가 매우 빠른 속력으로 움직이는데도 불구하고 충분히 긴 시간 동안 평균을 내면 전자는 거의 제자리에 있는 것과 같습니다. 도체 안에 전기장이 형성되면 충돌과 충돌 사이에는 전기장과 나란한 방향◆으로 가속운동을 할 것이므로, 그 방향으로 조금씩 나아가게 됩니다. 이런 방식으로 물체가 어떤 방향으로 조금씩 이동하는 속도를 **유동속도**(流動速度, drift velocity)라고 합니다. 일반 가정에서 사용하는 가전제품의 도선에 전류가 흐를 때 전자의 유동속도는 mm/s도 채 되지 않습니다. 백만 m/s 정도의 속력으로 빠르게 움직이지만 정작 전기장과 나란하게 전류가 흐르는 방향으로 움직이는 속력은 mm/s 정도 밖에 안 됩니다. 경주에서 토끼도 그랬을 수 있습니다. 50 km/h로 달릴 수 있지만 결승 지점을 향해 움직이는 유동속도가 거북이의 속력 0.5 km/h보다 작다면 거북이를 이길 수 없지요. 그러니까, 토끼와 거북이 이야기에서 찾을 수 있는 물리는 '유동속도'도 있네요. '끝장 보기'가 이 책이 추구하는 기치니까 유동속도에 대해 조금 더 알아볼까요? 내용이 너무 어려우면 건너뛰어도 됩니다. 하지만 77쪽에 있는 '토끼와 거북이의 경주' 이야기에서 물리 찾기를 해서 얻어낸 교훈은 읽어 보세요. ☞ **77p**

◆　전자는 음의 전하를 가지니까 전기장과 반대 방향으로 가속된다고 해야 더 정확한 표현입니다.

68

유동속도(流動速度, drift velocity)

전기가 흐를 수 있는 물질을 **도체**(導體, conductor)라고 합니다. 전기가 흐르지 않게 막는 물질은 **절연체**(絕緣體, insulator)라고 하지요. 예전에는 절연체를 부도체(不導體)라고 불렀었습니다. 세상에 있는 물질을 전기를 통하는 것과 통하지 않는 것으로 이분법으로 나누었지요. 그러면 마치 부도체는 쓸모가 없는 것처럼 보입니다. 하지만 전기를 사용하려면 도체와 부도체가 모두 있어야 합니다. 원하는 곳에만 전기가 흐르게 하고 다른 곳은 전기가 흐르지 않게 할 수 있어야 하기 때문이지요. 그래서 부도체 대신 절연체라고 보다 긍정적인 이름으로 부릅니다. 우리 사람도 그렇습니다. 공부를 잘하는 사람과 못하는 사람, 운동을 잘하는 사람과 못하는 사람으로 나뉘는 것이 아니라, 공부를 잘하는 사람, 운동을 잘하는 사람, 노래를 잘하는 사람처럼 각자 잘하는 일이 있는 것이지요. 그런 다양한 사람들이 모여야 재미있고 건강한 사회가 되지 않을까요? 어이쿠, 절연체라는 용어에서 그만 이야기가 너무 옆길로 빠졌습니다. 하지만 이런 논의는 몬테소리가 토끼와 거북이의 경주 이야기를 개작할 때 강조한 그녀의 교육철학과도 통하는 것 아닌가요? 그리고 이 책에서 하려는 일이 이야기에서 물리를 찾는 것이니, 이야기를 계속 가지를 쳐 나가는 것도 나쁘지는 않겠네요.

전류에 대한 드루드 모형

도체가 되려면 움직일 수 있는 전하를 띤 입자가 들어 있어야 합니다. 금속의 경우 금속 원자들이 금속결합을 할 때 원자로부터 풀려난 전자, 즉, **자유전자**(自由電子, free electron) 덕분에 도체가 됩니다. 소금물의 경우 물에 의해 소금의 결정이 녹아서 해리된 소듐 양이온(Na^+)과 염소 음이온(Cl^-)이 움직일 수 있게 되면서 전기를 통하게 합니다. 이러한 입자들이 도체에 형성된 전기장과 나란한 방향으로 움직이는 것이 **전류**(電流, electric current)입니다. Δt 동안 도체의 단면을 지나는 전하의 양이 Δq라면 전류(의 세기 i)는 이 값들의 비(比, ratio)이며

$$i \equiv \lim_{\Delta t \to 0} \frac{\Delta q}{\Delta t}$$

식 1.12

와 같이 정의합니다.◆

이제부터는 금속으로 만들어진 도체에 관해서만 이야기하겠습니다. 전류가 흐르는 도선 안에서 전자가 어떻게 움직이는지는 직접 관찰할 수 없습니다. 전자가 워낙 작고 가볍기 때문입니다. 크기가 작으니 아무리 배율이 높은 현미경을 사용해도 볼 수 없습니다. 다른 도구를 사용하

◆ 전류는 전하가 움직여 '전기가 흐르는 현상'을 일컫는 말로도 사용되고 그 흐름의 세기를 양적으로 나타내는 물리량을 가리키기도 합니다. 우리가 관습적으로 쓰고 있는 '전류가 흐른다'라는 말은 어찌 보면 '역전 앞'이라고 말하는 것처럼 이상한 말입니다. 전류라는 용어에 이미 전기가 흐른다는 의미가 들어 있으니까요. 식 (1.12)는 마치 전하량 q를 시간에 대해 미분하는 것처럼 보이지만, 전하량을 시간의 함수로 $q(t)$와 같이 정의할 수 있는 특수한 상황을 제외하면 고등학교 수학에서 다루는 의미의 미분은 아닙니다.

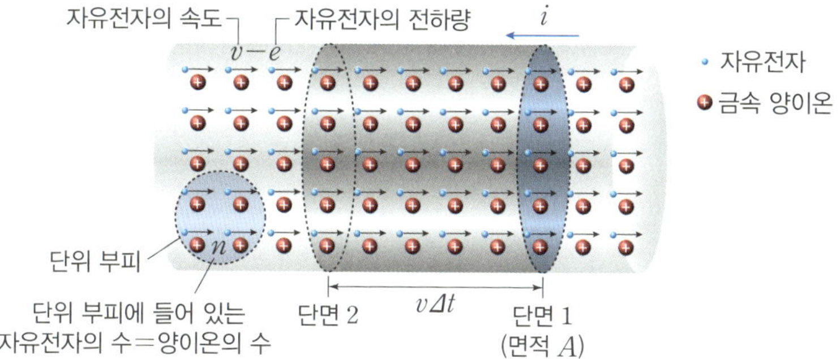

그림 1-13　도선에 흐르는 전류에 대한 미시적 모형. 전류의 방향과 전자가 움직이는 방향은 서로 반대이다.

여 전자의 위치를 파악할 수는 있겠지만, 이러한 작업이 가벼운 전자의 움직임을 바꿀 수 있어서 그로부터 전자의 실제 운동을 알아내지는 못합니다. 하지만 도선에 전류가 흐르는 것을 **그림 1-13** 에 보인 것처럼 자유전자가 도선을 따라 v의 속력으로 일률적으로 움직이는 것으로 생각해 볼 수 있습니다. 마치 관 속에서 물이 흐르는 것처럼 말이지요. 어떤 도선에 자유전자가 단위 부피당 n개 들어 있고[◆], 각각 $-e$의 전하를 가지고 있으며, 도선의 단면적은 A라고 합시다.[◆◆] 그러면 어느 순간으

◆　단순화한 **그림 1-13**, **그림 1-14**, **그림 1-15**에는 전자와 양전하가 셀 수 있는 개수만큼 그려져 있지만, 금속 도체의 n은 아주 큰 수입니다. 구리의 경우 $n=8.5\times10^{28}$개/m³나 됩니다.

◆◆　속도, 단위 부피당 전자 수, 단면적을 나타내기 위해 도입한 문자 v, n, A는 해당 물리량의 영어 용어 velocity, number, area의 첫 글자입니다. 전하량은 물리학에서 관습적으로 문자 q로 나타냅니다. 전하량에 해당하는 영어 용어가 electric charge인데 e와 c는 물리 기본 상수인 기본 전하량과 빛의 속도를 나타내는 데 쓰이기 때문에 그런 것으로 보입니다. 이런 문자의 사용에 대해 익숙해져야 합니다. 문자를 도입하지 않았을 때 그 이후의 문장이 어떻게 될지 생각해 보세요.

로부터 Δt 의 시간이 지난 후 단면 1을 지날 전자는 그 순간에 단면 1로부터 $v\Delta t$ 만큼 뒤쪽에 있는 단면 2를 지나는 전자입니다. 그러므로 Δt 동안 단면 1을 지나는 전자는 단면 1과 단면 2 사이에 회색으로 나타낸 부분에 들어 있는 전자입니다. 단면적이 A 이고 길이가 $v\Delta t$ 인 입체의 부피는 $A(v\Delta t)$ 입니다. 여기에 전자의 밀도 n 을 곱하면 그 부피에 들어 있는 전자의 수입니다. 각각의 전자가 $-e$ 의 전하량을 가지고 있으니까, Δt 동안 단면적을 지난 전하량은 $\Delta q=(-e)nAv\Delta t$ 지요. 이것을 **식(1.12)**에 대입하면 전류의 크기는

$$i=nevA$$

식 1.13

가 됩니다. 전자가 음의 전하를 가지기 때문에 전류의 방향은 전자가 움직이는 방향과 반대입니다.

전기장이 걸린 도체 안에서 전자의 운동이
토끼의 달리기와 비슷해요

아주 그럴듯해 보이지만 도체 안에서 그림 1-13 과 같이 전자들이 움직인다는 가정에는 큰 모순이 있습니다. 도체에 전류가 흐르게 하는 것은 도체 안에 형성된 전기장입니다. 전자에 작용하는 전기력이 전자를 움직이게 하지요. 그런데 힘이 작용하면 물체는 가속운동을 합니다. 전기력이 작용하는 방향으로 속도의 크기, 즉, 속력이 빨라져야 합니다. 손에 쥐고 있던 돌멩이를 놓으면 아래로 떨어지면서 점점 빠르게 되는

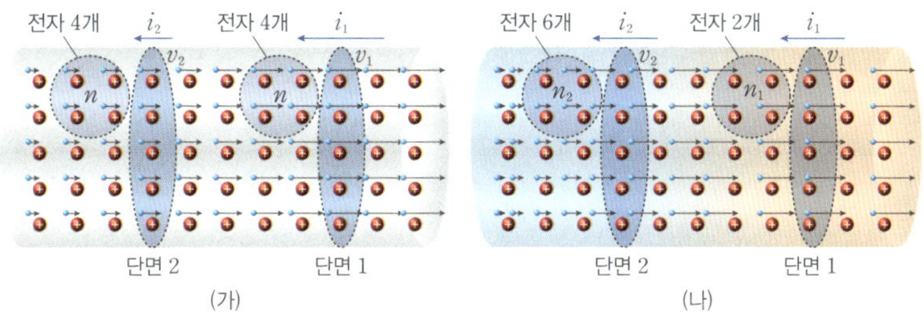

그림 1-14　(가) 만일 $v_1 > v_2$라면 $i_1 > i_2$여야 한다. (나) 속력이 빠른 부분에서 밀도가 낮아져서 $v_1 n_1 = v_2 n_2$라면 $i_1 = i_2$일 수 있다. 하지만, (가)와 (나) 모두 옳지 않다.

것처럼 말이지요. 그러니 **그림 1-13**에 보인 것처럼 모든 곳에 있는 전하가 같은 속도로 움직일 수 없습니다.

　그림 1-14 (가)처럼 각 부분에서 전자의 속력이 다르면 어떤 일이 일어날까요? 그러면 **식 (1.13)**에 의해 전자의 속력이 빠른 곳은 전류가 큰 값을 가져야 합니다. 이것은 실제 전류가 흐를 때 나타나는 현상과 거리가 멉니다. 한 줄로 연결된 도선의 어느 곳에 대해 전류를 측정해도 그 값은 같습니다. 그렇다면 그림 (나)처럼 속력이 빠른 곳은 전자의 밀도 n이 줄어든다고 하면 되지 않을까요? 그런데 이것도 문제가 됩니다. 자유전자의 밀도는 전자를 내놓고 금속결합을 한 금속 양이온의 밀도와 같습니다. 이 밀도는 균일하지요. 만일 자유전자의 밀도와 양이온의 밀도가 다르면 그 부분은 전기적으로 중성이 아니게 됩니다. 이것도 실제로 일어나는 현상이 아니지요. 수도꼭지에서 나오는 물이 아래로 떨어질 때 중력에 의해 아래로 갈수록 속력이 빨라집니다. 하지만 각 지점을 단위시간당 지나는 물의 양은 같아야 합니다. 그래서 아래로 갈수록 물의 속력이 빨라지는 만큼 물줄기의 단면은 가늘어집니다. 단면적 ×

속력이 일정하도록 말이지요. 하지만 전류가 흐르는 도선의 굵기는 이미 정해져 있고, 전자의 속력에 따라 굵기가 바뀌지 않습니다. 그러면 전류가 흐르는 도선 안에서는 어떤 일이 일어날까요?

도체 안에서 자유전자는 아주 빠른 속력으로 움직이고 있습니다. 이것은 **열(熱)**적 현상입니다. 물질을 이루고 있는 모든 분자와 원자는 운동을 하고 있습니다. 그것이 차갑거나 따뜻한 정도, 즉 **온도(溫度, temperature)**로 나타납니다. 예를 들어, 우리가 숨 쉬고 있는 공기에서 산소 분자와 질소 분자도 계속 운동하고 있습니다. 그 운동이 모두 제각각으로 크기와 방향이 다르기 때문에 어느 한 방향으로 바람이 부는 것처럼 겉으로 나타나지는 않습니다. 이러한 운동을 **마구잡이 운동**(무작위 운동, random motion)이라고 합니다. 물질을 이루고 있는 분자의 질량이 m이라면, 이 분자들의 운동에너지 평균값은 물질의 온도 T와

$$< \frac{1}{2}mv^2 > = \frac{3}{2}kT$$

식 1.14

와 같은 관계식을 가집니다. 이 식에서 k는 **볼츠만 상수**(Boltzman constant)이고 T는 물질의 **절대온도**(絕對 溫度, kelvin temperature scale)입니다. 앞에서 이야기한 것처럼 전자의 운동을 고전적으로 다룰 수는 없지만, **식 (1.14)** 에 전자의 질량을 대입하면, 상온(약 300 K)에서 전자의 평균속력◆은

◆ 마구잡이 운동을 하는 입자들은 모든 방향으로 제멋대로 움직이기 때문에 속도의 평균은 0입니다. 속력의 평균은 0이 아닙니다. 속력의 평균을 내는 대신, 식 (1.14)를 이용하여 속력의 제곱을 평균한 값을 구해 제곱근을 구하면 대략적인 속력의 평균값으로 알 수 있습니다. 이렇게 구하는 평균값을 rms(root-mean-square)라고 합니다.

$$\sqrt{<v^2>} = \sqrt{\frac{3kT}{m}} \sim \sqrt{\frac{3(1.38 \times 10^{-23}\,\text{J/K})(300\,\text{K})}{(9.1 \times 10^{-31}\,\text{kg})}} = 1.6 \times 10^5\,\text{m/s}$$

정도라는 것을 알 수 있습니다. 무척 빠르지요? 여기에 양자역학 효과까지 고려하면 도체 안에서 자유전자가 마구잡이 운동하는 속력은 거의 백만 m/s에 이릅니다.

그런데 이 빠른 운동이 실제 전류로 나타나지는 않습니다. 운동을 평균해 보면 전자가 제자리에 있는 것과 같으니까요. 마치 방 안에 있는 공기 분자의 열적 운동이 바람을 일으키지는 못하는 것처럼요. 더구나 자유전자는 움직이다가 양이온과 충돌하면 그때마다 임의의 방향으로 튕겨 나갑니다. 자유전자라고 이름이 붙기는 했어도 아직 양이온의 영향을 받는 것이지요. 그래서 도선 안에 있는 자유전자의 운동은 그림 1-15 (가)처럼 나타낼 수 있습니다.◆ 충돌과 충돌 사이에는 양이온 사이를 아주 빠른 속력으로 움직이지만 충분히 많은 충돌이 일어나는 Δt 동안 평균하면 자유전자의 실제 이동 거리는 Δt에 비례하지 않습니다. 제자리에서 맴돌고 있다고 할 수 있습니다. 이 상황이 그림 1-12 에 나타낸 토끼의 운동과 비슷하지 않나요? 물론 달리기 경주를 하지 않는 토끼의 운동에 해당합니다. 달려가야 할 결승 지점이 없으니 포식자를 만날 때마다 그저 이리저리 도망치거나 먹이를 찾아 부지런히 돌아다니는 것이지요.

◆ 그림 1-15는 상황을 단순화한 것으로 실제 상황에서 자유전자는 100여 개의 양이온을 충돌하지 않고 지납니다.

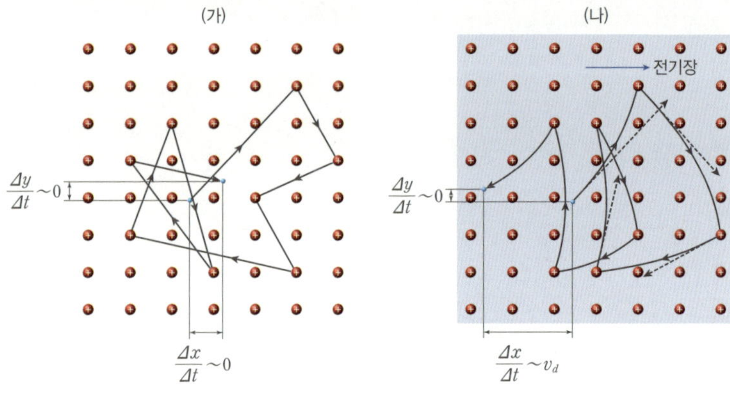

그림 1-15 도체의 전기 전도 현상에 대한 **드루드 모형(Drude model)**: (가) 도체(금속) 안에서 자유전자의 마구잡이 운동, 어느 방향으로도 전자의 평균속력은 0이다. (나) 전기장에서 자유전자의 마구잡이 운동. 충돌과 충돌 사이 자유전자는 전기장에 의해 가속운동을 하며 그 결과 전기장과 반대 방향으로의 평균속력 v_d를 가지게 된다. 전기장에 의한 가속도가 a이고 충돌 사이의 평균 시간이 $<\tau>$라면 $v_d - a<\tau>$이다.

외부에서 도선에 전원을 연결하면 도선 안에 전기장이 만들어집니다. **그림 1-15** (나)에 보인 것처럼 자유전자는 이제 충돌과 충돌 사이에는 전기장과 반대 방향으로 가속운동을 합니다. 그러다가 양이온과 충돌하면 그때마다 임의의 방향으로 튕겨 나갑니다. 십만 배가량 더 무거운 양이온과 충돌하는 것이니 충돌 후 전자의 속력은 임의로 정해집니다. 충돌 과정에서 전기장의 가속으로 얻은 에너지도 충돌한 양이온에 전달되어 양이온이 진동하게 합니다. 그러니까 전기장 안에서도 자유전자의 운동은 여전히 마구잡이 운동입니다. 충돌 전 전기장에 의한 가속운동은 누적이 되지 않습니다. 마구잡이 운동이기는 하지만, 충돌과 충돌 사이에 가속운동으로 인하여 전기장과 나란한 방향으로 이동 거리 Δs가 Δt에 비례하는 자유전자의 움직임이 나타납니다. 이때의 비례상수가 유동속도 v_d입니다. 전기장에 의한 자유전자의 가속도가 이고 충돌과 충돌 사이의 평균 시간이 $<\tau>$이라면 $v_d \sim a<\tau>$입니다. 그 밖의 다른 방향으로는 여전히 평균속력은 0입니다. 지금까지 설명한 것이 도체의 전도 현상에 대해 독일의 물리학자 **드루드**(Paul Karl Ludwig Drude, 1863-1906)가 1900년에 제안한 **드루드 모형**(Drude model)입니다. 여기에서는 전자 1개의 운동만 이야기했지만 여러 개의 전자를 고려하면 더욱더 그럴듯한 모형이 되고 전도 현상에 대해 여러 가지를 설명할 수 있습니다.♦

토끼와 거북이 경주 이야기의 물리학적 교훈

☞ 이제 왜 토끼의 유동속도에 대해 고려해야 하는지 이해하게 되었나요? 그림 1-15 (나)에 보인 전자의 운동이 바로 사나운 동물에 쫓기면서 경주하고 있는 토끼의 운동에 해당합니다. 토끼는 쫓기면서도 결승 지점을 향해 가려 하지만 사나운 동물을 만날 때마다 살기 위해 엉뚱한 방향으로 도망쳐야 하지요. 그러니까 토끼와 거북이의 경주에서 중요

♦ 드루드 모형으로 설명하지 못하는 전도 현상도 여럿 있습니다. 예를 들어, 드루드 모형은 전기저항이 온도에 따라 어떻게 변하는가를 제대로 설명하지 못합니다.

한 것은 토끼가 평소에 달릴 수 있는 속력 50 km/h가 아니라 결승 지점을 향해 가는 유동속도였던 것입니다. 사나운 동물을 피할 필요 없이 일직선으로 결승점을 향해 기어가는 거북이의 속력 0.5 km/h보다 토끼의 유동속도가 느리면 토끼가 오히려 경주에 집니다. 거북이가 결코 무모한 것은 아니었습니다. 그러고 보니 토끼와 거북이 이야기에서 얻을 수 있는 교훈이 하나 더 늘어났습니다. 현대인들은 무척 바쁘게 살아갑니다. 무엇인가를 하느라 이리저리 열심히 돌아다니지요. 특히 학생들은 어떤가요? 아침 일찍 일어나 학교에 가서 자습하고 공부하는 것도 모자라 이 학원 저 학원에 다니며 밤늦게까지 공부합니다. 하지만 이것이 이리저리 달리는 토끼나 마구잡이로 빠르게 운동하는 전자와 같은 결과를 내면 곤란하지요. 다음은 토끼와 거북이의 경주 이야기로부터 얻어낸 물리학적 교훈입니다.

무작정 바삐 살지 말고, 왜 바삐 사는지, 무엇이 그 목적인지 알아 목표를 향한 유동속도를 키웁시다.

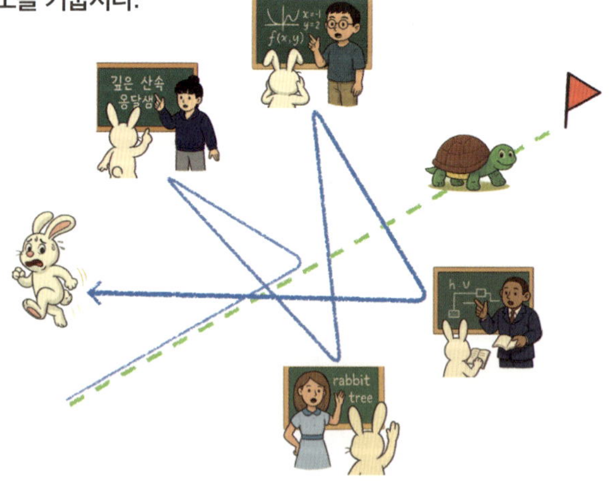

해님과 달님

두 번째 이야기는 우리의 전래동화 '해님과 달님'입니다. 전해져 내려온 이야기가 대부분 그렇듯이, '해님과 달님'도 정확히 얼마나 오래된 이야기인지는 사실 모릅니다. 사람들 사이에 입에서 입으로 전해 내려오던 여러 이야기를 채집하여 어린이를 위한 동화로 출판하기 시작한 것은 100년도 채 되지 않습니다.◆

전래동화는 대부분 '옛날 옛적 호랑이 담배 먹던 시절'로 시작되지요? 왜 '담배를 피운다'가 아니라 '담배를 먹는다'라고 하는지는 모르겠습니다. 어쨌든 담배가 우리나라에 소개된 것은 16세기 말 임진왜란 때입니다. 서유럽에 담배가 유행한 것조차 콜럼버스가 아메리카 대륙을

◆ 국립한글박물관에서 2017년 8월 8일~2018년 2월 18일에 열린 '옛날 옛적 아주 먼 옛날에'전시를 소개한 조선일보의 기사. 아래 사이트에서 읽을 수 있습니다.
https://www.chosun.com/site/data/html_dir/2017/08/10/2017081000005.html

발견한 이후부터입니다. 남아메리카 원주민들이 즐기던 담배가 유럽으로 퍼져나간 것이니까요. 그러니까 우리나라에서는 길어야 400년 전에 호랑이가 담배를 먹을 수 있게 된 셈이지요. '호랑이 담배 먹던 시절'이 우리나라에서는 그리 오랜 옛날이 아니라는 말입니다. 한편, '해님과 달님' 이야기와 유사한 설화는 중국, 대만, 일본, 만주 등에 퍼져 있었다*고 합니다. 그러니 이러한 이야기는 호랑이가 담배 먹던 시절보다 훨씬 오래된 것으로 아주 긴 역사를 지녔을 수도 있겠습니다. '호랑이 담배 먹던'이라는 표현은 이야기가 구전되는 중에 오히려 나중에 들어

* 한국민족문화대백과사전, '해와 달이 된 오누이', https://encykorea.aks.ac.kr/Article/E0062663

갔겠고요. 어떤 할머니가 손주를 앞에 앉히고 해님과 달님 얘기를 해 줄 때 손주에게 흥미를 끌기 위해 더 맛깔스럽고 재미있게 살을 붙여 만들어낸 말일지 모르겠네요.

우리나라에서 해님과 달님 이야기를 모르는 사람은 거의 없을 것입니다. 오누이만 집에 두고 밖에 나갔던 어머니는 집으로 돌아오는 길에 호랑이를 만나 변을 당합니다. 그리고는 오누이마저 호랑이에게 쫓기다가 동아줄을 타고 하늘로 올라가서 해와 달이 된다는 이야기지요.

호랑이도 동아줄을 타고 올라가지만, 중간에 줄이 끊어져 낭패를 당합니다. 어머니가 호랑이에게 변을 당하는 과정에서 그 유명한 '떡 하나 주면 안 잡아먹지'라는 대사가 나오지요? 이야기 중 가장 잔혹한 부분에 나오는 대사인데도 요즘은 아주 익살스럽게 주고받는 말이 되고 말았습니다. 호랑이가 잡고 올랐던 '썩은 동아줄'도 상징적 의미로 사람들 입에 자주 오르내립니다. 아무개를 믿고 의지했는데 알고 보니 능력도 없고 도움도 주지 못하는 사람으로 밝혀지면 그 연줄을 '썩은 동아줄'에 비유합니다.

해님과 달님 이야기에는 '니쁜 짓을 하면 하늘로부터 벌을 받는다'는 권선징악 또는 사필귀정 외에 특별한 교훈은 담겨 있지 않습니다. 하기야 건전한 사회를 만드는 데 있어서 악(惡)한 일(나쁜 일)을 하지 말라고 하는 교훈만큼 중요한 교훈은 없겠다 싶지만요. 한편으로 호랑이는 억울할 수도 있겠습니다. 어머니를 해친 것이 우리 사람의 관점에서는 확실히 나쁜 일이지만, 육식동물인 호랑이가 이 일로 천벌(天罰, 하늘이

내린 벌)까지 받아야 하는가는 생각해 볼 문제입니다. 어머니를 해친 잘못을 따지자면 호랑이를 육식동물로 만든 하늘도 책임을 면하기 어렵습니다. 어라? 그러고 보니, 호랑이가 잘못을 저지르기는 했군요. 다름 아니라 거짓말을 했어요. "떡 하나 주면 안 잡아먹지."라고 어머니에게 약속해 놓고는 지키지 않았습니다. 약속을 지키지 않는 것은 벌 받을만한 나쁜 짓이지요.

여하간 이 이야기는 재미있습니다. 잔혹함(어머니가 죽는 부분), 익살스러움(오누이와 호랑이의 대화), 긴장감(오누이가 숨은 나무에 호랑이가 올라오는 부분) 등 청중의 감정을 자극할 여러 극적인 요소가 들어 있습니다. 어스름한 저녁에 옹기종기 둘러앉아 이 이야기를 듣는 당시 어린이들의 표정이 눈에 선하네요. 대부분의 다른 전래 이야기들이 인간 사회의 이야기를 다룬 것과 달리, 이 이야기는 '해와 달이 어떻게 생겨났나?'에 대한 신화적 요소도 들어 있습니다. 이러한 기원 신화는 우리에게 아주 드물게 남아있으면서, 세계적으로 다른 문명에서 전해지는 이야기들과 공통점이 많기에 인문학적 가치도 높습니다.

'해님과 달님'은 과학적으로도 큰 의미가 있습니다. 우리 민족도 '해와 달이 하늘에 처음부터 있었던 것이 아니다'라고 생각할 줄 알았으니 자랑스럽지 않나요? 현대 과학에서는 모든 것이 처음에는 없었지만 만들어졌다고 믿습니다. 세상 만물을 구성하는 원자도 처음부터 존재했던 것은 아니지요. 해와 달은 물론이고 심지어 우주 공간도 처음에는 없었다가 만들어졌다고 여깁니다. 오누이가 집을 찾아온 호랑이를 의심하며 목소리와 손바닥에 대해 던지는 질문은 어떤가요? 알고 있는 사실과 비교하며 다른 점이 있으면 의심하는 것이야말로 과학의 기본이지요. 자연에 나타나는 현상들의 원인에 관한 설명도 단연 돋보입니다. 수수가 붉은 이유는 높은 데서 떨어져 죽은 호랑이의 피가 묻어서라고 설명합니다. 해를 쳐다보면 눈이 부신 이유까지 자세히 알려줍니다. 오누이 중 누이가 처음에는 달이 되었는데 밤이 무섭다고 하니 해로 바꾸어 주었지요. 그런데 사람들이 자꾸 쳐다보니 부끄럽다고 해서 옥황상제가 그걸 막느라 해를 보면 눈이 부시게 만든 거랍니다. 제법 그럴듯하지 않나요?

옛날이야기니만큼 과학적으로 맞지 않는 내용도 물론 많이 들어 있습니다. 어쩌면 당연한 거지요. 호랑이와 사람이 대화를 나눈다는 설정은 옛날이야기에서 자주 하는 것이고 이야기에서 꼭 필요한 것이니 논의에서 제외하겠습니다. 이것은 이야기하는 사람과 듣는 사람 사이에 약속이니, 수학적 공리로 받아들이기로 하지요. 그렇지만 다른 내용을 한번 따져 봅시다. 우선, 이야기 중에 어머니가 집을 나서는 '아침'과 집으로 돌아오는 '저녁'은 하늘에서 해의 위치로 구분할 수 있는 하루 중의 어느 때입니다. 아직 오누이가 하늘로 올라가 해와 달이 되기 전인데도요. 호랑이가 떨어져 피를 묻힌 수수도 해가 있어야 자라서 수수 알을 맺는 것이고요. 어머니가 팔러 나간 떡을 만드는 재료인 쌀이나 콩, 팥도 역시 식물의 광합성으로 만들어진 것입니다.

이 이야기가 만들어진 옛날에는 낮과 밤을 해와는 별도로 생각했습니다. 왜 그러는지 설명할 수 없지만 이 세상은 밝은 낮과 어두운 밤이 반복되는데 해는 낮에 떠 있다는 식이지요.◆ 사실 그렇게 생각할 만도 합니다. 해가 뜨기 전에 하늘이 먼저 밝아집니다. 그걸 동이 튼다고 하지요. 그다음에 해가 떠오릅니다. 산에 가려서도 아닙니다. 바다에서도 하늘이 먼저 밝아진 다음 수평선에 해가 떠오릅니다. 그리고 해가 진 다음에도 서쪽 하늘은 한참 동안 환합니다. 또 다른 이유가 있습니다. 하늘에 있는 해는 크다고 생각하기 어렵습니다. 팔을 쭉 펴면 손톱으로도 가릴 수 있지요. 그렇게 작은 해가 온 세상을 밝게 한다고 생각하기는 쉽지 않았을 겁니다. 이유가 또 있습니다. 구름이 해를 가려도 하늘

◆ 그리스 신화에서도 그렇습니다. '아침이 되면' 아폴론 신이 황금 마차를 몰고 나가 동쪽 하늘에서 서쪽 하늘을 가로지르지요. 마치 직장인이 아침에 자동차를 타고 회사에 출근하듯이 말입니다. 그 황금 마차가 사람들이 볼 수 있는 태양입니다. 해가 떠올라 아침이 되는 게 아니라 아침이 되자 해가 떠오르는 것입니다. 구약성경에서도 첫째 날 빛으로 인해 밤과 낮이 생기고, 해와 달은 넷째 날에야 만들어집니다.

은 밝지요.* 심지어 폭우가 쏟아져도 낮에는 밝습니다. 그와는 반대로 밤에는 아무리 큰 횃불을 켜 놓아도 하늘까지 밝힐 수는 없습니다. 지금도 그렇지요. 자동차 헤드라이트나 가로등이 아무리 밝아도 하늘까지 환하게 밝히지는 못합니다. 단지 그 빛이 닿은 곳만 밝게 빛납니다. 해와 크기가 같은 보름달이 하늘에 뜨더라도 밤하늘은 깜깜합니다. 낮에 하늘 전체가 밝은 이유는 지구에 대기가 있기 때문입니다. '대기에 의한 햇빛의 산란'은 19세기에 전자기학이 완성되고 나서야 밝혀졌습니다. 달에서는 낮에도 하늘이 깜깜합니다.

광합성 작용이야 말할 것도 없지요. 예전에는 그저 땅의 기운을 받아 또는 농부의 노력으로 자라는 줄 알았을 겁니다. '벼는 농부의 발자국 소리 듣고 자란다'라는 말도 있잖아요? 그러니 이런 과학적 오류도 받아들이기로 합니다. 당시에는 알 수 없는 과학적 사실이니까요. 하지만 주의했더라면 그 당시의 일상 경험으로부터 충분히 알 수 있었던 과학적 오류가 이야기 속에 있습니다.

호랑이가 잡은 줄이 과연 썩은 동아줄이었을까요?

황당하네요. 오래되어 삭아서 약해진 줄을 당겼을 때 끊어지는 것은 지극히 당연하고, 그래서 썩은 동아줄을 타고 올라가다가 호랑이가 떨어져 죽는 이야기는 별문제 없어 보이는데 말이지요. 더구나 이야기에 나오는 호랑이가 바보라서 내려온 동아줄이 썩은 것인지 알지 못했다고 하려고, 이야기 앞부분에 호랑이가 아이들이 알려 준 대로 참기름을 바르고 나무에 오르려고 하는 대목까지 치밀하게 설정해 두었는데요. 그리고 자기 스스로 썩은 동아줄을 내려달라고 빌었잖아요? 그런데도 왜 딴지를 거냐 하면 말이지요.

물리학적으로는 그렇습니다. 썩은 동아줄이었다면 호랑이는 그대로 땅에 남아 있었을 겁니다. 줄이 끊어진 충격으로 기껏 엉덩방아나 찧는 정도였겠지요. 그리고 나서는 하늘을 향해 욕을 해 댔을 겁니다. 썩은 동아줄이 아니었고 단지 호랑이의 무게를 버티지 못해 끊어진 것이라고 해도 마찬가지입니다. 들어 올려지는 순간 끊어져야 합니다. 그러면 이야기에서처럼 호랑이가 높이 올라가다가 땅에 떨어져 피가 튀고 그 바람에 수수밭을 붉게 물들이는 일이 일어날 수는 없습니다. 그러기에

이 이야기에서 유래하여 지금도 사람들이 자주 들먹이는 '썩은 동아줄'을 의심하는 겁니다. 줄을 당겨 물체가 움직이기 시작할 때 물체를 매단 줄에 가장 강한 힘이 작용한다는 사실은 옛날 사람들도 알 수 있었어요. 우물에서 두레박으로 물을 긷는 것처럼 예전에는 물체를 줄에 매달아서 움직이는 일이 더 잦았을 테니까요. 오히려 현대에는 줄의 장력으로 물체를 움직이는 일들이 많지 않지만요. 그리고 줄이 대부분 덩굴의 줄기거나 짚과 같은 천연 소재로 만들어졌을 테니 쉽게 삭아서 자주 끊어졌을 것입니다. 다음 쪽에 있는 **해보기** 활동을 해 보세요.

어떤가요? 줄이 끊어지는 것은 들어 올리려는 순간이고, 일단 물병이 들어 올려지고 나면 올라가는 중에는 줄이 끊어지지 않지요? 그리고 조심스럽게 천천히 들어 올리면 끊어지지 않고 버티는 줄도 낚아채듯이 갑작스럽게 들어 올리면 끊어질 겁니다. 왜 이렇게 되는지 알아볼까요? 그 이유를 이해하려면 힘과 운동에 대한 몇 가지 기본적인 물리 지식이 필요합니다. **힘**(force)과 **운동**(運動, motion)에 대한 물리학을 공부해 봅시다. 복잡한 물리학을 피하고 싶다면 '호랑이에게 내려온 줄이 썩은 동아줄이었다면 들어 올려지는 순간 끊어져야 한다'라는 사실만 받아들이고 다음 질문이 있는 138쪽으로 넘어가십시오. ☞138p 속도와 가속도, 운동법칙, 중력, 장력 등에 대한 물리학에 익숙하다면 130쪽의 상황 분석으로 바로 이동하여도 됩니다. ☞130p 기초지식을 어느 정도 가지고 있더라도 이어지는 내용을 읽어보면 좋겠습니다만.

물체의 운동에 관한 물리학은 고대 그리스로부터 시작된 것이니 역

해보기: 무거운 물체에 줄을 매어 들어 올리기

1. PET 병에 물을 가득 담고 뚜껑을 닫습니다. 떨어졌을 때 충격으로 뚜껑이 열리지 않도록 단단히 닫아야 합니다.

2. 그림 2-2에 보인 것처럼 가는 실 한 가닥을 병 주둥이에 묶고 바닥에 놓았던 물병을 들어 올려 보세요. 이때 사용하는 실은 한 가닥으로는 병을 들어 올릴 수 없을 정도로 약한 것이어야 합니다.

   질문 1: 언제 줄이 끊어지나요?

그림 2-2

3. 실을 한 가닥씩 늘려가며 끊어지지 않을 때를 찾아보세요. 천천히 들어 올려 보기도 하고, 갑자기 낚아채듯 실을 당겨 보기도 하세요.

   질문 2: 언제 줄이 끊어지나요?
   질문 3: 물병이 들어 올려지고 나서 일정한 속도로 들어 올리면 올라가는 도중에 줄이 끊어지나요?

사가 아주 깁니다. 고대 그리스 때의 물리학 이야기는 생략하고 17세기 갈릴레오 시대부터 이야기하겠습니다. **갈릴레오**(Galileo Galilei, 1564-1642)는 피사의 기울어진 탑*에서 물체를 떨어뜨리는 실험, 물체가 경사면에서 굴러 내려가게 하는 실험 등을 통해 물체의 운동에 숨겨져 있던 여러 규칙을 발견하였습니다. 바로 저 유명한 '무거운 물체와 가벼운 물체가 동시에 땅에 떨어진다'라는 규칙과 '수평 방향으로는 물체가 하던 운동을 계속한다'라는 규칙이지요. 이 발견으로 인하여 고대 그리스로부터 그 당시까지 2,500년 동안 받아들여졌던 **아리스토텔레스**의 운동에 대한 이론이 모두 부정되고 폐기되었습니다. 이 두 발견보다는 조금 덜 유명하지만, 물리학 관점에서 매우 중요한 발견은 '가만히 떨어뜨린 물체가 연직(鉛直, plumb line)** 아래 방향으로 움직이는 거리는 걸린 시간의 제곱에 비례한다'라는 규칙입니다. 예를 들어 2s(초, second)*** 동

* 갈릴레오의 피사의 사탑(斜塔, 기울어진 탑이라는 뜻) 실험은 일화로 전해질 뿐 실제로 그런 실험을 했다는 증거는 없습니다. 하지만, 당시에 갈릴레오가 발견한 규칙을 확인하기 위해서는 피사의 사탑이 매우 적합한 장소였기에 이런 추측이 나온 것으로 보입니다. 무게가 다른 물체가 동시에 떨어진다는 것을 보이려면 아주 높은 곳에서 두 물체를 동시에 떨어뜨려야 합니다. 당시 높은 곳이라면, 절벽과 같은 곳이 가능할 텐데, 산속 절벽에서의 실험을 많은 사람에게 보이기는 쉽지 않을 테니, 기울어진 피사의 사탑이 실험을 위해 최적의 장소였겠지요.

** 중력에 대해 알지 못한 시절에도 추를 매단 실이 늘어진 방향과 나란하게 집의 벽 또는 담을 쌓거나 우물을 파면 무너지지 않는다는 것을 알았습니다. 추를 보통 납(鉛)으로 만들었기에 연직이라고 부른 것입니다. 영어의 plumb line도 같은 이유로 붙여진 용어입니다.

*** s는 초(秒)들 나타내는 시간의 단위이며 second의 첫 글자입니다. 이 책에서 물리량의 단위는 국제 표준단위를 사용하겠습니다. 그래서 '초' 대신 s를 사용하였습니다.

그림 2-3 갈릴레오가 발견한 지표면 근처에서 물체가 연직 아래 방향과 수평 방향으로 운동할 때 따르는 규칙

안 물체가 떨어진 거리는 처음 1s 동안 떨어진 거리의 4배입니다. 물체의 운동을 이렇게 정량적으로, 그리고 시간과 연결하여 알아보려 한 최초의 과학자가 갈릴레오입니다.

위치, 속도와 가속도

뉴턴(Isaac Newton, 1643-1727)은 갈릴레오가 발견한 규칙들을 바탕으로, 물체의 운동을 정량적으로 그리고 체계적으로 분석할 수 있는 멋진 방법을 찾아냈습니다. 공간에서 물체가 움직일 때 위치의 시간에 대한 변화율을 속도(速度, velocity)로 정의하고, 속도의 시간에 대한 변화율을 **가속도**(加速度, acceleration)라고 정의하면◆ 자연에서 물체의 운동에 대한 규칙이 드디어 명료하게 밝혀진다는 것을 발견했지요. 이 과정에서 **미적분학**(微積分學, calculus)이라는 새로운 수학이 탄생합니다.◆◆ 빠르기를 나타내는 속도라는 물리량은 앞의 '토끼와 거북이의 경주' 이야기에서 이미 사용하였습니다. 하지만 우리나라 과학 교육과정의 초등학교 5학년 수준으로 움직인 거리를 걸린 시간으로 나눈 것으로만 정의한 속력만 다루었지요.

이제 정확하게 물리학에서의 속도에 대해 알아봅시다. 속도는 '**위치의 변화량**'을 '**걸린 시간**'으로 나눈 것으로 정의합니다. 즉, 속도는 **위치의 시간에 대한 변화율**입니다. '위치의 변화량'은 **식 (1.1)**의 속력에 대한 정의에 들어 있는 '움직인 거리'와 다릅니다. '움직인 거리'는 우리가 일상에서 사용하는 용어와 다르지 않습니다. 하지만 '위치의 변화량'은 '**위치**'를 명확하게 정의할 수 있어야 구할 수 있는 물리량입니다. 이번 이야기에서는 호랑이가 줄을 타고 올라가는 상황을 다루니까, 물체가 일직선을 따라 움직이는 1차원 운동만 살펴보겠습니다.

물리학에서는 관습적으로 물체의 위치를 x라는 변수로 나타냅니다. 위치는 길이의 단위를 가진 물리량입니다. SI 단위는 m이지요. 위치 변수 x를 어떻게 정의한 것인지 명확하게 밝히는 일은 매우 중요합

◆ 속도와 가속도는 현대의 물리학에서 사용하는 용어입니다. 뉴턴은 속도라는 용어 대신 유율(fluxion)이라고 불렀고, 가속도는 '유율의 유율'이라고 불렀습니다.

◆◆ 미적분학의 창시자가 뉴턴인지 라이프니츠(Gottfried Wilhelm Leibniz, 1646-1716)인지에 대해서는 아직도 논란이 있습니다. 여하간 뉴턴이 운동의 분석에 속도와 가속도를 도입하는 것은 미적분학이 아니면 불가능한 일이었습니다.

니다. $x=3.0$m라면 물체가 어디에 있는지를 정확하게 알려준 것인데 막상 그 x가 어떻게 정의된 것인지 모른다면 무슨 소용이 있겠어요? 이 것은 마치 3m인 곳에 보물이 묻혀 있다고만 적힌 보물 지도를 얻은 것과 같습니다. 1차원 운동을 하는 물체의 위치를 나타내는 변수 x는 다음과 같이 정의합니다. 먼저 물체가 움직이는 일직선에 기준점 O를 잡습니다. 그리고 기준점으로부터 어느 한쪽을 양의 방향으로 정합니다. 물체가 기준점으로부터 양의 방향에 있으면 기준점에서 물체가 있는 곳까지의 거리를 x라 정합니다. 물체가 음의 방향에 있으면 기준점에서 물체가 있는 곳까지의 거리에 음의 부호를 붙인 값을 x라 정합니다. 즉, $x>0$이면 물체가 기준점으로부터 양의 방향에 있고, $x<0$이면 음의 방향에 있는 겁니다.

시간은 물리학에서 관습적으로 t로 나타냅니다. 시간에 해당하는 영어 단어인 time의 첫 문자지요. t도 어느 순간을 기준으로 하여 얼마나 시간이 흘렀는가로 정의합니다.[*] 물체가 움직이면 시간에 따라 위치가 변합니다. x 값이 t 값에 따라 달라지는 것이지요. 이것을 수학적으로 $x(t)$와 같이 나타내고 '**x가 t의 함수이다**'라고 합니다. 어떤 시간 t_1과 이로부터 얼마만큼이 지난 시간 $t_2(>t_1)$에 물체의 위치는 각각 $x(t_1)$과 $x(t_2)$입니다. 이러한 물체의 움직임에서 걸린 시간은 t_2-t_1

---

[*] t가 기준으로 잡은 순간으로부터 흐른 '시간'으로 정의했기 때문에 t가 나타내는 순간을 구태여 '시각'이라고 할 필요는 없습니다.

이고 위치의 변화량은 $x(t_2)-x(t_1)$입니다. 위치의 변화량은 단순히 '움직인 거리'가 아닙니다. 이것은 움직인 방향까지 알려줍니다. $x(t_2)-x(t_1)>0$라면 물체가 양의 방향으로 움직인 것이고, 그 반대라면 음의 방향으로 움직인 것입니다. 속도 v는◆

$$v=\frac{x(t_2)-x(t_1)}{t_2-t_1}$$

식 2.1

와 같이 정의합니다. 다시 한번 강조합니다. 속력과는 달리 속도는 움직이는 방향도 알려 줍니다. $v>0$은 x를 정의한 일직선에서 양의 방향으로 움직인다는 것이고, $v<0$은 음의 방향으로 움직인다는 것이니까요. 물론 x를 정의한 일직선과 양의 방향이 명확해야만 이 정보가 유용하겠지만요.

가속도는 물리학에서 **'속도의 시간에 대한 변화율'**로 정의된 물리량입니다. 속도의 변화량과 그 변화에 걸린 시간의 비(比, ratio)인 겁니다. 그렇다면 가속도 a를

$$a-\frac{v(t_2)-v(t_1)}{t_2-t_1}$$

식 2.2

라고 하면 되겠네요? 가속도가 처음으로 등장하는 고등학교 물리 교과

◆ 물리 수식에서는 속도를 대개 문자 v로 나타냅니다. v는 속도의 영어 용어인 velocity의 첫 글자입니다. 같은 이유로 영어 용어가 acceleration인 가속도는 a로 나타냅니다. 이 책에서는 계속해서 이 관습을 따라 속도와 가속도를 v와 a로 표기하겠습니다.

서에는 이렇게 설명하고 넘어갑니다.[•] 하지만, 속도를 정의하는 **식(2.1)**과는 달리, 가속도를 정의하는 **식(2.2)**에는 중대한 문제가 있습니다. 어떤 문제가 있는지 여러분도 같이 생각해 볼까요?

속도를 정의하는 **식(2.1)**에는 두 개의 시간 t_1과 t_2가 들어 있습니다. '시간에 대한 변화율'인 속도를 구하기 위해서는 반드시 서로 다른 두 개의 순간이 필요합니다. 그러니까 v는 두 개의 순간 t_1과 t_2이 주어져야만 구해지는 값입니다. 이렇게 두 개의 순간에 대해 정의되기 때문에, 속도 v는 $v(t_1, t_2)$와 같이 두 시간 t_1과 t_2의 함수여야만 합니다. 즉, 근본적으로 어떤 하나의 순간 t_1 또는 t_2에 속도가 얼마인지를 말하는 게 불가능하지요. **식(2.2)**의 분모에 있는 $v(t_1)$이나 $v(t_2)$가 정의되지 않으니, 아예 't_1과 t_2 사이의 속도의 변화량'이라는 말조차 하지 못하는 것입니다. 그렇다면 **식(2.1)**에도 그런 문제가 있지 않을까요? 아닙니다. '어느 순간 t에 물체가 있는 위치'인 $x(t)$는 명확하게 정의할 수 있습니다.[••]

[•] 수학 교육과정과 과학 교육과정이 서로 맞지 않아 수학에서 미적분을 배우기 전에 과학에서 가속도를 설명해야 해서 그렇게 된 것입니다. 지금은 아예 고등학교 수학 교육에서 미적분이 빠져나가고 있지요. 미적분에 대한 지식이 없이 속도와 가속도를 다루는 것은 절대로 하지 말아야 할 일입니다. 학생들에게 잘못된 지식을 주입하는 것은 아예 가르치지 않는 것보다 나쁜 일이기 때문입니다. 아주 복잡한 미적분학까지 다룰 필요는 없으니, 물리 수업에서는 '극한'이라는 개념 정도라도 설명하며 가속도를 설명하면 좋겠습니다. 아니면 속도까지만 가르치거나요.

[••] 엄밀하게 말하자면, 물체의 크기가 있으면 $x(t)$를 정의하는 것도 불가능합니다. $x(t)$는 공간에서 어느 한 점을 가리키기 때문입니다. 그래서 물리학에서는 질량은 가지면서 크기가 없는 이상적인 점으로 물체를 단순화합니다. 이것을 질점(質點, point mass)이라고 합니다.

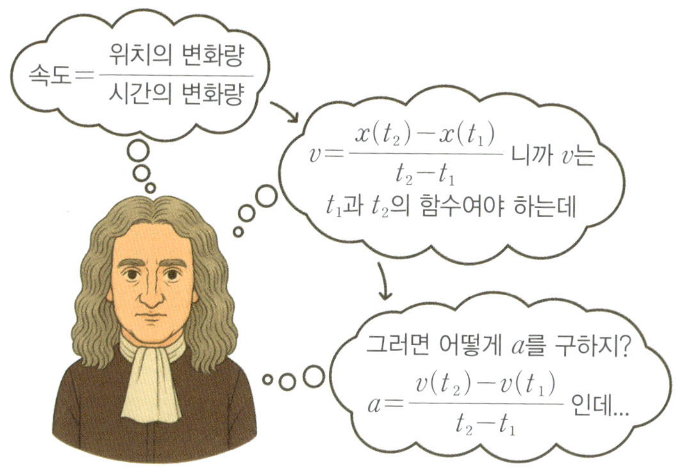

그림 2-4 뉴턴의 고민

뉴턴이 이 문제를 멋지게 해결합니다. **식 (2.1)**식에서 t_1과 t_2 사이의 시간 간격을 아주 작게 해서 t_1과 t_2를 구분할 수 없게 하면, v를 t_1 또는 t_2인 순간의 속도라고 할 수 있다는 것이지요. t_1과 t_2는 같지는 않아서 **식 (2.1)**에 의해 속도를 정의할 수 있고, t_1과 t_2가 구분할 수 없을 정도로 비슷하니까 '어떤 순간 t_1(또는 t_2)의 속도' $v(t_1)$이라고 부를 수 있게 된 겁니다. 그러면 이제 **식 (2.2)**를 이용하여 가속도를 정의할 수 있습니다. 수학적 표현으로 이것을

$$v(t_1) = v(t_2) = \lim_{t_2 \to t_1} \frac{x(t_2) - x(t_1)}{t_2 - t_1}$$

처럼 나타냅니다. 이 식의 lim은 그 아래에 적힌 대로 t_2를 t_1에 아주 가깝게 했을 때 그 뒤에 나오는 식의 값을 구하라는 기호입니다. 이런 작

업을 '**극한**(極限, limit)을 취한다'라고 합니다. lim은 극한을 뜻하는 영어 단어 limit의 첫 세 글자입니다. 이것을 보다 일반적인 시간 t에서의 속도를 정의하는 식으로 바꾸면 다음과 같이 됩니다.[◆]

$$v(t) = \lim_{\Delta t \to 0} \frac{x(t + \Delta t) - x(t)}{\Delta t}$$

식 2.3

여기에서 Δt처럼 변수 t 앞에 붙인 기호 Δ(그리스 문자 델타)는 그 변수 t의 변화량[◆◆]이라는 것을 의미합니다. **식(2.3)**을 해석해 봅시다. 분자의 Δt는 시간의 변화량이고, 분모에 있는 $x(t)$와 $x(t + \Delta t)$는 각각 시간 t일 때와 이로부터 Δt만큼 시간이 지난 $t + \Delta t$일 때 물체의 위치입니다. 그러니까 $x(t + \Delta t) - x(t)$는 t에서 시간이 Δt만큼 지나는 동안 위치의 변화량입니다. lim 기호와 그 아래에 있는 지시사항이 무엇을 말하는지 명확하지요?

어느 순간의 속도 $v(t)$가 정의되었으므로 이제 가속도 $a(t)$도 다음과 같이 정의할 수 있습니다.

$$a(t) = \lim_{\Delta t \to 0} \frac{v(t + \Delta t) - v(t)}{\Delta t}$$

식 2.4

뉴턴의 '같지는 않지만 구분할 수 없을 정도로 같게' 극한을 취하는

[◆] 이 식은 속도 또는 미분에 대한 현대식 표현입니다. 미분의 초기 형태인 뉴턴의 유율법은 완성도가 떨어지고 사람들이 이해하기도 어려웠습니다.

[◆◆] 그리스 문자 Δ(델타)는 영어의 D에 해당합니다. 변화량을 뜻하는 영어 단어 Difference, 또는 작게 나눈다는 뜻의 Derivative의 첫 글자가 D여서 이 문자를 쓰는 것입니다.

작업은 수학계에서는 인정받기까지 무려 100년 이상이 걸렸습니다. 어찌 되었건 이 '극한' 덕분에 물리학에서는 속도와 가속도를 정의할 수 있게 되었습니다. Δt가 0으로 접근하는 극한을 이용하여 속도를 단 하나의 시간 t의 함수 $v(t)$로 만든 것입니다. 그리고 가속도 $a(t)$도 정의할 수 있게 되었지요. 이제 물체가 시간 t에서 위치 $x(t)$에 있음을 알면, 그 순간 그리고 그 위치에서 물체의 속도와 가속도를 이야기할 수 있게 된 것입니다. 멋지지요? 아니면 보기만 해도 머리가 아파지나요? 이런 수식은 영어로 된 문자를 그대로 읽으려 하지 말고 각각의 항, 각각의 연산기호의 의미를 따져 가며 해석해야 합니다.

영어로 된 글을 해석할 때 우리의 두뇌는 어떻게 작동할까요? 영어는 우리말과 단어를 늘어놓는 순서가 다릅니다. 그래서 배우기가 상당히 어렵지요. 나중에 익숙해지면 그렇지 않지만, 처음에 영어로 된 말이나 글을 알아들으려면, 각각의 단어의 의미를 파악하고 그 단어들을 연결하여 내가 이해하는 우리말로 바꾸어야 합니다. 예를 들어, 'I go to school'이 무슨 뜻인지 알아들으려면, I =나, go =간다, to =~에, school =학교라는 것을 대응시키고 이것을 재조합하여 '나는 학교에 간다'라고 해석하지요.

수학이나 물리학에 나오는 수식들은 그런 서양의 언어를 사용하는 사람들의 논리로 만들어진 것입니다. 애석하지만 우리의 조상들이 처음으로 만든 것이 아니지요. 영어와 우리말에서 단어를 늘어놓는 순서가 다르듯이 수식에 있는 각각의 연산기호도 우리와 논리와 순서가 다릅니다. 대부분 식의 뒤에 나오는 연산부터 해야 합니다. 이런 차이로 인해, 그렇지 않아도 어려웠을 수식이 우리에게는 한층 더 어렵게 느껴지는 것인지도 모릅니다. 그래서 우리가 영어를 배울 때에 많은 연습이 필요하듯이, 수학에서의 수식도 그것을 이해하고 또 능숙하게 사용하기 위해서는 연습을 많이 해야 합니다. **식 (2.3)**은 이렇게 해석됩니다. 시간이 t에서 $t + \Delta t$로 만큼 변하는 사이에, $x(t)$에 있던 물체는 $x(t + \Delta t)$로 이동합니다. 그러니까 Δt 동안 위치의 변화량은 $x(t + \Delta t) - x(t)$입니다. 이것을 Δt로 나누고 Δt가 0으로 접근하는 극한을 취할 때의 값을 구한 것이 $v(t)$라는 뜻입니다.[◆] 물리학 수식은 이렇게 그 수식에 담긴 의미를 해석하고 이해해야 합니다.

속도와 가속도의 국제단위계(SI, international system units)의 단위는 각각 m/s와 m/s^{2}입니다. 이렇게 된다는 것은 **식 (2.3)**과 **식 (2.4)**에서 등호의 왼쪽과 오른쪽이 단위가 같아야 하고 오른쪽에서 위치 $x(t)$와 그 변화량의 단위는 m, 시간 t와 그 변화량 Δt의 단위는 s라는 사실로 쉽게 알아낼 수 있습니다.

식 (2.3)과 **식 (2.4)**처럼 변화율의 극한값을 구하여 새로운 함수를

만드는 것을 각각 '$x(t)$를 t로 미분한다'와 '$v(t)$를 t로 미분한다'라고 하고, 기호 d/dt를 사용하여 다음과 같이 나타냅니다.

$$v(t) = \frac{dx}{dt},$$

$$a(t) = \frac{dv}{dt}.$$

그러니까 미분 기호 d/dt는 **식 (2.3)**이나 **식 (2.4)**처럼 적어야 할 식을 짧게 쓰기 위한 약속입니다. dx/dt는 분수가 아닙니다. 그러니까 'dt 분의 dx'라고 읽지 말고 'dx dt'라고 읽어야 합니다. 이것은 분자를 먼저 읽고 분모를 나중에 읽는 영어와 그 반대로 읽는 우리말의 차이가 아닙니다. 영어로 2/3이라는 분수를 읽을 때는 'two over three'라며 'over'를 붙이지만 dx/dt는 'over' 없이 그냥 'dx dt'라고 읽습니다. 그래야 $x(t)$를 t로 미분하라는 뜻이 전달되니까요. 분수가 아닌 dx/dt에서 분자와 분모에 공통으로 있는 d를 서로 약분하는 일은 절대로 하지 말아야 합니다.

이렇게 물체의 운동을 기술할 $x(t)$를 두입하고 이로부터 속도와 가속도를 정의한 일은 물리학의 역사에서 혁명적인 사건이었습니다. 이로부터 자연 현상에 정량적으로 기술할 수 있는 적절한 물리량을 도입하고 수학이라는 도구로 분석하는 일이 물리학의 전통이 되었지요. 속도나 가속도는 물론이고 물체가 움직이는 공간을 $x(t)$라는 숫자로 나타낼 수 있다는 것은 대단한 일이었습니다. 새롭게 정의된 물리량, 또는

그림 2-5 속도와 가속도로 표현한 지표면 근처에서 물체의 운동 규칙

물리 용어로 그림 2-4 에 요약한 갈릴레오의 운동 규칙을 다시 표현해 보면 그림 2-5 에 보인 것과 같습니다. 그 글에 들어 있는 '일정하다'라는 말도 물리학 용어입니다. 물론 일상에서도 사용하지만요. 물리학에서 사용하는 '일정하다'라는 말은 시간이 지나도 값이 바뀌지 않는다는 것을 의미합니다. 어떻습니까? 훨씬 깔끔하고 간단하지요? 그런데 일정한 속도로 움직이면 물체의 가속도는 0입니다. 그러니 운동에 대한 규칙을 연직 방향은 물론이고 수평 방향까지 통합하여 가속도라는 용어를 사용하여 다음과 같이 나타낼 수 있습니다.

지표면 근처에서 물체의 운동에 대한 규칙 : 공기의 저항과 바닥의 마찰을 무시하면 지표면 근처의 공간에서 움직이는 모든 물체의 가속도는 연직 아래 방향이며 크기가 일정하다.

이때의 가속도를 특별히 **중력가속도**(重力加速度, gravitational acceleration)라고 부릅니다. 그리고 그 크기를 g로 나타냅니다. 물리학에서 문자 g는 중력가속도 외에 다른 물리량을 나타내기 위해 사용하지 않습니다. 그러면 질량의 단위인 g과는 어떻게 구별하느냐고요? 그것은 문제가 되지 않습니다. 이미 눈치챘겠지만요. 질량뿐 아니라 모든 물리량의 단위는 반드시 로마자 정자를 사용해야 합니다. 그리고 물리량이나 물리 상수를 나타내는 모든 문자는 반드시 이탤릭으로 나타내야 하고요. 이 규칙을 지키기만 하면 헷갈릴 일이 전혀 없습니다. 즉, g는 중력가속도이고, g는 질량의 단위인 그램(gram)입니다.

이쯤에서 지금까지 공부한 내용을 가만히 놓은 물체가 아래로 떨어지는 상황에 적용해 볼까요? 이것은 고등학교 물리에서 다루지요. 대부분 떨어진 거리와 그때의 속력에 대한 공식을 외우고 맙니다. 교과서에는 그 공식이 어떻게 유도되는지 어느 정도 설명하지만요. 제대로 한번 알아봅시다. 앞에서 물체의 운동에 대해 알아보려면 **물체의 위치를 나타낼 수 있는 변수를 도입**하여야만 **위치를 시간에 대해 미분한 속도**, 그 **속도를 시간에 대해 미분한 가속도**가 정의되어 운동법칙을 적용할 수 있다고 했지요. 바람이 불지 않고 지구 자전의 효과도 무시한다면 가만히 놓은 물체는 연직 아래 방향으로 **일직선을 따라 운동**합니다. 일직선에 **위치의 기준점**과 **양의 방향**을 잡아야지요?

기준점은 물체를 잡고 있다가 놓은 지점으로 잡고, 양의 방향은 연직 아래 방향으로 잡기로 하겠습니다. 물체가 양의 방향으로 움직이니까 놓은 순간으로부터 t만큼의 시간이 지난 후 물체가 연직 방향으로 움직인 거리가 물체의 위치 $x(t)$가 됩니다. 이렇게 $x(t)$가 정의되어야 **식(2.5)**와 **식(2.6)**에 의해 속도 $v(t)$와 가속도 $a(t)$가 정의됩니다. 아직 $x(t), v(t), a(t)$ 모두 시간에 대해 어떤 꼴의 함수로 나올지 모르는 미지의 양입니다.[*] 그저 정의한 대로 $x(t)$는 t동안 아래로 떨어진 거리이고, $v(t)$는 그것을 시간에 대해 미분한 것, $a(t)$는 (t)를 시간에 대해 미분한 거라는 사실만 알 뿐입니다. 여기에 102쪽의 운동 규칙을 적용하면 가속도를 알게 해 줍니다. 가속도의 방향이 우리가 정한 위치의 양의 방향과 같지요? 그래서 우리는

$$a = g \qquad \text{식 2.7}$$

라는 것을 알 수 있습니다. $v(t)$를 시간에 대해 미분한 것이 가속도 a인데 **식(2.7)**에 따르면 그것이 상수인 g라는 겁니다. t로 미분했을 때 상수 g가 나오는 함수 $v(t)$는

$$v(t) = gt + C \qquad \text{식 2.8}$$

입니다.◆ C는 아직 값을 모르는 상수입니다. 그런데 $t=0$일 때 물체를 가만히 떨어뜨렸으니 $v=0$이어야 합니다. 그러려면 **식 (2.8)**에서 C가 0이어야 하지요. 드디어

$$v(t)=gt$$

식 2.9

라는 것이 밝혀졌습니다. 그와 동시에 $x(t)$를 시간에 대해 미분한 것이 gt여야 한다는 것도 알게 되었지요. 그런 $x(t)$는

$$x(t)=\frac{1}{2}gt^2+C'$$

식 2.10

입니다. 여기에서 C'은 **식 (2.8)**의 C와는 다른, 값을 모르는 상수입니

◆ x의 n(정수)차식인 함수 $f(x)=x^n$를 x에 대해 미분해 봅시다. 약속에 따라

$$\frac{df}{dx}=\lim_{\Delta x \to 0}\frac{(x+\Delta x)^n-x^n}{\Delta x}$$

$$=\lim_{\Delta x \to 0}\frac{\left(x^n+nx^{n-1}\Delta x+\frac{n(n-1)}{2}x^{n-2}(\Delta x)^2+\cdots\right)-x^n}{\Delta x}$$

$$=\lim_{\Delta x \to 0}\left(nx^{n-1}+\frac{n(n-1)}{2}x^{n-2}\Delta x+\cdots\right)$$

$$=nx^{n-1}$$

와 같이 되므로 $f(x)=x^n$일 때 $df/dx=nx^{n-1}$입니다. 그러니까

$$df/dx=x^m(m=정수)$$

라면

$$f(x)=\frac{1}{m+1}x^{m+1}+C$$

여야 함을 알 수 있지요. 여기에서 C는 임의의 상수입니다. 상수는 0차식이니까 미분하면 0이 되니 $f(x)$에 더해도 미분 결과는 같지요.

다.[*] 하지만 놓은 순간과 그때 물체의 위치가 각각 t와 $x(t)$의 기준점이므로 $t=0$일 때 x는 0이어야 합니다. 그러므로 $C'=0$이어야만 하지요. 즉,

$$x(t)=\frac{1}{2}gt^2$$

식 2.11

입니다.

이제 가만히 놓은 물체가 아래로 떨어지는 상황에 도입했던 미지의 변수 $x(t), v(t), a(t)$를 모두 찾았습니다. **식 (2.11)**과 **식 (2.9)**는 물체가 임의의 시간 t에 어느 곳에서 어떤 속도로 움직일지를 우리에게 알려 줍니다. 당연히 땅에 떨어졌을 때의 속도도 찾아낼 수 있지요. 땅에 떨어진다는 것은 $x(t)$가 h와 같아졌다는 것을 의미합니다. 그러므로 땅에 떨어지는 데 걸린 시간을 t_g라 하면

$$x(t_g)=\frac{1}{2}gt_g^2=h$$

라는 등식으로부터

$$t_g=\sqrt{\frac{2h}{g}}$$

식 2.12

임을 알 수 있습니다. 이 시간을 **식 (2.9)**에 대입하면, 땅에 떨어진 순간

---

[*] 어떤 상황에 대해 물리 수식을 적을 때 한 번 도입한 변수나 상수를 나타내는 문자는 처음에 정의한 물리량을 나타내도록 해야 합니다. 그러니까 식 (3.28)에서 상수를 나타내는 문자를 또다시 C로 적으면 안 됩니다.

의 속도(v_g라 합시다)를 다음과 같이 구할 수 있습니다.

$$v_g = v(t_g) = gt_g = g\sqrt{\frac{2h}{g}} = \sqrt{2gh}.$$

식 2.13

지금까지의 작업이 운동 법칙을 적용하여 운동에 관한 정보를 알아내는 방법입니다. 정리하면 다음과 같습니다.

1. 물체의 운동을 잘 나타낼 수 있는 위치 $x(t)$를 도입한다. $x(t)$는 기준점으로부터 어느 일직선을 따라 움직인 거리여야만 한다. 물체가 곡선 경로를 따라 움직이는 경우는 2차원 또는 3차원 좌표계를 도입하여 위치를 나타내야 한다.
2. 위치 $x(t)$를 시간에 대해 미분한 것을 $v(t)$, 그 $v(t)$를 시간에 따라 미분한 것을 가속도 $a(t)$라고 정의한다.
3. 운동 규칙을 적용하여 $a(t)$를 찾아낸다. $a(t)$에 대한 식을 운동 방정식이라고 부른다.
4. 운동 방정식을 풀어 $a(t)$에 맞는 $v(t)$와 $x(t)$를 찾아낸다.

$x(t)$를 정의하는 1번 과정은 아주 중요합니다. 이에 따라 그 뒤의 과정이 모두 달라지기 때문입니다. 이야기가 너무 길어지겠지만, 물체를 가만히 떨어뜨리는 똑같은 상황에 물체 위치를 나타내는 변수 $x(t)$를 **땅으로부터 높이**로 선택해도 됩니다. 이것은 물체가 움직이는 일직선

에서 기준점을 물체가 떨어질 지점으로 잡고◆ 양의 방향을 연직 위 방향으로 정하는 것에 해당합니다. 이 $x(t)$로 $v(t)$와 $a(t)$를 **식(2.5)**와 **식(2.6)**처럼 정의합니다. 식은 똑같지만 이렇게 정의한 $v(t)$와 $a(t)$는 앞에서 연직 아래 방향을 양의 방향으로 정한 것과는 전혀 다른 속도와 가속도입니다. 102쪽의 운동 규칙을 적용하면 **식(2.7)**과는 달리 이제는

$$a = -g \qquad \text{식 2.13}$$

여야 합니다. 중력가속도가 우리가 잡은 양의 방향과 반대 방향이니까요. $a = -g$니까,

$$v(t) = -gt + C$$

여야 하고, $t = 0$일 때 움직이기 시작했으니 $C = 0$이어야 합니다.◆◆ 즉,

$$v(t) = -gt \qquad \text{식 2.14}$$

지요. **식(2.9)**와 다르지요? 심지어 속도가 음수네요? 걱정할 것 없습니다. 이것은 물체가 양의 방향과 반대 방향으로 움직인다는 것을 의미할 뿐이니까요. 속도, 즉, dx/dt가 음수라는 것은 시간이 지나면 $x(t)$가

◆　나중에 떨어질 위치를 기준으로 잡는다는 게 이상하지요? 하지만 물체가 처음 움직이기 시작한 지점을 기준으로 잡는다는 것도 따지고 보면 이상합니다. 땅에 떨어진 지점은 나중에 자국이라도 남지만 처음 물체를 손에서 놓은 지점은 오히려 다시 찾기도 어렵지 않겠어요?

◆◆　이제는 새로운 상황이니까 C로 적어도 됩니다. 이미 $x(t)$, $v(t)$, $a(t)$ 모두 앞에 사용했던 것과 다른 변수입니다.

값이 줄어든다는 것입니다. 그러니까 정확하게 실제로 일어나는 상황을 나타내고 있는 겁니다. 물체가 아래로 떨어지면 높이가 줄어들어야 하잖아요?

$x(t)$도 구해 볼까요? 시간에 대해 미분했을 때 $-gt$가 되는 $x(t)$는

$$x(t) = -\frac{1}{2}gt^2 + C'$$

입니다. 그런데 $t=0$일 때 물체가 높이 h인 곳에 있었으니까, 상수 C'는 0이 아니라 h여야 합니다. 그러므로,

$$x(t) = -\frac{1}{2}gt^2 + h$$

식 2.15

가 됩니다.

어떤가요? 물체의 위치를 나타내는 $x(t)$를 어떻게 정의하는가에 따라 식이 달라지지요? $t=t_g$일 때 물체가 땅에 떨어지는 것은 이제는

$$x(t_g) = -\frac{1}{2}gt_g^2 + h = 0$$

라는 식으로 표현됩니다. $x(t)$의 기준점이 물체가 땅에 떨어질 지점이었으니까요. 이 식으로부터 구한 t_g는 **식 (2.12)**와 같습니다. 이것은 당연한 겁니다. $x(t)$를 정의하는 방법에 따라 중간 과정은 다를 수 있지만, 땅에 떨어지는 데 걸린 시간은 같아야 하니까요. 땅에 떨어지는 순

간의 속도도

$$v_g = v(t_g) = -gt_g = -\sqrt{2gh}$$

식 2.16

와 같이 음수로 나오기는 하지만 아래 방향으로 움직이고 있다는 의미일 뿐이니 결국은 같은 결과인 겁니다. 물체의 운동을 기술하려고 할 때 $x(t)$를 명확하게 정의하는 것이 얼마나 중요한 일인지 이만하면 충분히 강조한 거겠지요?

고등학교 물리에서 마치 공식처럼 받아들여지는 **식 (2.9)**와 **식 (2.10)**은 이렇게 102쪽의 운동 규칙으로부터 유도할 수 있습니다. 물론 그 식을 자연계의 규칙으로 받아들여 무조건 외운다고 해도 큰 잘못은 아닙니다. 역사적으로는 갈릴레오가 실험을 통해 알아낸 **식 (2.11)**로부터 그 운동 규칙이 나온 것이니까요. 하지만 그 운동 규칙은 아래로 떨어지는 물체에만 적용되는 것이 아닙니다. 나무에 매달려 있다가 툭 하고 떨어지는 사과뿐 아니라, 대포에서 발사된 포탄에도 적용할 수 있으며, 서커스단의 광대가 위로 던져 올린 곤봉에도 적용할 수 있습니다. 어떤 물체의 운동에도 적용할 수 있지요. 상황이 바뀔 때마다 운동을 기술하는 식은 바뀝니다. 그 식을 모두 외울 수는 없지요. 그래서 규칙을 적용하여 식을 유도할 줄 알아야 하는 겁니다.

갈릴레오가 찾아내고 뉴턴이 다듬은 '지표면 근처에서 물체의 운동에 대한 규칙'은 그 자체로 자연계의 커다란 비밀 하나를 밝혀낸 것입니다. 이 덕분에 물체가 처음에 어느 곳에서 어떤 속도로 움직이기 시작했다면 그 이후에는 어떤 운동을 할지 정확하게 예측할 수가 있게 되었습니다. 이것만으로 이미 대단한 겁니다. 하지만 여기에서 멈춘다면 과학이 아니지요. 끊임없이 질문을 던지고 그 답을 찾아 가면서 발전하는 것이 과학이니까요. 뉴턴도 곧바로 질문을 던집니다. '왜?'라고요. '왜, 물체가 가속운동을 하게 될까?'라는 것이 뉴턴이 이어서 가지게 된 질문입니다. 그리고는 그 답을 찾아내서 물체의 운동에 대한 법칙을 완성합니다. 그것은 '힘과 운동'의 관계입니다.

뉴턴의 운동법칙

물리학에서 사용하는 '힘'이라는 용어는 우리가 일상에서 '미는 힘'이나 '잡아당기는 힘'이라고 할 때 그 말에 들어 있는 '힘'이라는 단어와 같은 뿌리를 가집니다.[*] 물리학에서건 일상생활에서건 힘이란 가만히 있는 물체를 움직이게 하는 그 어떤 것이지요. 하지만 물리학에서의 힘은 아주 엄밀하게 정의된 물리량이라는 점에서 일상에서 사용하는 힘과는 다릅니다. 물리학을 제대로 공부하려면 힘뿐 아니라 모든 물리량

[*] '힘'뿐 아니라 대부분의 물리 용어는 일상에서 사용하는 용어와 의미가 같습니다. 우리나라에서만 그런 것이 아니라 영어나 다른 언어에서도 이런 규칙을 따릅니다. 이상하게도 유독 물리학에서만 이러한 규칙이 있습니다. 화학과 생물학에서는 일상 용어와 구분이 되게 새로운 전문용어를 만드는 경향이 있습니다. 그래서 화학과 생물학을 배우기 시작할 때 처음에 용어가 낯설지만 헷갈리지는 않지요. 물리학에서는 그 반대입니다. 용어는 어렵지 않은데 일상에서 사용하는 것과 정확하게 구분하는 것이 어렵지요. 어느 것이 더 좋은지는 모르겠습니다.

에 대한 정의를 확실하게 알고 정확하고 사용할 줄 알아야 합니다. 힘은 다음과 같이 **뉴턴**의 운동에 대한 첫 번째 법칙으로 **정의**(定意, definition)됩니다.

운동의 첫 번째 법칙 : 힘이 작용하지 않으면 정지해 있던 물체는 계속해서 정지해 있고, 움직이던 물체는 운동의 변화가 없이 일직선 운동을 계속한다.

이 법칙은 **관성의 법칙**이라고도 불리지요? 질량을 가진 물체가 하던 운동을 계속하려는 성질을 **관성**(慣性, inertia)이라고 합니다. 왜 그러는지는 설명할 수 없습니다.♦ 그러니까 **법칙**(법칙, law)이지요. '**왜 그래야 하는지는 설명할 수 없지만**, 자연계에서 **항상** 그렇더라'라는 것이 법칙입니다. 다른 법칙으로 설명할 수 있거나 예외가 있으면 법칙이 아닙니다. 설명이 가능하게 되었거나 예외가 발견되었어도 법칙이라고 관습적으로 부르는 것이 몇 개 있기는 합니다만.♦♦

한편, 이 관성의 법칙은 '**힘**(force)'을 정의하는 것이기도 합니다. 물리학에서 사용할 힘이라는 물리량을 아주 명확하게 정의한 것이지요. 여러분 스스로 '힘'이 무엇인지 명확하게 설명해 보세요. 그러면 이 첫 번

♦ 현대의 물리학에서 관성은 '운동량 보존 법칙'과 관계가 있습니다. 그런데 운동량이 보존되는 것은 '공간의 균질성(space homogeneity)'라는 원리로부터 유도할 수 있으니 물체가 관성을 가지는 것을 이제는 과학적으로 설명할 수 있다고 해도 될까요?

♦♦ 전류, 전위차와 저항에 대한 옴의 법칙(Ohm's law)이 좋은 예입니다. 토끼와 거북이 이야기에서 설명한 드루드 모형으로 그 원리가 어느 정도 설명이 되었고 다이오드나 트랜지스터 회로에서는 성립하지 않는데도 계속 법칙으로 불리고 있지요.

째 법칙으로 표현된 뉴턴의 힘에 대한 정의가 얼마나 군더더기 없이 깔끔한 것인지 알 수 있을 겁니다. 자주 그리고 익숙하게 쓰는 용어일수록 막상 문장으로 설명하려면 어렵거든요. 머릿속에서는 그것이 무엇인지 확실히 알 수 있는데 어떤 단어로 표현할지 딱 어울리는 말을 찾을 수 없어서 그냥 '거시기'라고 말해 버리는 때가 많지요. 물리학에서는 이 첫 번째 법칙에 정의한 그대로 '물체에 작용해서 운동의 변화를 일으키는 것'만을 힘이라고 불러야 합니다. 일반적인 대화에서 사용하는 '안간힘'이나 '긍정의 힘'이라고 할 때의 '힘'은 물리학에서 사용하는 힘과는 다른 의미이지요. 물리학에서 사용하는 힘은 **중력**(重力, gravity)이나 **장력**(張力, tension)처럼 대부분 한자 력(力) 자가 뒤에 붙어 있어서 어느 정도 구분이 되기는 합니다.◆ 하지만 '력' 자가 뒤에 붙어 있다고 해도 위력(威力)이나 전력(電力)은 물리학에서의 힘은 아닙니다. 이것이 물체의 운동을 바꾸지는 않으니까요.

첫 번째 법칙에는 또 하나의 중요한 의미가 담겨 있습니다. 이 법칙에 이어지는 두 번째와 세 번째 법칙이 성립하는 공간 또는 **계**(系, system)를 제한합니다. 즉, 힘이 작용하지 않으면 물체의 운동이 변하지 않는 상황에서만 뉴턴의 운동법칙이 성립한다는 것입니다. 그런 공간 또는

<hr>

◆ 우리나라가 한자를 사용하지 않게 되어서 이러한 용어들이 이제는 일상의 용어로 여겨지지 않는 것이 아쉽네요. 장력의 영어 용어인 tension은 일상에서도 사용하는 용어입니다. 긴장(緊張)하는 것을 나타내지요. 장력에서 사용하는 한자 張이 들어 있잖아요? 장력 대신 '잡아당기는 힘'이라고 하면 되지만 전문용어로 사용하기에 너무 길어요. 요즘은 글자를 빼서 줄이기도 하니까, '잡당힘'이라고 하면 용어의 의미가 쉽게 와 닿을까요?

계를 **관성계(慣性系, inertial frame)**라고 부릅니다. 하나의 관성계에 대해 일정한 속도로 움직이는 다른 공간도 또 다른 관성계입니다. 그렇지 않은 공간도 있느냐고요? 있습니다. 예를 들어 볼까요? 일정한 속도로 달리는 기차에서 테이블에 올려놓은 사과는 그대로 가만히 있습니다. 힘이 작용하고 있지 않으니까요. 그런데 기차가 속력을 갑자기 줄이면 가만히 둔 사과가 스스로 구를 겁니다. 기차 안에서 누구도 사과를 건드리지 않았고, 사과에 어떤 힘도 작용하지 않았는데도 말이지요. 속도가 달라지는 기차 안은 관성계가 아닙니다. 이런 상황에서는 뉴턴의 운동 법칙을 있는 그대로 적용할 수 없다는 것이지요.

첫 번째 법칙을 표현하는 문장에서 놓치지 말아야 하는 중요한 단어가 있습니다. 바로 **'작용한다(作用한다, act)'**라는 용어입니다. 힘은 반드시 여기에 표현한 대로 **'작용한다'**라고 해야 합니다. 일상에서는 '힘이 작용한다'라는 말보다는 '힘을 쓴다'라는 말을 흔히 사용합니다. '힘을 많이 썼더니 피곤하다'라고들 하지요. 여기에서 쓴다는 것은 '돈을 쓴다'라고 하는 것처럼 누군가가 가지고 있던 것을 다른 누구에게 주어서 소비한다는 의미를 담고 있습니다. 하지만 물리학에서의 힘은 이렇게 모아 두었다가 써서 없어지는 것이 아닙니다. 우리 일상에서 사용하는 힘이라는 용어에는 물리학에서의 힘과 에너지가 혼합되어 있습니다. 에너지는 써서 없어질 수 있지요. '힘을 주고받는다'는 말도 잘못된 말입니다. 우리나라의 중고등학교 물리 교과서에 엄연히 사용되고 있고 대부분 수업에서도 이렇게 말하고 있겠지만 이 역시 우리나라에서 사용하고 있는 관습으로 이제는 그만두어야 합니다. 가지고 있다가 쓰는 것이 아닌데 어찌 주거나 받을 수 있겠어요?

　말이 나온 김에 우리가 **'작용-반작용 법칙'**이라고 부르는 세 번째 법칙으로 넘어가야겠군요. 힘은 '쓰는 것'도 아니고 '주고 받는 것'도 아니며 두 물체가 서로 '작용하는 것'이라는 점을 강조하고 있는 것이 바로 이 세 번째 법칙이니까요. 법칙을 요약해서 부르는 이름에 아예 '작용'과 '반작용'이라는 단어가 들어 있잖아요?

운동의 세 번째 법칙: 물체 A가 물체 B에 힘을 작용할 때 반드시 물체 B도 물체 A에 같은 크기의 힘을 반대 방향으로 작용한다.

　이 법칙을 잘못 이해하면 작용과 반작용에 어떤 시간적인 순서가 있는 것으로 생각합니다.[*] 적절한 비유는 아닙니다만 두 사람 A와 B가 치고받으며 싸울 때, 먼저 때린 행위가 작용이고 그것을 되받아친 것이 반작용이라는 식으로 이해하지요. 하지만 이렇게 순서가 있다면 각각의 행위가 일어나는 시점에 차이가 있다는 것입니다. 뉴턴 법칙에서 작용과 반작용은 항상 동시에 일어납니다. 그래서 물체 A와 B 사이에 작

---

[*] '힘을 주고받는다'라는 표현에서도 그러한 시간적 순서가 느껴집니다. 그래서 더욱더 이 표현은 사용하지 말아야겠습니다. 양자전자기학(QED, quantum electro dynamics)에서 전하 사이에 작용하는 전자기력은 광자를 매개로 합니다. 그래서 '광자를 주고받는다'라고 표현합니다만, 이 역시 어떤 전하가 먼저 광자를 방출하고 시간이 지난 다음 다른 전하가 광자를 받는 식으로 시간적 순서가 있는 건 아닙니다.

용하는 힘 중 무엇이 작용이고 반작용인지 구별할 수 없습니다. 구별하는 것이 아무런 의미도 없고요. 그저 힘을 작용하는 두 물체가 항상 짝을 이루어야 한다는 사실만이 중요합니다.

이 세 번째 법칙 역시 뉴턴의 운동법칙을 적용하는 상황을 엄격하게 제한하고 있습니다. 만일 어떤 힘이 두 물체 사이에 작용하는 것이 아니라면 첫 번째 법칙에서 정한 관성계 안에서 물체의 운동을 다룰 때 사용할 수 없습니다. **원심력**(遠心力, centrifugal force)이나 **코리올리 힘**(Coriolis' force)과 같은 **관성력**(慣性力, inertial force)이 그러한 힘으로 주의해서 사용해야 합니다. 이러한 힘은 물체 사이에 서로 작용하는 것이 아니라 계의 가속운동이나 회전운동에 의해 마치 작용하는 것처럼 보이는 힘입니다. 첫 번째 법칙이 성립하는 관성계와 달리 외부 힘이 작용하지 않아도 물체가 가속운동을 하는 계는 비관성계라고 합니다. 원심력과 같은 힘들은 비관성계에서 뉴턴의 운동법칙을 확장하여 적용할 때 도입합니다. 흔히들 '구심력과 원심력이 평형을 이루어 물체가 원운동을 한다'라고 하는데 이것은 잘못된 것입니다.

물체가 가속운동을 하려면 반드시 힘이 작용해야 합니다. 힘이 작용할 때 힘과 가속도, 그리고 질량 사이에 성립하는 관계식을 알려 주는 것이 뉴턴의 운동에 대한 두 번째 법칙입니다.◆

운동의 두 번째 법칙 : 힘이 작용할 때 물체에 작용한 힘은 물체의 질량에 가속도를 곱한 것과 같다.

물체에 작용한 힘을 F, 물체의 질량과 가속도를 각각 m과 a로 나타내면[◆] 이 법칙은

$$F = ma$$

식 2.17

과 같은 식이 됩니다. 힘의 단위는 N(Newton, 뉴턴)입니다. **식(2.5)**의 오른쪽에 있는 m과 a의 단위가 각각 kg과 m/s^{2}이니까 N은 kg·m/s^{2}과 같은 단위입니다. kg·m/s^{2}라고 쓰면 길기도 하고, 힘이 물리학에서 아주 중요한 물리량이어서 새로운 단위를 정한 것입니다.

이 두 번째 법칙에서도 주의하고 꼭 기억해야 할 단어가 있습니다. 바로 '**같다**'라는 단어입니다. '물체의 질량과 가속도를 곱한 값이 물체에 작용한 힘과 같다'라는 것과, '물체의 질량과 가속도를 곱한 값이 물체에 작용한 힘이다'라는 것은 서로 다른 말입니다. 그게 그것 아니냐고요? 그렇지 않습니다. '이다'라고 끝나는 두 번째 문장은 힘이라는 것을 물체의 질량 곱하기 가속도로 정의하여 부르자는 말입니다. 하지만 힘은 첫 번째 법칙에서 이미 정의하였습니다. 그렇게 정의한 힘이 다른 물리량인 물체의 질량과 가속도를 곱한 것과 같다는 것이 두 번째 법칙입

<hr>

[◆] 힘, 질량, 가속도에 해당하는 영어 용어 force, mass, acceleration의 첫 글자입니다. 과학이 우리나라에서 시작되었더라면 ㅎ, ㅈ, ㄱ으로 나타낼 수 있었을 텐데 아쉽지요?

니다. 이것은 자연계에서 그렇게 된다는 법칙이지 힘을 질량과 가속도의 곱으로 정의한 것이 아니라는 말입니다.

아예 등호(等號) '='에 대한 이야기를 해야겠군요. 물리 법칙이나 기타 관계식을 나타내는 식 (2.17)과 같이 등호가 들어 있는 식은 여러 물리량 사이의 관계를 알려 주는 '등식(等式, equality)'입니다. '등호'나 '등식'의 '등(等)'은 '같다'라는 뜻의 한자입니다. 그래서 $F=ma$는 'F는 ma이다'가 아니라 'F는 ma와 같다'라고 읽고 그 의미를 제대로 이해해야만 합니다. $A=B$라는 수식에서 등호는 'A는'이라고 읽을 때의 조사 '는'의 역할만 하는 것이 아닙니다. 그 뒤에 나오는 'B와 같다'라는 뜻까지 가지고 있습니다. 영어로는 A equals B라고 읽는데 이때 equal은 '~와 같다'라는 동사지요. 중국어에서 등(等)도 그렇습니다. 그러므로 $A=B$라는 것 자체가 하나의 문장입니다.[*] 우리말은 동사가 뒤에 나오고 조사를 붙여야 하니까 $A=B$를 'A는 B와 같다'라고 해야 완전한 문장이 됩니다. 그런데도 대부분 'A는 B'라고만 읽습니다.[**] '$A=B$이므로'라는 문장은 'A는 B이므로'가 아니라 'A는 B와 같으므로'라고

[*] 그러므로 수식을 적을 때는 하나의 문장으로 취급하여 필요한 경우 쉼표와 마침표 등의 구두점을 찍어주어야 합니다. 106쪽의 식 (2.12)에는 구두점이 없고 109쪽의 식 (2.13)에는 마침표가 있다는 것을 눈여겨봐 주세요. 왜 그랬는지 설명할 수 있나요?

[**] $3 \times 4 = 12$도 그렇지요. 구구단을 외울 때 '삼사십이'라고 하는 것까지 잘못이라고 하지는 않겠습니다. 하지만 이식을 '3 곱하기 4는 12이다'라고 이해하면 엄격하게는 잘못입니다. 이 식의 왼쪽은 3과 4를 곱하라는 것이고 그것은 4를 세 번 더하라는 뜻입니다. 그것이 '12이다'가 아니라 '12와 같다'는 것입니다. 12의 정의는 '10의 자리가 1이고 1의 자리가 2인 수'입니다. 만일 12가 3×4로 정의된 것이라면 2×6은 이제 무엇이라고 해야 할까요?

읽고 이해해야만 합니다. 영어로는 'because $A = B$'일 텐데 'because A equals B'라고 읽을 겁니다. 그 문장을 올바로 해석해 보세요.

그런데 특별한 등식이 있습니다. 예를 들어, 38쪽의 **식(1.1)**은 속력이라는 용어를 처음으로 정의하는 식입니다. 이 식은 '속력은 움직인 거리를 걸린 시간으로 나눈 것이다'라고 읽어도 됩니다. 아니 그렇게 하는 것이 더 옳습니다. 또는 '속력은 움직인 거리를 걸린 시간으로 나눈 것으로 정의한다'라고 하면 더 명확하겠네요. **식(2.3)**, **식(2.4)**, **식(2.5)**, **식(2.6)**도 속도 또는 가속도를 정의하는 식입니다. 어떤 물리량을 새로 정의하는 등식과 물리량 사이의 관계인 법칙을 나타내는 등식을 구분하기 위해 물리학에서는 새로운 물리량을 정의할 때 세 개의 선으로 이루어진 등호 '≡'를 사용하기도 합니다. 이 책에서도 앞으로는 새로운 물리량을 정의할 때는 ≡를 사용하겠습니다.

뉴턴의 두 번째 법칙을 언급하는 문장에서 '물체에' 작용한 힘이라고 명시했다는 점도 눈여겨 두어야 합니다. 어떤 물체에 힘이 작용할 때 그에 대한 반작용으로 그 물체도 그 힘을 작용하는 다른 물체에 같은 크기지만 방향이 반대인 힘을 작용합니다. 이렇게 다른 물체에 작용하는 힘은 해당 물체의 운동에는 관여하지 않습니다.

너무 설명이 길었습니다. 하지만 이 정도의 기초 지식이 있어야 앞으로의 설명을 이해할 수 있습니다. 이제 호랑이의 동아줄 문제로 돌아가 볼까요? 호랑이가 동아줄에 의해 매달려 끌려 올려지거나 아니면 동아줄을 타고 올라가는 상황은 **그림 2-6**과 같이 질량 m인 물체가 줄에

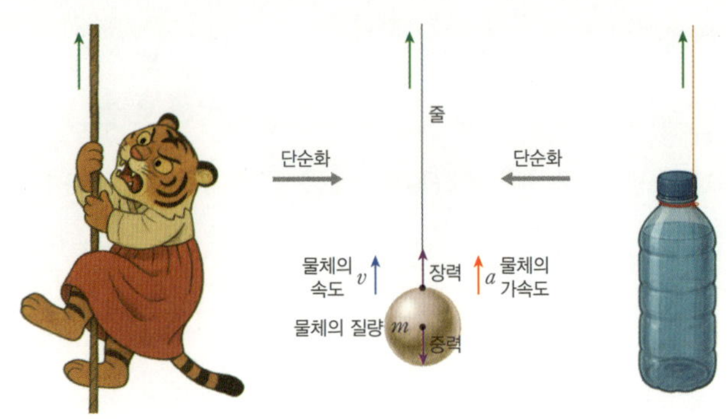

그림 2-6 호랑이가 줄에 매달려 올라가는 상황과 줄에 매단 물통을 위로 들어 올리는 상황은 모두 질량 m인 물체가 줄에 연결되어 움직이는 것으로 단순화할 수 있다.

매달려 움직이는 상황으로 단순화하여 분석할 수 있습니다. 엄밀하고 자세하게 운동을 분석하자면, 호랑이의 두 팔(다리)이 동아줄을 잡고 있고, 팔에 몸통이 연결되어 있으며, 몸통에 머리와 다리, 꼬리가 붙어 있고, 각각은 제각각의 질량을 가지고 있으며, 꼬리는 계속 위아래로 움직이고 있습니다. 하지만 우리는 호랑이의 이런 복잡한 형태와 움직임들을 무시하고, 질량 m인 물체로 단순하게 생각하여 운동의 문제를 풀어 보겠습니다. 이처럼, 우리가 알고자 하는 상황을 이해하는 데에 중요하지 않은 것들을 무시하고 단순화한 것을 물리적 모형(physical model)이라고 합니다.* 호랑이가 줄을 어떻게 잡고 있는지는 고려하지 않고 그저 줄과 호랑이가 연결된 것으로 생각하는 것이지요. 이 모형에서는 호

---

* 물리적 모형을 설정할 때 분석하고자 하는 상황에서 중요한 역할을 하는 요소를 무시하거나 고려하지 않으면 그 모형은 그 상황을 제대로 설명하지 못합니다.

랑이의 손(발)이 미끄러워서 잡고 있던 줄을 놓치는 상황은 고려하지 않기로 하는 것입니다.

우리는 단지 호랑이가 잡고 올라가던 동아줄이 썩은 동아줄이어서 끊어진 것인지 아니면 다른 이유가 있는지를 알고자 합니다. 우리가 궁금해하는 문제를 풀기 위해서는 중요하지 않은 요소들은 무시하고 단순한 모형으로 생각하는 게 유리합니다. 그러니 호랑이 몸의 모양이나 털의 색깔은 아예 고려 대상이 되지 않습니다. 그래서 그림 2-6 에 보인 것처럼 호랑이를 심지어 동그란 물체로 대체한 것이지요.♦ 만일 바람이 분다면, 동아줄에 매달린 호랑이의 운동에 바람이 영향을 주기는 하겠습니다. 하지만 우리는 문제에 집중하기 위해 바람이 불지 않는 단순한 상황을 가정하고, 매달린 호랑이가 공기의 저항을 받을 정도로 빠르게 움직이는 것도 아닐 테니 저항력도 고려하지 않습니다. 앞에 나온 해보기 활동에서 물통이 들어 올려지는 상황도 이처럼 단순화하면 호랑이 경우와 같은 물리적 모형이 됩니다. 물체가 움직이는 속도를 v, 가속도를 a라 놓겠습니다. 물체의 위치 $x(t)$는 줄과 나란한 일직선을 따라 지표면에서의 높이로, 그리고 양의 방향은 연직 위 방향으로 정했다고 합시다. 이 상황에서는 물체에 작용하는 **중력**(重力, gravity)과 **장력**(張力, tension)이 중요한 역할을 합니다. 호랑이나 물통이 움직이기 바로 전까

♦ 이것이 모든 물리학 교재에서 물체를 항상 네모난 모양으로 그려 놓는 이유입니다. '물리학자는 소가 둥근 공 모양이라고 한다'는 유명한 농담이 있지요? 이제는 호랑이도 공 모양이라고 하네요.

지는 지면에 놓여 있을 테니 **수직항력**(垂直抗力, normal force)도 작용합니다. 하지만 우리는 물체가 지표면에서 들어 올려지는 순간부터만 관심을 가지기로 하지요. 그러면 수직항력은 고려하지 않아도 됩니다. 중력과 장력에 대해서 물리학 기초를 다져 봅시다.

중력

앞서 갈릴레오의 얘기 중에, 지표면 근처에서 움직이는 모든 물체가 (공기의 저항이 없다면) 연직 아래 방향인 일정한 크기의 가속도 g로 움직인다고 했지요? 그러려면 뉴턴의 두 번째 운동법칙에 따라 물체에는 연직 아래 방향으로 어떤 힘이 작용해야만 합니다. 일상생활에서 물체가 무게를 가지는 것도 바로 이 연직 방향으로 작용하는 힘 때문입니다. 그래서 이 힘을 **중력**(重力, gravitational force 또는 gravity)라고 부릅니다. 이때 重(중) 자는 '무게' 또는 '무겁다'라는 뜻을 가진 한자입니다. 영어 단어의 어원인 라틴어의 gravitatem 역시 '무겁다'라는 뜻입니다. 그래서 앞에서 지표면 근처에서 운동하는 물체의 연직 방향 가속도를 중력가속도라고 이름을 붙였고 그것을 gravity의 첫 글자인 g로 나타내는 것입니다.

두 물체가 서로 질량이 다르더라도 연직 방향으로의 중력가속도는 모두 똑같습니다. 이것이 갈릴레오가 발견한 '같은 높이에서 동시에 떨어뜨린 무거운 물체와 가벼운 물체가 동시에 바닥에 도달한다'는 규칙이었지요. 그러니까 이렇게 운동하도록 하는 중력이라는 힘은 운동법칙

$F=ma$을 적용했을 때 가속도가 질량에 따라 다르지 않고 g가 되어야 합니다. 그러려면 지표면 근처에서 물체에 작용하는 중력이 질량에 비례하여야만 하지요.[*] 이 말을 수식으로 적어 봅시다. 운동법칙 $F=ma$를 적용했을 때 모든 물체의 가속도 a가 g가 되려면, 지표면 근처에서 질량이 m인 물체에 작용하는 중력을 F_g라고 할 때, F_g의 크기가 다음과 같아야 합니다.

$$F_g = mg$$

식 2.18

이 식은 $F=ma$에 a 대신 g를 대입한 것이 아닙니다. 오히려 $F=ma$의 F에 F_g를 대입했을 때 $a=g$가 되도록 F_g를 정한 것입니다.

그런데 힘이라는 것이 반드시 두 물체 사이에 작용해야만 한다고 했지요? 중력 F_g도 다른 어떤 물체가 이 물체에 작용한 것이어야 합니다. 그 다른 물체가 무엇일까요? 중력은 지표면에 있는 모든 물체에 똑같은 중력가속도로 작용해야 하니까 힘이 작용하는 상대 물체는 지구일 수밖에 없습니다. 그 힘의 방향이 지구 중심을 가리킨다는 점도 간접 증거로 제시할 수 있겠습니다. 다시 한번 강조하면, 이 힘은 물체가 아래로 떨어지는 상황에서만 작용하는 것이 아니고, 물체가 어떻게 움직이거나 항상 똑같이 작용합니다. '난장이가 쏘아 올린 공'이 위로 올라갈 때도, 그리고 정지용 시인이 찾으러 다녔던 '함부로 쏜 화살'이 날아갈 때

---

[*] 이것은 중력의 아주 특별한 성질입니다. 일반 상대성 이론은 물체에 작용하는 중력과 물체의 관성이 모두 질량에 비례한다는 사실로부터 탄생하였습니다.

도 중력은 작용합니다. 심지어는 물체가 가만히 정지해 있을 때도 중력이 작용합니다. 몸무게를 재기 위에 저울 위에 올라 가만히 서 있는 사람에게도 중력은 작용합니다. 나중에 질량을 가진 모든 물체 사이에 작용하는 중력의 존재는 실험으로 확인되었습니다. 이렇게 해서 중력이 발견된 것입니다. 중력에 대한 자세한 이야기는 나중에 '어린 왕자' 이야기에서 자세하고 정확하게 다루겠습니다. 일단은 지표면 근처의 물체에 작용하는 중력에 대한 법칙을 다음과 같이 표현하기로 하지요.

임시방편의 중력 법칙: 지표면 근처에 있는 질량이 m인 물체에는 연직 아래 방향으로 mg의 크기를 가진 중력 F_g가 작용한다.

이것은 아직 완전한 중력 법칙이 아닙니다. 단, 위 문장에서 '질량을 가진 물체에 중력이 작용한다'라는 것은 법칙입니다. 물체에 중력이 작용하는 것은 어떤 물체이든지 예외가 없고, 왜 중력이 작용하는지 설명할 수도 없으니까 법칙이지요. 하지만, 힘의 크기가 mg라는 사실을 운동법칙인 $F = ma$에 대입했을 때 물체의 가속도가 g가 되도록 유추해 낸 것이니 설명된다고까지 할 수도 있겠습니다. 오히려 물체의 가속도가 g라는 것이 법칙에 더 가깝습니다. 그래서 완전하지 않은 법칙이라고 말한 것입니다. 일단은 하나의 규칙이라고 해 두지요. 나중에 이에 대한 추가 논의를 통해 확실한 법칙으로 고치기로 하고요. 여하간 해님과 달님 이야기에서의 물리학은 이것으로도 충분합니다. 앞에서도 말했지만, 물체에 작용하는 중력의 반작용으로서 물체가 지구에 작용하는 중력은 호랑이의 운동에는 영향을 미치지 않으니 생각할 필요가 없습니다. 그리고 지구가 물체에 작용하는 중력이 지구 중심으로부터 떨어진 거리에 따라 달라지지만, 이 점 역시 지금은 고려하지 않아도 됩니다. 오누이가 하늘 높이 올라가서 해와 달이 되었다고는 해도, 줄에 매달려 쫓아 올라가다 떨어진 호랑이는 해나 달이 있는 곳까지 올라가지는 않았을 테니까요. 우리 조상이 그리스의 아리스타르쿠스가 구한 지구에서 태양까지의 거리를 알았을 리 없으니 해와 달이 떨어진 거리가 서로 다르고 그렇게나 멀리 떨어져 있다는 것도 몰랐을 겁니다.

<h2 style="text-align:center">장력</h2>

이제 **장력**에 대해 알아보기로 하지요. 장력이라는 이름은 일상적인 상황에서 물체를 줄에 매서 잡아당기면 줄이 팽팽해지며 늘어나려고 하는 현상에서 그렇게 지어졌습니다. 한자의 張(장) 자는 활을 뜻하는 弓(궁)과 늘인다라는 뜻을 가진 長(장)을 합쳐 놓은 글자입니다. 그러니 이 한자가 어떤 뜻을 가질지 짐작이 되지요? 무엇인가를 억지로 늘리는 상황을 나타낸 글자입니다. 요즘이야 활을 쏘는 것이 특별한 취미이거나 또는 전문적인 스포츠 경기 중 하나지만, 옛날에는 활줄을 당길 때 줄이 팽팽해질수록 힘이 더 드는 것◆을 많은 사람이 경험했겠지요.

◆　　일상에서 사용하는 '힘이 든다'는 것이 물리학에서 옳은 표현은 아닙니다만.

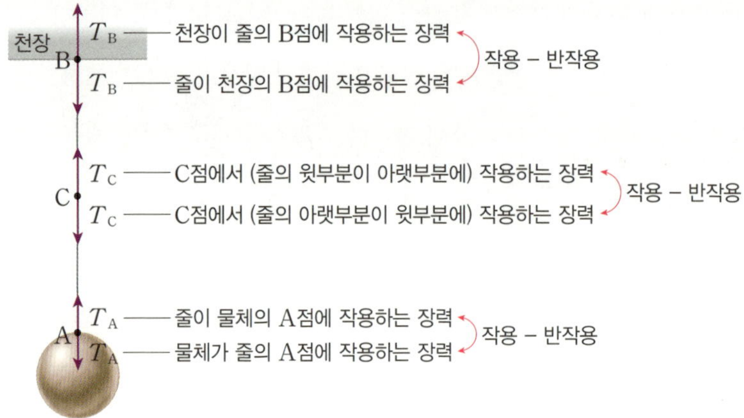

그림 2-7 장력은 줄의 모든 점에서 작용한다.

장력에 해당하는 영어의 tension도 무엇인가가 팽팽하게 잡아당겨지는 것을 의미합니다. 사람들 앞에 나서거나 시험을 앞두었을 때 우리가 긴장(緊張)하는 것도 영어로 tension입니다. '긴장'이라고 할 때의 '장' 자와 '장력'이라고 할 때의 '장(張)' 자가 같은 한자지요. 물리학에서는 관습적으로 tension의 첫 글자인 문자 T를 사용하여 장력을 나타냅니다.

장력은 중등 교육과정의 물리와 대학교의 일반물리 수업에서는 대부분 **그림 2-7**에 나타낸 것처럼 줄과 물체 사이에 서로 잡아당기는 힘으로만 취급합니다. 이보다 엄밀하게 정의하자면 물리학에서의 장력은 **'1차원적인 선으로 근사할 수 있는 물체의 어느 한 점에 작용하는 힘'**입니다. 말이 어렵지요? 1차원적인 선으로 근사할 수 있는 물체로서 대표적인 것이 굵기를 무시할 수 있는 줄입니다. 아마도 '어? 장력이 이런 거였어?'라는 생각이 들 겁니다. 대부분 **그림 2-7**에 나타낸 것처럼 '줄과 물체 사이의 상호작용'으로서의 장력만 다루어 왔을 테니까요. 그것은 그림 2-8 에서 특별히 줄과 다른 물체의 경계인 A점과 B점에서 작용하는 장력입니다. 하지만 줄의 모든 지점, 예를 들어, 그림 2-7 의 C점에도 장력이 작용하고 있습니다. 줄을 잡아당겼을 때 중간 지점이 끊어지는 것이 그 증거지요. 그리고 이렇게 모든 점에 장력이 작용하고 있어서 줄이 팽팽하게 모양을 유지하는 것입니다. 그림 2-7 에서 어떤 힘이 서로 작용–반작용 관계인지도 눈여겨보기 바랍니다.

장력은 중력과는 달리 '장력이라는 힘이 자연계에 존재한다'와 같이 선언하는 법칙은 없습니다. 단지, 거시적인 상황에서 물체의 운동을 설명하기 위해 물리학자들이 현상학적으로 도입한 힘입니다. 이런 힘을 도입하면 물체의 운동을 잘 설명할 수 있으니까요. 물리학자들이 장력을 도입할 때 다음과 같은 성질을 가지는 힘으로 정하였습니다.

장력의 정의: 장력은 팽팽한 줄의 모든 점에서 줄에 나란한 방향으로◆ 그 점으로 나뉜 두 부분이 서로 잡아당기는 방향으로 작용한다.

장력의 크기: 장력의 크기를 알려 주는 특정한 법칙은 없으며, 줄이 버틸 수 있는 한계◆◆ 내에서 물체나 줄의 운동에 따라 정해지는 값을 가진다.

◆ 줄이 곡선으로 휘어 있는 경우에는 장력은 그 점에서 접선 방향으로 작용합니다. 팽팽하게 잡아당겼는데 어찌 곡선이 될 수 있냐고요? 전봇줄도 팽팽하게 잡아당겨져 있지만 곡선입니다. 출렁다리를 붙들고 있는 줄도 곡선이지요. 이것은 줄에 장력뿐 아니라 다른 힘이 작용하기 때문입니다. 전봇줄의 경우 중력이 작용해서 **현수선**(懸垂線, catenary)라고 이름이 붙은 수학적 곡선이 됩니다.

◆◆ 그 한계를 최대인장력이라고 합니다.

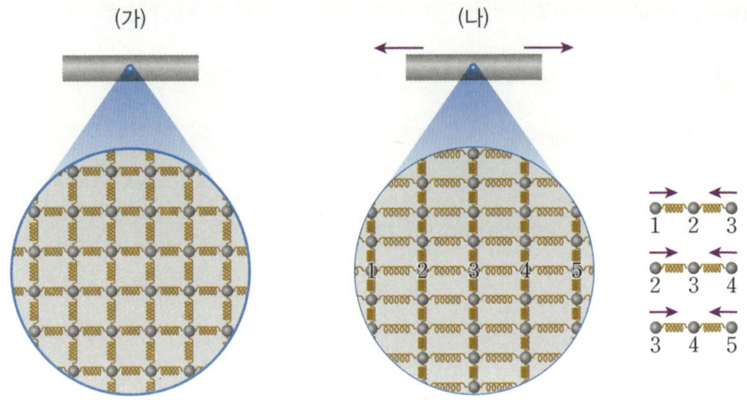

그림 2-8　장력에 대한 미시적 모형 (가) 원래 상태의 줄에서 원자 또는 분자의 배열, (나) 팽팽하게 당겨진 줄에서 원자 또는 분자의 배열 : 어떤 입자에 대해서도 인접한 입자가 가까워지려고 한다.

팽팽하게 당겨진 줄에서 장력이 나타나는 것은 자연계의 기본 상호작용의 하나인 **전자기력**(電磁氣力, electromagnetic force)으로 설명할 수 있습니다.[•] 물체가 매달린 줄은 분자들의 결합으로 이루어져 있으며, 분자는 원자들이 결합하여 만들어집니다. **그림 2-8**은 장력을 줄의 구성 성분인 원자 또는 분자 사이의 상호작용으로 설명하는 미시적 모형입니다. 줄을 이루고 있는 입자(원자 또는 분자)는 공으로 나타냈고 입자 사이의 상호작용은 용수철로 나타냈습니다. 외부에서 줄에 어떤 힘도 작용하지 않았을 때, 입자들은 가장 안정한 상태에 있습니다. 그래서 입자

[•] 그러니까 법칙이라고 부르지 않은 것입니다. 하지만, 이 설명은 아직 정성적인 수준이고 정량적으로 줄의 장력을 기본 힘으로부터 시작하여 설명하기는 거의 불가능할 것입니다. 줄을 이루는 원자나 분자의 수가 하늘에 있는 별의 수만큼 많은 데다가, 아직도 원자와 원자, 또는 분자와 분자 사이에 작용하는 힘조차 전자기력으로 완벽하게 설명할 수 없는 상태이기 때문입니다.

사이가 가까워지거나 멀어지면 원래의 상태로 되돌아가려고 하지요. 그림 2-8의 미시적 모형에서는 이 상황을 그림 (가)처럼 모든 공이 늘어나거나 줄어들지 않은 원래 길이의 용수철로 연결된 상태로 나타냈습니다.

줄을 팽팽하게 잡아당기면 그림 (나)에 보인 것처럼 입자들 사이의 거리가 바뀝니다. 잡아당긴 방향으로는 멀어지고 그에 수직인 방향으로는 거리가 가까워지지요. 그러면 입자들은 원래의 안정한 상태로 돌아가려고 합니다. 미시적 모형에서는 늘어나거나 줄어든 용수철이 원래 길이로 돌아가려고 하니까 줄에 장력이 나타나는 것으로 비유한 것입니다. 이때 그림 (나)에 나타낸 것처럼 어떤 입자를 기준으로 하더라도 양쪽에 있는 입자들이 가까워지려고 합니다.[*] 그러니까 줄의 모든 점에 장력이 작용하는 것이지요. 이것이 당겨진 줄에 장력이 발생하는 원리입니다.

이 모형에 따르면 줄이 당겨질 때 길이가 변해야 하는 것처럼 보입니다. 물론 우리 일상에서 사용하는 줄도 당기면 대부분 약간씩은 늘어납니다. 하지만 늘어나는 길이는 무시할 수 있을 정도로 짧습니다. 그림 (나)에서 입자들 사이 거리의 변화는 무척 과장된 것입니다. 물리학에서 장력을 다룰 때 줄의 길이 변화는 무시합니다.[**]

중력과 장력이 항상 같지는 않습니다

☞ 드디어 호랑이가 줄을 잡고 올라가는 상황에 필요한 기초지식을 다 공부하였습니다. 그러면 이제 다시 그림 2-6처럼 단순화한 물리적 상황에 물리학을 적용해 봅시다. 아예 그림 2-9에 보인 것처럼 물체와 AC 부분의 줄을 따로따로 생각하겠습니다. 물체와 줄은 같은 속도 v와 같은 가속도 a로 움직이고 있습니다. 물체와 줄이 서로 붙어 있고 줄이 팽팽하다면 이래야만 하지요. 질량이 m인 물체에는 크기가 mg인 중력이 연직 아래 방향으로 작용합니다. 이것이 124쪽에 명시한 중력 법칙(또는 규칙)입니다. 사실 중력도 장력처럼 물체의 어느 한 점에 작용하는 힘입니다. 수학적으로 크기가 없는 점은 질량도 없을 테니 중력이 작용할 수 없습니다. 그러니 그 점 주위로 크기를 무시할 수 있는 정도의 부피에 들어있는 질량에 작용한다고 해야지요.◆ 그런데 지표면 근처에서는 각 부분의 가속도가 똑같아서 각각의 점에 작용하는 중력을 모두 더하면 질량 중심에 모든 질량이 모인 것처럼 중력이 작용한다고 할 수 있습니다. 그래서 물리학에서는 관습적으로 중력은 그림 2-9처럼 물체의 질량 중심에 작용하는 것으로 나타냅니다.

◆ 장력도 마찬가지입니다. 장력이 한 점에 작용한다고 할 때의 '점'도 수학적으로 엄밀하게 정의된 추상적인 점은 아닙니다. 이 점은 거시적으로 장력이 나타나게 하는 미시적 입자가 충분히 많이 들어 있도록 어느 정도의 부피를 가지고 있습니다. 단, 위치를 정의할 수 있도록 크기를 무시할 정도의 부피지요. 물리학에서 말하는 '점'은 대부분 이렇습니다. 마치 미분에서 '같지만 같지 않는' 극한을 취하듯이 '크기가 있지만 위치를 정할 수 있는'이라고나 할까요?

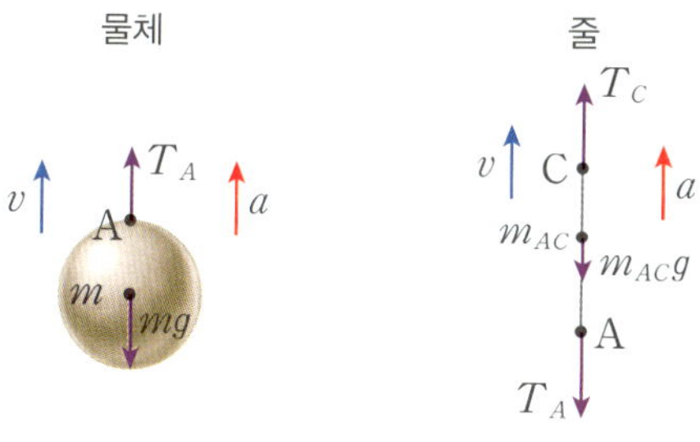

그림 2-9 물체와 줄(AC 부분)에 작용하는 힘

물체에 작용하는 장력은 그림 2-9에 나타낸 것처럼 T_A인 장력이 A 점에 '줄에 접선 방향으로' 그리고 '줄이 잡아당기도록' 작용합니다. 127 쪽에 있는 장력의 정의를 따른 것이지요. 이때 장력과 중력은 서로 작용-반작용이 아닙니다. 많은 수의 사람들이 이렇게 오해하고 있지만요. 심지어 '중력이 작용하니까 장력이 생기는 것 아니냐?'며 우기는 사람 까지 있습니다. 당연히 중력이 작용하지 않는다면, 줄이 잡아당겨지지 않을 테니 장력은 나타나지 않습니다. 그렇다고 해도 작용과 반작용이 아닙니다. 앞에서 여러 번 강조한 것처럼 작용-반작용은 이렇게 원인과 결과로 정의된 게 아닙니다. 세 번째 운동법칙에 정의한 대로 서로 힘을 작용하는 두 물체 사이의 상호작용이 작용-반작용입니다. 중력은 지구 가 물체에, 그리고 장력은 줄이 물체에 작용하는 힘입니다. 그러니까 중 력과 장력은 절대로 작용-반작용의 관계가 아닙니다.

줄의 AC 부분에도 중력과 장력이 작용합니다. AC 부분의 줄의 질 량을 m_{AC}라고 하면 줄에 작용하는 중력의 크기는 $m_{AC}g$이고 역시 연직 아래 방향입니다. 그리고 A점과 C점에 각각 T_A와 T_C의 장력이 모두 줄의 AC 부분을 늘리는 방향으로 작용합니다. 이때도 당연히 중력과 장력은 작용-반작용이 아닙니다. 그리고 줄의 A점과 C점에 작용하는 T_A와 T_C도 물론 작용-반작용이 아닙니다. 물체가 줄의 A점에 작용하는 장력 T_A의 반작용은 줄이 물체의 A점에 작용하는 장력과 서로 작용-반작용입니다. 줄의 C점에 작용하는 장력 T_C의 반작용은 이 점에 닿아 있는 줄 또는 다른 물체에 줄이 작용하는 힘입니다.

작용하는 힘을 모두 찾았으니, 그림 2-9 와 같은 상황에서 물체와 줄의 일부에 두 번째 운동법칙을 적용하면 다음과 같은 관계식을 얻게 됩니다.

$$T_A - mg = ma,$$

식 2.19

$$T_C - m_{AC}g - T_A = m_{AC}a.$$

식 2.20

두 등식의 등호 왼쪽에 적은 것이 물체와 줄에 작용하는 힘입니다. $x(t)$의 양의 방향과 같은 방향◆으로 작용하는 힘에는 양의 부호를 붙이고 반대 방향으로 작용하는 힘에는 음의 부호를 붙입니다. 그래서 물체의 A점에 작용하는 장력 T_A는 양의 부호를, 줄의 A점에 작용하는 T_A에는 음의 부호를 붙인 것입니다. 그리고 등호의 오른쪽에는 물체와 줄의 질량에 그들의 가속도를 곱한 것을 적었습니다.

◆ 가속도는 시간이 지났을 때 위치가 증가하는 방향이면 양, 감소하는 방향이면 음이 되도록 정합니다. 그림 2-8 에서는 물체가 위로 올라가는 상황을 고려하고 있어서 가속도 방향을 그렇게 정한 것입니다.

식 (2.19)와 식 (2.20)은 우리에게 여러 가지를 알려 줍니다. 우선, 이 식에는 물체와 줄의 속도 v는 들어 있지 않습니다. 오직 가속도만 힘과 연결되어 있지요. 물론 속도가 증가하거나 감소하려면 물체의 가속도가 0이 아니어야겠지만, 힘과 속도의 직접적인 관계는 없다는 뜻입니다. 다음으로 식 (2.19)에서 눈여겨보아야 할 것은 T_A와 mg가 같은 것은 오지 $a-0$일 때뿐이라는 깃입니다. 즉, 물체가 줄에 연결되어 가만히 정지해 있거나 등속으로 움직이는 경우에만 물체에 작용하는 중력과 장력의 크기가 같습니다. 이것도 사람들이 자주 오해하는 것 중의 하나입니다. 대부분 장력을 맨 처음 도입할 때 줄에 매어 놓은 물체가 아래로 떨어지지 않게 작용하는 힘이라고 설명합니다. 그 경우에는 $T_A = mg$입니다. 왜 그런지 그 이유를 모르고 무조건 외우면 그림 2-9

그림 2-11 모든 방정식의 답이 $x=2$는 아니다.

의 학생처럼 모든 경우에 $T_A=mg$라고 여기게 되지요. 어떤 물체에 작용하는 장력과 중력이 서로 작용-반작용이라는 오해도 주로 여기에서 생깁니다. 이것은 마치 **그림 2-11**에 나타낸 모든 방정식에 대해 아까는 답이 $x=2$였다고 따지는 학생과 같습니다. 왜 그런 답이 나오는지를 모르고 외우니 그렇게 되는 것이지요. 하지만 이 두 학생은 질문이라도 하니까 그나마 다행입니다. 자신이 알고 있는 것과 다르면 질문을 해서 제대로 알아야지요. 잘못 알고 있다는 사실조차 모르는 건 더 큰 문제입니다.

식 (2.20)도 우리에게 중요한 사실을 알려 줍니다. 하나의 줄에서 서로 다른 점에 작용하는 장력은 크기가 같지 않다는 것입니다. 줄의 질량을 고려하면, 줄이 가속운동을 하는 경우는 말할 것도 없고, 심지어 줄

134

이 정지해 있을 때도 양 끝에 작용하는 장력의 크기가 다릅니다. 연직으로 늘어뜨린 줄의 경우 항상 위쪽에 작용하는 장력의 크기가 그 아랫부분의 줄에 작용하는 중력만큼 더 큽니다. 오직 줄의 질량을 무시했을 때만 줄의 모든 점에 작용하는 장력의 크기가 같습니다. 이런 이유로 크기가 같다고 해도 다른 점에서 작용하는 장력이 서로 작용-반작용의 관계인 것은 절대로 아닙니다.

앞에서 잠깐 언급한 것처럼, 정지하고 있던 물체나 줄이 위로 끌려 올라간다면 물체가 속도를 가지게 된 것입니다. 속도가 0이면 물체의 위치에 변화가 일어날 수 없으니까요. 정지해 있던 물체가 이런 속도를 가지게 되었으니 속도의 변화도 일어난 것입니다. 그러므로 정지해 있던 물체가 움직이기 시작하는 것은 항상 가속운동입니다. 이 상황을 단순화하여, 그림 2-12 처럼 물체가 운동했다고 가정합시다. 그림 2-12 는 정지하고 있던 물체가 0.1s 동안 중력가속도에 해당하는◆ $10\mathrm{m/s^2}$의 일정한 가속도로 운동한 다음 일정한 속도로 운동하는 것을 (가) 위치-시간, (나) 속도-시간, (다) 가속도-시간 그래프로 나타낸 것입니다. 위치-시간 그래프에서 각 점에 접하는 선의 기울기가 그 순간의 속도가 되고, 속도-시간 그래프에서는 각 점에 접하는 선의 기울기가 그 순간의 가속도가 됩니다. 이것이 98쪽의 식(2.3)과 식(2.4), 또는 식(2.5)와 식(2.6)의 미분이 위치-시간, 속도-시간 그래프에서 가지는 의미입니

◆ 지표면 근처에서의 중력가속도는 평균적으로 $9.8\mathrm{m/s^2}$입니다. 이 책에서는 중력가속도를 간단히 $10\mathrm{m/s^2}$이라고 하겠습니다. 그래도 약 2% 정도의 오차밖에 나지 않습니다.

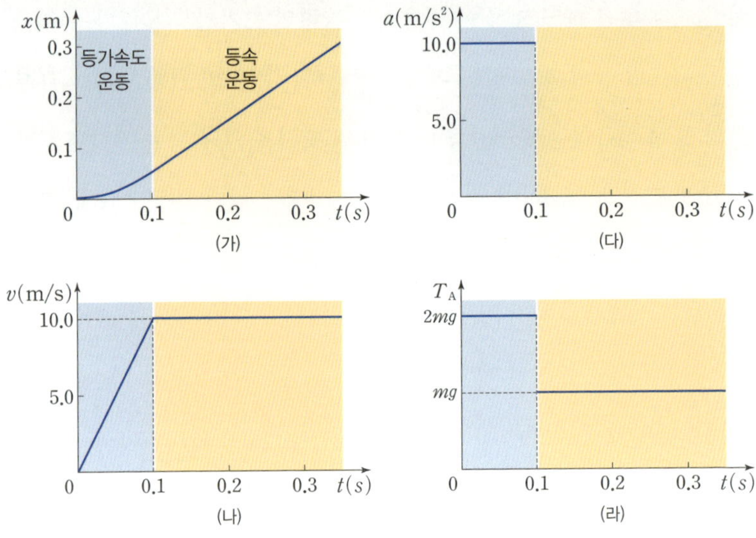

그림 2-12 줄에 매달려 끌어올려지는 물체의 (가) 위치-시간, (나) 속도-시간, (다) 가속도-시간, (라) 장력-시간 그래프.

다. 그림 (라)는 **식(2.19)**를 적용해 구한 T_A의 시간의 함수로 나타낸 것입니다. 0.1s 동안의 가속도가 10m/s^2라면 가속운동을 하는 동안 줄에 작용하는 장력은 중력의 두 배나 됩니다. 가만히 매달려 있을 때 작용하는 장력의 두 배를 줄이 버텨 끊어지지 않아야 줄에 매달려 올라갈 수 있지요. 가속운동이 끝나고 물체가 일정한 속도로 끌려 올라가게 되면 장력은 다시 중력의 크기로 줄어듭니다. 그러니까 맨 처음 물체가 움직이기 시작할 때 줄이 끊어지지 않았다면 나중에 등속으로 올라가는 동안 줄이 끊어지는 일은 일어나지 않는 것이지요.

호랑이도 바보는 아니었을 것입니다. 문을 열어 주지 않는 아이들을 그럴듯하게 속일 때는 제법 영리했지요. 하늘에 동아줄을 내려 달라는 기도를 (그림 2-1에 나타낸 것처럼) 아이들이 알려 준 것과 반대로 말한 것도 제 딴에는 아이들에게 속지 않으려고 그랬을 겁니다. 그전에 한번 거짓말에 속아 참기름을 바르고 나무에 올라가려 하다가 낭패를 보았으니까요. 그렇게까지 의심이 많은 호랑이가 하늘에서 내려온 동아줄을 확인도 하지 않고 올라가지는 않았겠지요. 잡아당기기도 하고 매달려 보기도 하면서 혹시 끊어지지 않을지 점검해 보았을 겁니다. 호랑이가 무거워서 썩은 동아줄이 끊어진 거라면 이때 끊어졌을 수도 있습니다. 그렇지 않았더라도 끊어지는 것은 맨 처음 호랑이가 들어 올려지는 동안이니까 이야기에서처럼 호랑이가 높은 데까지 올라가다가 떨어질 수는 없습니다. 이것은 옛날 사람들도 경험으로 알아낼 만한 일입니다. 우물에서 두레박으로 물을 뜨고 나무에 맨 그네를 탈 때 줄이 끊어지는 일은 몇 번 경험했을 테니까요. 그래서 '호랑이가 잡은 줄이 썩은 동아줄이었을까?'라는 질문에 대한 답은 '썩은 동아줄이 아니었을 것이다'입니다.

어찌 되었건 호랑이는 높은 곳에서 떨어져야만 합니다. 이때 튄 피가 수수를 붉게 물들였다니 말입니다. 그러면 이렇게 질문해야겠지요?

호랑이가 왜 높은 곳에서 떨어졌을까요?

호랑이가 욕심을 부려 가속운동을 했어요

결론부터 이야기하면 호랑이가 욕심을 부려서 그렇게 된 것입니다. 그림 2-12에 보인 것처럼, 줄이 당겨져서 어느 속도에 이른 다음에는 계속 오누이와 호랑이가 똑같은 일정한 속도로 끌어 올려진다고 합시다. 그런데 오누이보다 늦게 줄에 매달려 뒤처진 호랑이는 그만 조바심이 났습니다. 그대로 끌려 올라가면 높이 차이가 그대로 유지될 테니 영원히 오누이를 붙잡을 수 없겠다고 생각한 것이지요. 그래서 호랑이는 줄을 타고 위로 올라가려고 합니다. 줄이 끌려 올려지는 속도보다 더 빠르게 위로 움직이는 것도 속도 변화가 일어났으니 가속운동입니다. 호랑이가 줄을 꼭 잡고 있을 때 누군가 잡아당겨 호랑이를 위로 들어 올리거나, 호랑이가 등속으로 움직이는 줄을 타고 올라가거나 해서 결과적으로 호랑이가 가속운동을 한다면 줄에 작용하는 장력은 **식 (2.19)**를 따라야 합니다. 즉, 호랑이의 질량을 $m_호$, 가속도를 $a_호$라고 하면, 줄에는 호랑이의 무게인 $m_호 g$보다 $m_호 a$만큼 더 큰 장력이 작용하게 됩니다.

어쩌면 하늘이 호랑이가 무겁다는 걸 고려해서 호랑이를 땅에서 끌어 올릴 때 아이들을 끌어 올릴 때보다 가속도가 작게 (서서히 속력이 빨라지도록) 끌어 올렸을 겁니다. 타고난 대로 산 호랑이에게 벌을 줄 생각이 아니었지요. 그래서 오누이와 호랑이에게 똑같은 동아줄을 내려

줬지요. 다른 동아줄이라면 영리한 호랑이가 눈치채고 불평할 것이 뻔하니까요. 그 동아줄의 최대 장력을 T^{max}라고 합시다. 그러면 질량이 $m_오$인 오누이와 질량이 $m_호$인 호랑이를 끌어 올릴 수 있는 동아줄의 최대 가속도 $a_오^{max}$와 $a_호^{max}$는 다음 식으로 구할 수 있습니다.

$$T^{max}=m_오(g+a_오^{max})=m_호(g+a_호^{max})$$

어린 오누이의 질량보다 호랑이의 질량이 훨씬 크겠지요.◆ 그래서 호랑이를 끌어 올릴 수 있는 최대 가속도 $a_호^{max}$가 오누이를 끌어 올릴 수 있는 가속도 $a_오^{max}$보다 크기가 작습니다. 하늘이 이 점을 배려하여 호랑이의 가속도 $a_호$를 작게 해서 천천히 끌어 올려 주었던 것입니다. 늦게 출발한데다 가속도까지 작으니 오누이와의 거리는 점점 더 멀어졌겠지요. 그래서 호랑이가 줄을 타고 빨리 올라가려 한 겁니다. 조급한 마음에 빨리 따라잡으려고 $a_호^{max}$보다 큰 가속도로 움직이자 줄에 걸린 장력이 버틸 수 있는 값 T^{max}보다 커져서 줄이 끊어진 것입니다. 가속도가 $a_호^{max}$보다 작게 오랜 시간에 걸쳐 빨라졌더라면 안전했을 텐데 말이지요. 화장실에 있는 두루마리 화장지를 생각해 보세요. 천천히 잡아당기면 술술 잘 풀리는데, 갑자기 휙 잡아당기면 끊어지잖아요? 호랑이가 하늘의 벌을 받은 것이 아니라 자신이 잘못을 저지른 것입니다. 약속을 어긴 죄는 용서받았는데도요. 오누이를 따라잡으려 욕심을 부린

◆ 우리나라 전래동화니까 호랑이는 시베리아 호랑이였을 겁니다. 시베리아 호랑이는 대체로 무게가 200kg중 정도 나갑니다. 두 오누이의 체중은 그 둘을 합치더라도 100kg중도 안 될 거고요.

데다가 물리학 공부를 게을리했기에 그리 된 것입니다. 호랑이도 항상 $T=mg$라고 기계적으로 외우고 있었겠지요. 수식을 이해하지 않고 단순히 암기하면 이렇게 됩니다.

자기보다 무거운 상자를 끌어 올리는 원숭이의 묘기

장력의 크기가 항상 mg가 아니라 물체의 운동에 따라 달라진다는 것을 이제는 이해하겠어요? 그러면 다음과 같이 알쏭달쏭한 물리학 퍼즐도 풀 수 있을까요? 그림 2-13 (가)처럼 원숭이가 나뭇가지에 줄을 걸고 당겨서 상자를 들어 올리려고 합니다. 그런데 상자가 원숭이보다 무겁습니다. 원숭이가 상자를 들어 올릴 수 있을까요?

그림 2-13 (나)는 이 상황을 단순화한 물리적 모형입니다. 원숭이와 상자를 연결하는 줄의 질량을 무시하고 줄이 걸린 가지와 줄의 마찰도 무시하기로 하지요. 그리고 원숭이와 상자는 질량이 각각 $m_ㅇ$과 $m_ㅅ$인 물체로 취급합니다. 여기에서도 원숭이와 상자가 모두 공 모양이네요. 수직항력을 고려하지 않기 위해 두 물체 모두 공중에 가만히 있는 상태에서 운동을 시작한다고 가정하겠습니다. 누군가 상자를 들고 있다가 가만히 놓으면 정지 상태에서 운동을 시작할 겁니다. 상자를 손에서 놓는 순간부터 원숭이가 줄을 잡아당기기 시작하는 것이지요.

그림 2-13 (다)와 (라)는 원숭이와 상자를 따로따로 생각했을 때 각각의 물체에 작용하는 힘을 표시한 것입니다. 줄의 질량을 무시하면 줄

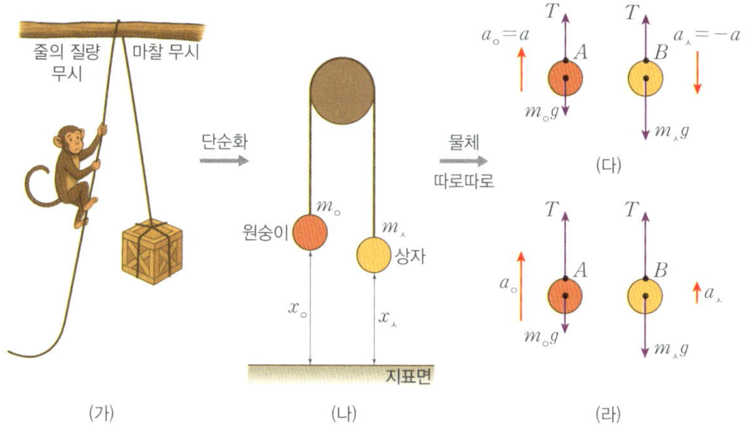

그림 2-13 원숭이가 자신보다 무거운 상자를 들어 올릴 수 있을까? (가) 실제 상황, (나) 단순화한 물리적 모형, (다) 원숭이가 줄에 매달려 있을 때, (라) 원숭이가 줄을 타고 큰 가속도로 위로 올라갈 때

의 운동은 고려하지 않아도 되고 줄의 양쪽 끝과 두 물체 사이에 작용하는 장력은 크기가 같습니다. 두 장력의 크기를 모두 T로 나타내겠습니다. 원숭이와 상자의 가속도 $a_○$와 $a_ㅅ$은 그림 (나)에 나타낸 것처럼 각각의 위치 $x_○$과 $x_ㅅ$을 줄과 나란한 일직선을 따라 지면으로부터의 높이로 정한 다음 **식(2.5)**와 **식(2.6)**에 따라 정의한 것입니다.

그림 (다)는 원숭이가 줄을 잡고 매달려 있는 경우입니다. 상자 역시 줄에 묶여 있고 줄의 길이가 변하지 않으니 $x_○+x_ㅅ$의 값이 일정합니다. 그러므로 $a_○+a_ㅅ=0$이지요. 즉, 원숭이의 가속도와 상자의 가속도는 크기가 같고 방향이 반대여야 합니다. 가속도의 크기를 a라 하면 $a_○=a$이고 $a_ㅅ=-a$입니다. 정지해 있었으니 이런 가속도를 가지면 서로 반대 방향으로 움직이기 시작할 겁니다. 상자가 무거우니 당연히 상자는 아래로 내려오고 원숭이는 위로 들어 올려지겠지요. 이렇게 되려면 그림 (다)에서 $mg<T$이고 $T<Mg$여야 한다는 것도 알 수 있습니다. 가속운동이니까 속력도 점점 빨라질 겁니다. 그러니 자신보다 무거운 상자를 원숭이가 들어 올리는 건 불가능해 보입니다.

좀 더 물리적으로 따져 봅시다. 각각의 물체에 운동법칙 $F=ma$를 적용하고 $a_\circ=a,\ a_{\text{ㅅ}}=-a$을 대입하면 다음과 같은 관계식을 얻을 수 있습니다.

$$T-m_\circ g=m_\circ a_\circ=m_\circ a, \qquad \text{식 2.21}$$

$$T-m_{\text{ㅅ}} g=m_{\text{ㅅ}} a_{\text{ㅅ}}=-m_{\text{ㅅ}} a. \qquad \text{식 2.22}$$

$x_\circ$와 $x_{\text{ㅅ}}$의 양의 방향이 위 두 식에 어떻게 반영되었는지 눈여겨보세요. 이로부터 장력 T와 가속도 a는 다음과 같이 구해집니다.

$$a=\frac{m_{\text{ㅅ}}-m_\circ}{m_{\text{ㅅ}}+m_\circ}g, \qquad \text{식 2.23}$$

$$T=\frac{2m_\circ m_{\text{ㅅ}}}{m_\circ+m_{\text{ㅅ}}}g. \qquad \text{식 2.24}$$

여기에서도 확실히 장력 T가 $m_\circ g$나 $m_{\text{ㅅ}}g$와 다르지요? 그런데 **식 (2.24)**에서 T가 $m_\circ g$보다는 크고 $m_{\text{ㅅ}}g$보다는 작다는 게 한눈에 잘 드러나지는 않습니다. 이 식을 다음과 같이 적어 보면 어떨까요?

$$T=\frac{2m_{\text{ㅅ}}}{m_\circ+m_{\text{ㅅ}}}(m_\circ g) \qquad \text{식 2.25}$$

이렇게 써 놓으면, $2m_{\text{ㅅ}}/(m_\circ+m_{\text{ㅅ}})=(m_{\text{ㅅ}}+m_{\text{ㅅ}})/(m_\circ+m_{\text{ㅅ}})$이

고, $m_人 > m_○$라면 $m_人 + m_人 > m_○ + m_人$이므로 $2m_人/(m_○ + m_人) > 1$ 인 것을 곧바로 알아볼 수 있지요. 즉, $T > m_○g$, 즉, 장력은 원숭이 무게보다 큰 값을 가집니다. $T < m_人g$라는 것을 같은 방법으로 확인해 보세요.

식 (2.24)를 **식 (2.25)**처럼 바꾸면 쉽게 점검할 수 있는 것이 하나 더 있습니다. **등호의 왼쪽과 오른쪽에 있는 물리량은 항상 같은 단위를 사용하는 물리량이어야 합니다.** T와 $m_○g$는 N(뉴턴) 단위를 사용하는 '힘'입니다. 그런데 $2M/(M+m)$은 분자와 분모가 모두 질량이니까 질량의 비, 즉 단위가 없는 하나의 '수(數, number)'지요. 그러니까 **식 (2.25)**처럼 나타내면 등호의 왼쪽과 오른쪽이 N 단위를 쓰는 물리량, 즉 힘이라는 걸 한눈에 확인할 수 있지요. 적어도 이 식이 단위에 대해서는 올바른 식이라고 말입니다. **식 (2.23)**은 어떤가요? 등호의 왼쪽과 오른쪽이 같은 가속도 단위를 사용하는 물리량이라는 게 한눈에 보이나요? 물리학에서는 이렇게 수식을 어떤 형태로 적는 것까지도 신경을 씁니다.

그림 2-13 (라)는 원숭이가 줄을 붙잡고 상자에 끌려 올라가는 것보다 더 큰 가속도 a_1로 줄을 타고 올라가는 경우입니다.* 이때는 원숭이의 가속도와 상자의 가속도는 크기가 같지 않습니다. 원숭이가 줄을 잡은 곳으로부터 상자를 묶은 곳까지 줄의 길이가 변화하기 때문입니다. 만일 원숭이가 줄을 타고 올라가는 가속도 $a_○$가 충분히 커서 $T > m_○g$

---

* 중국 드라마 '신탐(神探, 트릭을 귀신같이 잘 알아내는 탐정이라는 뜻) 적인걸(狄仁傑)'에 무림 고수가 줄을 타고 올라가서 자신보다 무거운 뚜껑을 들어 올리는 트릭이 나옵니다.

는 물론이고 $T > m_{\text{상}}g$가 되면 상자의 가속도 $a_{\text{상}}$도 위쪽으로 방향이 바뀔 수 있습니다. 이 경우는

$$T - m_{\text{원}}g = m_{\text{원}}a_{\text{원}},$$ 식 2.26

$$T - m_{\text{상}}g = m_{\text{상}}a_{\text{상}}.$$ 식 2.27

와 같은 관계식이 성립합니다. 상자가 위로 올라가려면 $a_{\text{상}}$이 양수여야 합니다. 그러려면 힘의 크기가 $m_{\text{원}}g < m_{\text{상}}g < T$ 순이어야 합니다. **식(2.26)**과 **식(2.27)**에서 값을 모르는 물리량은 $a_{\text{원}}$와 $a_{\text{상}}$, 그리고 T입니다. 두 개의 관계식만으로는 세 개의 값을 모두 찾아낼 수는 없습니다. 그러면 이제 아무것도 할 수 없는 것일까요? 그렇지 않습니다. 앞에서 토끼와 거북이 이야기를 할 때 말했듯이, 주어진 조건으로부터 최대한의 정보를 얻어내는 것이 물리학입니다. 세 미지수를 포함한 다른 관계식 하나를 찾아내거나 이들 중 하나를 알려 주는 다른 조건을 찾아야 합니다. 예를 들어, $a_{\text{상}} = 0$이라고 해 봅시다. 공중에 잡고 있던 상자를 놓자마자 이런 상태가 되었다면 상자는 아래로도 떨어지지 않고 위로도 끌어올려지지 않으며 가만히 정지해 있게 됩니다. 이 경우 **식(2.27)**에 따라 $T = m_{\text{상}}g$이고, 이것을 **식(2.26)**에 대입하여 $a_{\text{원}}$값을

$$a_{\text{원}} = \frac{m_{\text{상}} - m_{\text{원}}}{m_{\text{원}}}g$$ 식 2.28

와 같이 구할 수 있습니다. 원숭이가 이 값보다 큰 가속도로 줄을 타고 위로 올라가면 상자를 들어 올릴 수 있습니다. 멋지지요? 이런데도 장력이 항상 $T = mg$라고 외우면 되겠어요?

지금까지는 동아줄이 끊어지는 경우만 생각했습니다. 썩은 동아줄이었다면 호랑이가 들어 올려지는 순간 곧바로 끊어질 거라서 호랑이가 높은 곳에서 떨어질 수는 없다고 했지요. 어느 정도는 튼튼한 동아줄이었을 텐데 호랑이가 빨리 올라가려고 욕심을 부려 줄을 타고 올라가려고 해서 줄이 끊어졌을지도 모른다고도 했습니다. 이렇게 동아줄이 언제 그리고 왜 끊어지는지 알아보는 데는 그림 2-6에 나타낸 물리적 모형으로 충분합니다. 이 모형에서는 호랑이와 줄이 완벽하게 붙어 있다고 가정했습니다. 그런데, 호랑이가 줄을 붙잡고 있는 상황은 그림 2-2에서의 물통을 줄로 묶은 상황과는 다릅니다. 줄로 호랑이 허리를 묶었다면 몰라도 분명히 그림 2-6에는 호랑이가 줄을 붙잡고 있지요.

그렇다면 동아줄이 끊어지는 것만이 문제가 아닐 수도 있어요. 충분히 튼튼한 줄이어서 끊어지지 않았는데도 호랑이가 줄을 놓치는 바람에 높은 곳에서 떨어졌을 가능성도 있으니까요. 호랑이가 동아줄을 타기에 앞서서 어떤 일이 있었는지 생각해 보세요. 나무 위로 도망간 오누이를 잡으려 할 때 호랑이가 아이들에게 속이서 손에 참기름을 발랐었지요? 그 뒤에 비누로 손을 씻었다는 말이 없어요. 손에 기름이 묻으면 미끄럽지요. 미끄럽지만 발톱도 있고 힘이 센 호랑이라서 처음에는 동아줄을 꽉 쥐어서 괜찮았는데, 올라가는 중에 점점 쥐는 힘이 약해져서 줄에서 미끄러진 것입니다. 이 가설은 호랑이가 높은 곳에서 떨어진 이유까지도 설명할 수 있습니다. 이런 일이 일어난 것이라면 이 역시 하늘이 호랑이를 벌한 것이 아니고 호랑이 자신이 잘못한 겁니다. 손에 기름이 묻었는데도 제대로 씻지 않았으니까요. 비위생적인 거야 구태여 따질 것 없지만, 기름이 묻으면 미끄럽다는 과학 상식을 무시한 대가를 치른 겁니다. 더구나 동아줄을 붙잡기 전에 이미 기름을 손에 바르고 나무에 올라가다 미끄러워서 낭패를 보기까지 했잖아요? 한 번 실수하는 거야 어쩔 수 없다지만 그 실수로부터 깨닫는 것이 없으면 언젠가는 돌이킬 수 없는 상황을 맞이하게 됩니다.

기름을 바르면 미끄럽다는 사실은 일상에서 자주 경험합니다. 손에 로션*을 바르고 나면 미끈거립니다. 기름을 두른 프라이팬에는 부침개나 계란프라이가 달라붙지 않습니다. 열 때 '끼익' 소리가 나며 뻑뻑한 문은 경첩에 자동차 윤활유를 약간만 스며들게 해도 부드러워집니다.** 녹이 슨 펜치와 같은 공구의 회전부에도 기름이 스며들게 하면 잘 움직입니다. 하지만 '참기름이 손에 묻는 바람에 미끄러워서 호랑이가 떨어졌다'라고만 해서는 물리답지 않지요. 더구나 잘 미끄러지기 때문에 미끄럽다고 하는 것인데 '미끄러워 호랑이 손이 줄에서 미끄러졌다'라고 하면 되겠어요? 이것은 마치 노란색이어서 달걀노른자라고 부르는데 '노른자니까 노랗다'라고 하는 것과 같습니다. 미끄러우면 어떤 일이 일어나기에 호랑이가 떨어지게 되는지, 심지어 기름을 바르면 왜 미끄러운지와 같은 질문까지도 답을 할 수 있어야 제대로 된 물리학이지요.

* 로션에는 글리세린이나 천연 오일과 같은 지방 성분이 들어 있습니다.
** 부엌에서 사용하는 식용유로도 됩니다. 나중에 기름이 산화하면 냄새가 약간 나기는 하지만요.

호랑이가 손에 기름도 발랐었지요?

‘왜 미끄러울까?’라고 물었으면 ‘기름을 발랐으니까’라고 답할 수 있을 텐데 기름을 바르면 왜 미끄럽냐고 묻는 겁니다. 이 웃기는 질문에 답하려면 물리학 기초 공부를 더 해야 합니다. 수직항력과 마찰력에 대해 잘 알고 있는 독자라면 159쪽부터 시작하는 ‘호랑이 추락 사건의 전말’로 건너뛰어도 됩니다. ☞ 159p 하지만, 수직항력과 마찰력에 대한 지식이 중고등학교의 과학 시간에 배운 정도라면, 이 책에서 설명하는 내용을 공부해 보는 것도 나쁘지 않을 겁니다.

장력 외에도 물리학에서 물체의 운동을 기술하기 위해 현상학적으로 도입하는 힘이 몇 개 더 있습니다. 기억하기 어려울 정도로 아주 많은 종류의 힘이 있는 건 아니고, 손에 꼽을 정도지요. 그 힘들은 아주 체계적이고 논리적으로 도입된 것이라서, 그 규칙을 올바로 이해하고 나면 능숙하게 다룰 수 있습니다. 두 물체가 접촉한 상황에서 도입하는 대표적인 힘은 접촉면에 수직인 방향으로 작용하는 **수직항력**(垂直抗力, normal force)과 접촉면에 나란한 방향으로 작용하는 **마찰력**(摩擦力, friction)◆으로 나눕니다. 접촉면에 나란한 방향으로 물체가 미끄러질 때 물체의 운동

◆ 摩(마)와 擦(찰)은 각각 ‘갈다’와 ‘비빈다’는 뜻의 요즘은 거의 쓰이지 않는 한자입니다. 숫돌에 칼이나 낫을 가는 것을 의미하는 연마라는 말이나, 땅에 넘어지거나 무언가에 스쳐 살갗이 벗겨지는 것을 나타내는 찰과상이라는 말이 아직도 남아 있습니다. 한국물리학회에서는 이렇게 어려운 한자로 된 용어를 순우리말로 된 쓸림힘이라는 용어로 변경하였습니다. 하지만 다른 과학기술 분야에서는 거의 사용하지 않고 있고, 정규 과학 교과서에서도 관습적으로 마찰력이라는 용어를 사용합니다.

과 직접적인 관계가 있는 것은 당연히 마찰력입니다. 하지만 마찰력은 수직항력에 크게 영향을 받습니다.◆ 그러니까, 두 힘 모두 미끄러짐과 관계가 있다고 할 수 있습니다.

수직항력

수직항력은 두 물체가 접촉면에 수직인 방향으로 서로 미는 힘입니다. 접촉면에 수직인 방향으로 작용하기에 '수직'이라는 단어가 용어에 들어 있습니다. 영어 용어에서 normal은 '정상적인'이라는 뜻도 있지만 여기서는 '수직인'이라는 뜻을 가진 형용사입니다. 그래서 수직항력은 대부분 normal의 첫 글자인 N으로 나타냅니다. 抗(항)은 '저항(抵抗)'이나 '항거(抗拒)'와 같은 단어에 들어 있는 것처럼 '막다'라는 뜻을 가진 한자입니다. 그러니까 수직항력은 말 그대로 접촉면에 수직으로 두 물체가 미는 힘입니다. 수직항력을 도입할 때는 다음과 같은 사항에 유의하여야 합니다.

수직항력의 정의: 수직항력은 접촉한 두 물체가 접촉면에 수직인 방향으로 서로 미는 힘이다.

수직항력의 크기: 수직항력의 크기를 알려 주는 특정한 법칙은 없으며, 접촉면

◆ 그렇다고 해서 수직항력과 마찰력이 서로 원인과 결과의 관계는 아닙니다. 작용-반작용의 관계는 더더욱 아니고요.

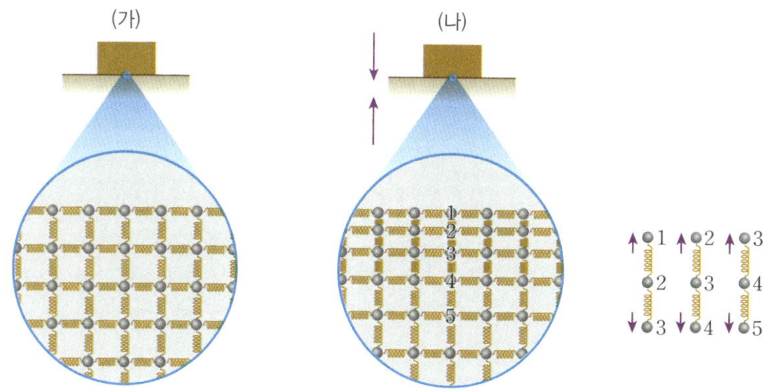

이 망가지지 않고 버틸 수 있는 한계◆ 내에서 물체의 운동에 따라 정해지는 하나의 값을 가진다.

수직항력 역시 장력처럼 '크기가 얼마이다'라고 정한 법칙이나 규칙은 없습니다. 그리고 수직항력도 자연계의 기본 상호작용의 하나인 **전자기력**(電磁氣力, electromagnetic force)으로 설명할 수 있습니다. 그림 2-14는 수직항력을 물체를 이루는 원자나 분자 사이의 상호작용으로 설명하는 미시적 모형입니다. 동그라미 안에 있는 그림은 아래쪽 면의 일부분을 확대한 것입니다. 갈색 물체와 맞닿은 면 근처입니다. 그림 (가)는 두 물체 사이에 어떤 힘도 작용하지 않아서 입자들이 안정한 상태에 있

◆ 예를 들어, 자동차에 너무 많은 짐을 실으면 타이어가 터질 수 있습니다. 유리판 위에 너무 무거운 물체를 얹어 놓으면 깨지겠지요?

는 것을 나타냅니다. 두 물체가 밀면 그림 (나)처럼 미는 방향으로 입자 사이의 거리가 줄어듭니다. 그러면 원래의 안정한 상태로 되돌아가기 위해 입자들이 서로 밀어내게 됩니다. 이것이 수직항력이 나타나는 원리입니다. 표면에 있는 입자뿐 아니라 안쪽에 있는 모든 입자도 인접한 입자를 밀어냅니다. 그러니까 장력이 줄의 모든 부분에 작용하는 것처럼 수직항력도 접촉면에서만 작용하는 것이 아니라 물체의 내부 모든 곳에도 작용하겠지요? 그 힘을 견디지 못하는 약한 부분이 먼저 파손됩니다. 그래서 수직항력의 크기에도 한계가 있지요.

수직항력이 작용하는 예를 하나 들어 볼까요? **그림 2-15** (가)처럼 면이 수평인 바닥 위에 사람이 서 있습니다. 사람의 몸에는 지구가 연직 아래 방향으로 중력을 작용하고, 발에는 바닥 면에 수직이며 밀어내는 방향(그러니까 연직 위 방향)으로 바닥이 수직항력을 작용합니다. 사람이 가만히 서 있는 경우에는 중력과 수직항력의 크기가 같습니다. 그래야 사람의 몸에 작용하는 힘이 0이 되니까요. 크기가 같고 서로 반대 방향으로 작용하지만 사람에 작용하는 수직항력과 중력은 서로 작용–반작용이 아닙니다. 사람의 몸에 작용하는 중력의 반작용은 그 사람이 지구에 작용하는 중력이고, 사람의 발에 작용하는 수직항력의 반작용은 그 사람의 발이 바닥을 누르는 수직항력입니다. 바닥과 발 사이에 저울을 놓으면 발이 저울 면을 누르는 수직항력에 의해 저울 눈금이 움직여 그 사람의 몸무게를 측정하게 해 줍니다.

몸무게 때문에 바닥을 누르니까 결국은 사람 발이 바닥을 누르는 것

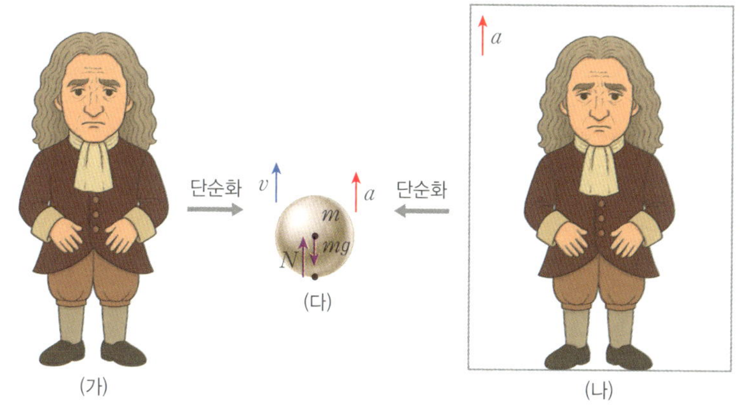

그림 2-15 (가) 수평인 지면에 서 있는 사람, (나) 가속도 a로 움직이는 엘리베이터에 서 있는 사람, (다) 상황을 단순화한 물리적 모형

은 중력이 아니냐고 할 수 있습니다. 하지만 앞에서 장력을 설명할 때 강조했듯이 작용-반작용은 원인과 결과로 정의한 것이 아닙니다. 더구나 $N=mg$인 것은, 사람의 가속도가 0일 때만입니다. **그림 2-13** (나)처럼 사람이 엘리베이터를 타고 있는데, 엘리베이터가 위 방향의 가속도 a로 움직인다면 이때는 바닥이 사람 발에 작용하는 수직항력 N은 $N-mg=ma$와 같은 관계식을 만족해야 합니다. 엘리베이터와 사람이 같은 가속도로 움직이기 때문이지요. 그러니까, 줄에 매달린 물체와 줄 사이에 작용하는 장력 T가 mg와 크기가 항상 같은 것이 아니듯, 바닥에 서 있는 사람과 바닥 사이에 작용하는 수직항력 N도 mg와 크기가 항상 같지는 않습니다. 저울 위에 올라서서 춤을 춰 보세요. 저울 눈금이 계속 바뀔 것입니다.

사람이 수평면 위에 서 있는 상황은 그림 2-15 (다)와 같은 물리적 모형으로 단순화할 수 있습니다. 수직항력은 두 물체가 접촉하는 곳에 작용하는 것처럼 나타내는 것이 물리학에서의 관습입니다. 그런데 그림 (다)에서는 그렇게 했을 때 중력과 수직항력을 나타내는 화살표가 서로 겹쳐 구분하기 어려워질 것이므로 수직항력을 약간 옆으로 비켜 그렸습니다. 대부분의 실제 상황에서는 두 물체가 반드시 한 점에서 접촉하지는 않습니다. 사람이 서 있는 상황을 생각해 보면 알 수 있겠네요. 두 발로 서 있는 데다가 발의 면적도 무시할 수 없으니까요. 발레리나처럼 한쪽 발끝으로 서 있는 경우에는 한 점이라고 어림잡아 말할 수는 있겠습니다. 그러니까 면에 작용하는 수직항력을 그림 (다)와 같이 어느 한 점에 작용하는 것으로 단순화하는 데는 이런 제한점이 있다는 것을 잊지 말아야 합니다. 수직항력을 면에 작용하는 힘으로 설정한 것이라서 이런 문제가 생기는 것입니다.

정지마찰력과 운동마찰력

이제 마찰력에 대해 알아보지요. 마찰력은 기계공학과 재료공학 등 여러 분야의 공학에서 아주 중요한 요소입니다. 기계가 마찰 없이 잘 돌아가게 하는 일 자체가 중요할 뿐 아니라 그것을 가능하게 만드는 윤활유를 제조하는 일도 중요하지요. 그리고 서로 접촉한 부분의 마모 역시 중요합니다. 마찰력, 윤활, 마모 등을 연구하는 학문을 **마찰학**(摩擦學,

tribology)^이라고 합니다. 20세기 후반에 와서야 마찰학이 공식적인 학문 분야로 자리 잡았지만, 마찰력에 관한 연구는 오래전부터 해 왔습니다. 기름을 칠하면 미끄러워진다는 것과 같은 생활의 지혜로뿐 아니라 본격적인 연구도 역사가 깊습니다. 발표하지는 않았지만 **레오나르도 다 빈치**(Leonardo da Vinci, 1452-1519)의 노트에도 마찰력에 대한 그의 발견이 적혀 있습니다. 그림 2-16

마찰력은 두 물체의 접촉면이 서로 미끄러지지 않는지 미끄러지는지에 따라 **정지마찰력**(靜止摩擦力, static friction)과 **운동마찰력**(運動摩擦力, kinetic friction)으로 구분합니다. 이때 '정지'와 '운동'이라는 수식어는 물체가 정지한 상태인지 운동하고 있는 상태인지를 의미하는 것이 아닙니다. 접촉면이 미끄러지지 않으면 움직이지 않는 것 아니냐고요? 냉장고처럼 무거운 물체를 밀었는데도 움직이지 않을 때처럼 말이지요. 대

스위스의 수학-논리-물리-천문-지질학자 오일러(Leonhard Euler, 1707-1783)가 1750년에 최초로 정지마찰력과 운동마찰력을 구분하였습니다.

개는 그렇습니다. 움직이지 않으면 미끄러지지 않지요. 하지만 바퀴나 공처럼 구를 수 있는 물체는 미끄러지지 않으면서도 움직일 수 있습니다. 그와 반대로 움직이지 않는데도 접촉면이 미끄러지기도 합니다. 물체가 땅바닥에서 미끄러질 때를 생각해 봅시다. 물체는 움직이지만, 바닥은 움직이지 않잖아요? 그렇다고 해서 바닥이 움직이는 물체에 작용하는 힘은 운동마찰력이고, 물체가 정지하고 있는 바닥에 작용하는 힘은 정지마찰력이라고 할 수 없지 않겠어요? 작용-반작용 법칙에 어긋나니까요.

그러니까 정지마찰력인가 운동마찰력인가는 반드시 앞에서 정의한 대로 접촉면이 미끄러지지 않는지 미끄러지는지로 판단해야 합니다. 예를 들어, 달리던 자동차에 제동을 걸었을 때 바퀴가 땅에서 미끄러지지 않으면 바퀴와 땅 사이에는 정지마찰력이 작용하는 것이고, 미끄러지면 운동마찰력이 작용하는 것입니다.◆ 자동차가 움직이기 시작할 때도 그렇습니다. 갑자기 가속페달을 밟아 급출발하거나, 눈이 쌓였거나 물이 얼어 미끄러운 도로에서 출발하려고 할 때 바퀴가 미끄러지면 운동마찰력입니다. 미끄러지지 않으면 정지마찰력이고요. 이 정도면 정지마찰력과 운동마찰력을 구분할 수 있겠지요? 다음은 정지마찰력의 성질입니다.

정지마찰력 정의: 정지마찰력은 접촉한 두 물체가 서로 미끄러지지 않도록 접촉면에 나란한 방향으로 작용하는 마찰력이다.

정지마찰력 크기: 정지마찰력은 접촉한 두 물체가 미끄러지지 않게 하는 데에 필요한 만큼의 크기로 작용한다. 단, 어떤 최대 한계값을 넘어설 수 없으며 그 한계값을 최대정지마찰력이라고 한다.

최대정지마찰력은 두 물체 사이에 작용하는 수직항력에 비례합니다. 그 비례계수를 **정지마찰계수**라고 합니다. 즉, 최대정지마찰력을 $f_s^{\max}$, 수직항력을 N, 정지마찰계수를 μ_s라 하면

$$f_s^{\max} = \mu_s N \qquad \text{식 2.29}$$

입니다. 이 식은 최대정지마찰력, 즉, 정지마찰력이 가질 수 있는 최댓값만 알려줄 뿐이라는 점을 명심해야 합니다. 정지마찰력은 이 값보다 작은 범위 내에서 어떤 하나의 값을 가집니다. 예를 들어, 냉장고를 수평 방향으로 밀었는데도 미끄러지지(움직이지) 않는다면 그때의 정지마찰력은 미는 힘과 크기가 같습니다. 미는 힘이 최대정지마찰력보다 크면 그때는 냉장고가 미끄러지기 시작합니다. 미끄러질 때는 운동마찰력이 작용합니다. 운동마찰력은 다음과 같은 성질을 가집니다.

운동마찰력 정의: 운동마찰력은 접촉한 두 물체가 서로 미끄러질 때 접촉면에 나란하며 미끄러지는 것을 방해하는 방향으로 작용하는 힘이다.

운동마찰력 크기: 운동마찰력은 두 물체 사이에 작용하는 수직항력에 비례한다. 그때의 비례계수를 운동마찰계수라고 한다. 접촉면이 젖은 상태가 아니라면 미끄러지는 속도가 변해도 운동마찰력은 달라지지 않는다.

운동마찰력을 f_k[*], 수직항력을 N, 운동마찰계수를 μ_k라 하면 크기에 대한 규칙을 다음과 같은 등식으로 나타낼 수 있습니다.

$$f_k = \mu_k N$$

식 2.30

정지마찰력과 달리 운동마찰력은 크기가 얼마인지를 정해 주는 규칙이 있습니다. 이 규칙을 **아몽통-쿨롱의 법칙**[**]이라고 부르기도 합니다. 현대 물리학의 기준에서는 법칙이라고 부를 수는 없을지 몰라도, 당시로서는 많은 상황에 잘 적용할 수 있는 멋진 것이었습니다. 그래서 관습적으로 법칙이라고 하는 것입니다. 하기야 이 실험법칙을 미시적인 전자기력으로 설명하는 데는 아직도 성공하지 못했으니 법칙이라고 해

---

[*] 눈치챘겠지만 마찰력(friction)을 나타내는 문자 f에 붙은 아래첨자 s와 k는 각각 static과 kinetic의 첫 글자입니다. 물론, 이것은 모두 관습적인 표현일 뿐이므로, 마찰력임을 명시하기만 하면 어떤 문자나 첨자를 사용해도 됩니다.

[**] 1699년 프랑스의 물리학자 **아몽통**(Guillaume Amontons, 1663-1705)이 마찰력은 수직항력에 비례한다는 법칙을 발표하였고, 그 마찰력이 접촉면이 미끄러지는 속도에 관계없이 일정하다는 것은 1785년에 프랑스의 물리학자 **쿨롱**(Charles- Augustin Coulomb, 1736-1806)이 발표하였습니다. 아몽통은 수직항력인지 중력인지 구분하지 않고 단순히 하중이라고만 표현하였습니다.

도 되겠네요.

많은 사람이 혼동하니까 다시 한번 강조하겠습니다. **식 (2.29)**는 정지마찰력의 최댓값만 알려 주는 것이고, **식 (2.30)**은 운동마찰력의 실제 크기를 알려 주는 것입니다. 그런데 이 두 식에 공통점이 하나 있습니다. 모두 수직항력에 비례한다는 것입니다. 그러니 최대정지마찰력과 운동마찰력을 크게 하려면 수직항력을 크게 해야 합니다. 무거운 냉장고가 잘 움직이지 않는 이유는 바닥과의 수직항력이 크기 때문입니다. 정반대의 극단적인 경우로 수직항력이 작용하지 않으면 마찰력도 작용하지 않습니다. 달 표면에서는 걷는 것은 지표면에서 걷는 것과 무척 다를 것입니다. 달에서는 중력의 크기가 작아서 수직항력도 줄어들 테니까요.

김시습 이야기

마찰력과 관련된 이야기가 있어서 잠시 옆길로 새겠습니다. 세종대왕 때의 이야기입니다. 아주 비범한 다섯 살짜리 아이기 있다는 소문이 있자, 세종대왕이 김시습을 불러 글을 짓게 했습니다. 김시습이 기대에 부응하는 한시를 지어 올리자, 아주 만족한 세종대왕은 비단 50필을 선

지구 주위를 돌고 있는 우주정거장에서 우주인들이 헤엄치듯이 다녀야 하는 이유는 어떤 면과도 수직항력이 작용하지 않아서 그 결과 마찰력이 작용하지 않기 때문입니다. 중력이 작용하지 않으면 수직으로 서 있는 빌딩의 벽도 걸어서 올라갈 수 있을 것 같지요? 그렇지 않습니다. 아예 평지에서조차 걸을 수가 없습니다. 중력이 작용하지 않는 공간에서는 평지라는 말도 의미가 없겠지만요. 심지어 발이 땅에 닿지도 않겠네요. 끔찍하지요?

그림 2-17 고놈 참 총명하구나.

물하였습니다. 단, 아이가 직접 들고 가야 한다고 했지요. 총명하다고 소문이 났으니 어찌하나 보려는 거였습니다. 그랬더니 그림 2-17 처럼 비단 50필을 모두 풀어 서로 끝과 끝을 묶더니 마지막 끝을 허리에 묶고 집으로 돌아가려 해서 모두가 탄복했다는 일화입니다. 사실 이렇게 해서는 아이가 비단을 집에 가져갈 수 없습니다. 마찰력 때문이지요. 비단 50필의 무게는 상당합니다. 아무리 비단이 부드럽다고는 해도 비단과 바닥 사이의 마찰계수가 0.1만 되면 비단 50필을 모두 끌게 되었을 때 아이는 비단 5필의 무게에 해당하는 마찰력보다 큰 힘을 작용해야만 합니다.

이 마찰력은 비단을 모두 풀어서 길게 하더라도 결국은 비단 50필을 끈에 묶어 끌고 가는 것과 크기가 같습니다. 더구나 풀어서 끌고 가는 비단은 가는 길에 골목이 꺾어지면 담의 뾰족한 모서리에서는 마찰력이 더 커집니다. 이때 당기면 당길수록 마찰력도 커질 테니 천이 찢어질 수도 있습니다. 세종대왕도 물리학은 모르셨나 봅니다. 그건 그렇고, 이렇게 해서 가져갈 수 있다고 해도 흙길에 질질 끌고 간 비단을 어디에 쓸 수 있을까요?

호랑이 추락 사건의 전말

☞ 자, 이제 필요한 물리 지식은 모두 나열하였습니다. 호랑이의 손을 절대로 뗄 수 없는 접착제를 사용하여 줄에 붙여 놓은 것이 아니고, 호랑이가 그림 2-18 에 보여 준 것처럼 네 발로 줄을 붙잡고 있다고 합시다. 사실 호랑이는 사람처럼 손가락도 없을뿐더러 엄지와 나머지 네 손가락을 마주 보고 붙게 할 수도 없으니 사람처럼 줄을 쥘 수는 없습니다.◆ 하지만 사람과 말도 하는 호랑이니까 줄도 사람과 같은 방식으로 쥐고 있다고 가정해 보지요.

호랑이가 줄을 꽉 움켜쥐면, 즉 수직항력을 작용하면, 그 반작용으로 줄도 호랑이 손에 그림 2-18 의 (가)에 보인 것처럼 수직항력을 작용합니다. 실제로는 호랑이 손(?)◆◆과 줄이 닿은 모든 점에 수직항력이 작용하지만 그림에는 몇 군데에만 힘을 표시하였습니다. 이 수직항력을 모두 더하면 0이 됩니다. 그렇게 되도록 줄을 쥔다고 하는 것이 더

◆　지구의 생명체 중 유일하게 사람만이 이런 손을 가지고 있습니다. 다른 동물은 그렇게 하지 못합니다. 생태적으로 사람과 가깝다는 원숭이나 침팬지도 마찬가지입니다. 심지어 우리 발의 엄지발가락과 다른 발가락을 붙일 수도 없습니다.
◆◆　발이 줄을 잡고 있다고 하기가 어색하니 그냥 손이라고 표현하겠습니다.

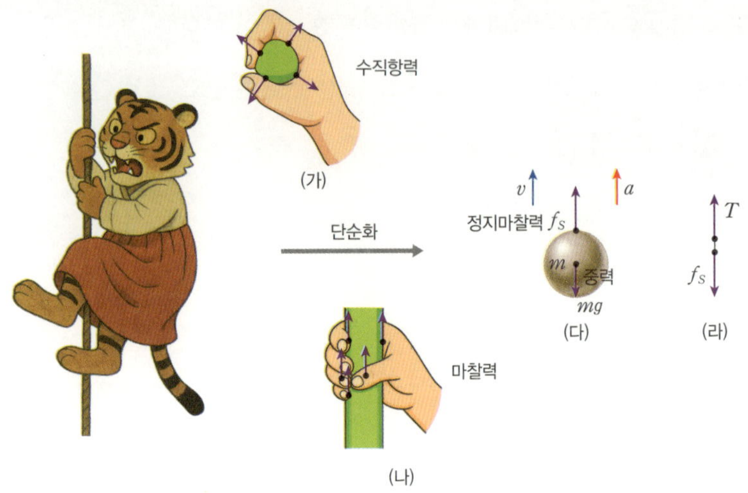

그림 2-18 호랑이가 줄을 붙잡고 있는 상황의 물리적 모형 (가) 호랑이 손에 줄이 작용하는 수직항력, (나) 호랑이 손에 줄이 작용하는 마찰력, (다) 호랑이(갈색 공)에 작용하는 힘, (라) 호랑이가 쥔 부분 바로 위 줄의 작은 구간(회색 선)에 작용하는 힘

옳은 표현이겠네요. 그러므로 이 수직항력은 호랑이의 운동에 직접 영향을 미치지는 못합니다. 그런데 그림 (나)에 보인 것처럼 수직항력이 작용하는 모든 곳에서 접촉면과 나란한 방향으로 수직항력에 비례하는 마찰력이 작용합니다. 호랑이 손에 작용하는 마찰력도 호랑이가 줄에서 미끄러지지 않으면 정지마찰력이고 미끄러진다면 운동마찰력입니다. 마찰력의 방향은 미끄러지지 않게 하는 방향이거나 미끄러지는 것을 방해하는 방향입니다. 호랑이에게 중력이 아래 방향으로 작용하는 상태에서 마찰력까지 아래로 작용하는 경우는 거의 없을 테니[*] 마찰력

[*] 호랑이가 중력가속도보다 크기가 큰 가속도로 아래 방향으로 움직인다면 가능하기는 합니다. 누군가가 호랑이가 잡고 있는 줄을 아래로 잡아당기면 이런 일이 일어날 수는 있겠습니다.

의 방향은 위쪽입니다. 그림에는 각 점에 작용하는 마찰력을 모두 크기가 같도록 그렸지만, 실제로는 크기가 위치마다 모두 제각각일 것입니다. 이 힘을 모두 더한 것이 줄이 호랑이에 작용하는 마찰력입니다. 이제부터는 정지마찰력이라고 가정하겠습니다.

이제 호랑이의 운동은 그림 2-18의 (다)와 같이 단순화한 물리적 모형으로 다룰 수 있습니다. 손의 여러 점에 작용하는 정지마찰력을 간단히 어느 한 점에 작용한다고 나타내는 것이 꺼림칙하지요? 그렇게 따지고 들면 중력도 그렇습니다. 중력도 실제로는 물체의 모든 부분에 작용하는 힘인데 어느 한 점에 작용한다고 나타낸 것이니까요. 그래서 단순화한 물리적 모형이라고 하는 것입니다.

그런데 작용-반작용 법칙에 따르면 호랑이 손이 줄에 작용하는 힘도 정지마찰력이어야 합니다. 장력이 아니지요. 그러면 어떻게 해서 줄에 장력이 나타날까요? 호랑이가 줄을 잡아당기니까 줄에 장력이 작용하는 것은 맞습니다. 그렇다고 해서 장력과 정지마찰력이 서로 작용-반작용일 수는 없습니다. 작용-반작용은 원인과 결과가 아니라고 했지요? 그림 2-18의 (라)처럼 호랑이가 잡은 부분으로부터 바로 위의 짧은 구간의 줄에 작용하는 힘을 생각해 봅시다. 아래 끝에는 호랑이 손이 정지마찰력을 아래 방향으로 작용합니다. 그리고 위쪽 끝에는 줄의 나머지 부분이 위 방향으로 장력을 작용합니다. 장력은 줄의 모든 부분에 작용하니까요. 그리고 그 반작용으로 줄의 나머지 부분에 같은 크기의 장력이 아래쪽으로 작용할 것이고요. 이 구간의 크기를 아주 작게 줄이면

정지마찰력의 크기와 장력의 크기가 같게 되고 그림 2-6의 물리적 모형이 됩니다. 즉,

$$f_s = T \qquad \text{식 2.31}$$

여야 하지요. 이것을 **식(2.19)**에 대입하면

$$f_s - mg = ma \qquad \text{식 2.32}$$

이 됩니다. 기껏 **식(2.19)**에서 T를 f_s로 바꾼 것처럼 보이지만, 이 식에는 중요한 정보가 하나 담겨 있습니다. 만일 **식(2.32)**를 만족하는 f_s가 호랑이와 줄 사이의 최대정지마찰력보다 크면 호랑이는 줄에서 미끄러집니다. **식(2.19)**는 줄이 버틸 수 있는 최대 장력보다 T가 크면 줄이 끊어진다는 것을 알려 주었지요. 그러니까 그림 2-18와 같이 호랑이가 줄을 붙잡고 있는 것까지 고려한 물리적 모형에서는 줄이 끊어지지 않더라도 호랑이가 줄에서 미끄러지거나 줄을 놓쳐서 떨어질 수도 있다는 것을 알려 줍니다.

　정지마찰력의 최댓값은 수직항력이 클수록, 정지마찰계수가 클수록 큰 값을 가집니다. 그러니까 줄을 꽉 쥘수록 그리고 줄과 손이 미끄럽지 않을수록 줄을 단단히 붙잡고 있을 수 있지요. 참기름을 바른 바람에 호랑이의 손과 동아줄 사이의 정지마찰계수는 아주 작아진 상태였습니다. 그렇지만 처음에는 줄을 아주 강하게 쥐어서 수직항력이 컸기 때문에, 호랑이가 줄에서 미끄러지지 않고 올라갈 수 있었지요. 그러다가 점점 줄을 쥐는 힘, 수직항력이 약해지자 **식(2.32)**를 만족할 f_s 보

다 최대정지마찰력이 작아지자 손이 그만 줄에서 미끄러지고 만 것입니다.[*] 이것이 호랑이 추락사고의 전말(顚末)일 수도 있겠네요. 그런데 아직 물리학적으로 해결이 되지 않은 문제가 남아 있어요. '왜 기름이 손에 묻으면 미끄러운가?'라는 것입니다. 이에 대한 답이 '기름이 묻으면 마찰계수가 작아지니까'일 수는 없습니다. '미끄럽다'라는 것과 '마찰계수가 작다'라는 것은 같은 말이니까요. 왜 기름을 바르면 마찰계수가 작아지는지를 묻는 겁니다.

기름을 바르면 왜 미끄럽나요?

마찰계수는 접촉하고 있는 두 물체가 어떤 물질로 이루어졌는지, 그리고 접촉면이 거친지 등 여러 요건에 의해 결정됩니다. 심지어 두 물체의 접촉면이 미끄러지고 있는지 아닌지에 따라서도 마찰계수가 다릅니다. 두 물체가 정해져 있을 때, 정지마찰계수는 대개 운동마찰계수보다 큽니다.[**] 이것이 줄다리기 경기에서 줄을 잡은 손이 먼저 미끄러지거나, 땅에서 발이 먼저 미끄러지는 팀이 지는 이유입니다. 일단 미끄러지기 시작하면 돌이킬 수가 없지요. 자동차의 ABS는 바퀴와 도로가 미끄러지지 않고 구르게 해 주는 장치입니다. 놀라서 갑자기 브레이크를 밟

[*] 손에 물건을 쥐고 있다가 깜박 잠이 들어 떨어뜨린 적이 있지요? 이것도 물건을 쥐는 힘, 즉 수직항력이 약해지니 최대정지마찰력이 중력보다 크기가 작아진 것입니다.
[**] 접촉면이 둘 다 테플론인 경우 정지마찰계수와 운동마찰계수가 같습니다.

더라도 바퀴가 도로에서 미끄러지지 않는 최소의 각속도로 구르게 해 줍니다.

많은 연구에도 불구하고 마찰력에 대해서는 아직도 모르는 것이 많습니다. 그림 2-16 에 보인 레오나르도 다 빈치가 발견했다는 마찰력의 특이한 성질도 상식적으로는 이해하기가 어렵습니다. 접촉한 면적이 넓을수록 마찰력이 커질 듯한데 그렇지 않지요. 또, 이해하기 어려운 것이 있습니다. 일상에서의 경험에 의하면, 서로 접촉하고 있는 면이 거칠기◆가 덜할수록 물체 사이의 마찰계수가 작을 거로 보입니다. 겨울철에 길이 얼면 걷기가 얼마나 힘들던가요. 누구나 한 번쯤은 얼음판에서 미끄러져 넘어진 적도 있을 겁니다. 우리말의 '매끈하다'라는 말은 사전에 '울퉁불퉁한 데가 없이 미끄럽다'라고 설명되어 있습니다. 게다가 '매끈하다'의 반대말은 '거칠다'입니다. 그런데도, 거칠다고 해서 반드시 마찰계수가 크지도 않고, 매끈하다고 해서 마찰계수가 작지도 않습니다. 플랫폼에서 기차를 기다릴 때 철로의 레일을 자세히 관찰한 적이 있나요? 반들반들하고 아예 반짝거리기까지 합니다. 특히 기차 바퀴가 지나가는 부분이 그렇지요. 그런데도 그 위로 기차가 달리잖아요? 설마 기차가 철로 레일 위에서 미끄러지니까 더 빨리 달린다고 생각하는 사람은 없겠지요? 스케이트 타듯 말이지요. 만일 레일이 미끄러우면 기차가 기차역에서 제대로 멈출 수 있을까요? 정지했던 기차는 출발할 수도 없을

◆　물체의 표면이 거친 정도를 **거칠기**(表面粗度, surface roughness 또는 asperity)라고 합니다.

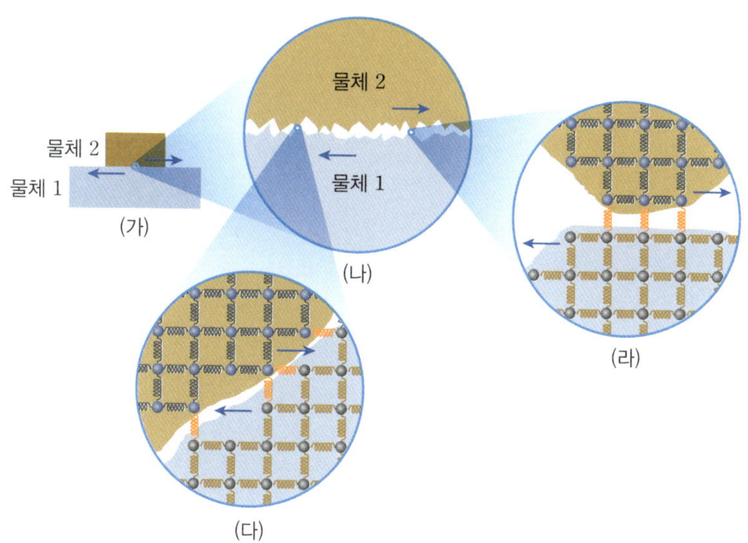

 (가) 두 물체가 접촉한 거시적 상황, 파란색 화살표는 미끄러지려는 또는 미끄러지는 방향을 나타낸다. (나) 접촉한 부분을 확대했을 때 나타나는 산과 골(또는 요철(凹凸)), (다) 산과 골이 만나는 부분에서 물체 1과 물체 2를 이루는 입자 사이의 상호작용, (라) 산과 산이 만나는 부분에서 물체 1과 물체 2를 이루는 입자 사이의 상호작용

거고요. 기차가 워낙 무거우니까 눌려서 매끄럽게 된 것이고, 만일 레일이 거칠면 마찰력이 더 클 거라고 반박할 수도 있습니다. 하지만 사실은 그렇지 않습니다. 접촉면을 어느 이상으로 매끄럽게 만들면 마찰력이 오히려 더 커져요. 신기하지요?

이런 현상을 이해하려면 두 물체가 접촉하면 왜 마찰력이 발생하는지를 미시적인 관점에서 알아보아야 합니다. 그림 2-19 (가)처럼 두 물체가 접촉하고 있습니다. 파란 화살표 방향으로 미끄러지려고 하거나 미끄러지고 있습니다. 그림 (나)는 접촉한 부분을 광학현미경 정도의 배율로 확대해 본 것입니다. 아무리 표면이 매끄러워 보인다고 해도 그림에 보인 것처럼, 움푹 들어간(凹, 요) 골짜기 부분과 툭 튀어나온(凸, 철) 산 부분이 있게 마련입니다. 산과 골이 서로 끼워 맞춰지면 접촉면과 나란한 방향으로 움직이는 것을 방해할 것입니다. 이것은 표면이 거칠수록, 그리고 두 물체 사이에 작용하는 수직항력이 크면 마찰력이 강해진다는 것을 잘 설명해 줍니다. 상식적으로 봐도, 거칠면 산과 골이 많아 서로 낄 확률이 높아지고 수직항력이 강하면 긴 부분이 빠져나오기 어려울 테니까요. 다 빈치가 발견한 현상도 설명할 수 있습니다. 그림 2-14 의 상황에서는 바닥과 물체 사이의 수직항력은 모두 같습니다. 접촉 면적이 작으면 산과 골이 겹칠 확률은 면적에 비례해서 작아집니다. 하지만, 단위면적당 작용하는 수직항력은 면적에 반비례하여 커지기 때문에 산과 골이 겹쳐졌을 때 그만큼 벗어나기가 더 어려워집니다. 그래서 마찰력이 접촉한 면적과 관계없이 똑같게 되는 것이지요.

그렇다면 표면이 매끄러우면 마찰력이 감소해야 하지 않을까요? 이제 좀더 미시적인 상황으로 들어가 봅시다. 그림 2-16 의 (다)와 (라)는 접촉한 부분을 원자나 분자를 볼 수 있는 스케일로 확대한 그림입니다. 물체 1과 물체 2를 이루고 있는 입자는 각각 ●와 ●로 나타냈습니다. 그리고, ●와 ●의 상호작용은 ∿∿로, ●와 ●의 상호작용은 ∿∿로 나타냈습니다. 두 물체가 아주 가까워지면 물체 1을 이루는 ●와 물체 2를 이루는 ● 사이에도 상호작용이 가능합니다. 그 상호작용은 ∿∿로 나타냈습니다. 그림 (다)는 두 물체의 산과 골이 꽉 낀 부분입니다. 이 경우는 서로 파란색 화살표 방향으로 밀고 있으니, 수직항력을 설명한 그림 2-14에서처럼, 다른 물체를 이루는 입자 사이의 거리를 줄어들게 해서 그 반발로 밀어내는 힘이 나타날 겁니다. 바로 그 힘이 두 물체가 미끄러지지 못하게 막거나 미끄러지는 것을 방해할 거고요. 그런데, 그림 (라)처럼 산과 산이 만나는 부분에서도 다른 부분에 비해 두 물체를 이루는 ●와 ●이 가까워져서 상호작용을 할 수 있게 됩니다. 이 상호작용 역시 미끄러지지 못하게 막거나 미끄러지는 것을 방해합니다. 서로 접촉한 두 물체의 표면이 거칠면 (다)와 같은 부분이 많아져서 마찰력이 강해지고, 아주 매끄러워지면 이제는 (라)와 같은 상호작용이 많아져서 마찰력이 강해집니다. 결국 두 물체를 이루는 입자들 ●와 ●의 상호작용이 마찰력의 근원인 겁니다. 그리고 이것이 두 물체 사이의 마찰계수를 결정합니다.

자, 이제 마찰력을 이해하게 되었으니 기름이 표면에 묻으면 왜 미끄러워지는지 알아봅시다. 거시적으로 설명하자면 이렇습니다. 표면에 기름이 묻은 상태에서 물체 1과 2가 접촉한 상황은 물제 1과 물체 2 사이에 기름이 끼어들어 있어서, 실제로는 물체 1과 기름, 기름과 물체 2가 접촉한 셈입니다. 그런데 물체 1과 기름 사이의 마찰계수와 물체 2와 기름 사이의 마찰계수가 물체 1과 물체 2 사이의 마찰계수보다 작은 것이지요. 비가 내려 도로가 젖으면 타이어와 도로 사이에 마찰력이 줄어들어 자동차의 제동거리가 늘어납니다. 그러기에 비가 오는 날에는 속도를 맑은 날의 80%로 줄이라는 경고 문구가 곳곳에 서 있지요. 에

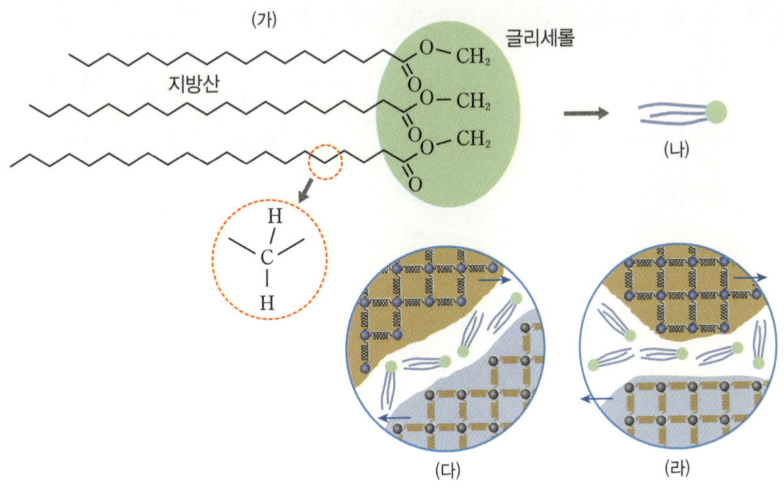

이! 그러니까 결국은 '마찰계수가 낮아지니까'라는 것이 답이라는 거네요? 그렇지만 물체 1과 물체 2의 마찰계수가 변한 것은 아니라는 것은 알게 되었잖아요? 그러니, 비가 내리면 타이어와 도로의 마찰력이 줄어든다고 할 것이 아니라, 타이어가 직접 접촉하는 것이 도로가 아닌 물이 되니, 자동차에 작용하는 마찰력이 줄어든다고 해야겠네요. 그런데 우리는 이런 설명만으로는 양에 차지 않지요? 미시적으로 분자 수준까지 따져 보아야 명쾌해질 겁니다.

기름 분자는 그림 2-20 (가)에 보인 것처럼 우선 많은 수의 원자로 이루어져서 상당히 큽니다. 이렇게 큰 분자가 두 물체 사이에 끼면 그림 2-20 (다)와 (라)에 보인 것처럼 물체 1을 이루는 입자 ●와 물체

168

2를 이루는 입자 ●의 거리가 멀어져서 상호작용 〰〰의 수가 줄어들게 됩니다. 만일 ●과 기름 분자, ●과 기름 분자가 상호작용을 하면 마찰력이 줄어들지 않을 텐데, 그 상호작용은 무척 약합니다. 구성 성분이 주로 탄소와 수소 원자인 기름 분자는 무극성 분자이기 때문입니다. 무극성분자와 무극성분자, 그리고 무극성분자와 극성분자 사이의 상호작용은 극성분자와 극성분자 사이의 상호작용에 비해 아주 약합니다. 그래서 기름 분자는 극성분자인 물에 잘 섞이지도 않고, 주로 자신들끼리만 잘 뭉칩니다. 기름 분자들끼리 잘 뭉친다고 하기보다는 물 분자끼리 워낙 잘 뭉쳐서 기름 분자를 따돌린다는 것이 더 올바른 설명이겠습니다.

유체라서 움직일 수 있는 기름이 물체 사이의 공간을 채우는 것은 마찰력 자체에는 큰 영향을 미치지 못합니다. 마찰력이라는 것은 두 물체를 이루는 분자가 서로 상호작용을 해서 나타나는 것입니다. 그러니까 물체 사이에 생긴 공간에 기름이 채워져 있거나 공기가 채워져 있거나 큰 차이가 없지요. 다만 기름이 채워져 있으면 마찰열을 넓게 퍼지게 하여 접촉부의 온도만 높이 올라가는 것을 막으니 기계의 마모를 줄이는 효과가 있습니다. 기름 분자가 마찰을 줄이는 효과는 그림 2-20 (다)와 (라) 같이 두 물체가 무척 가까워진 곳에 낀 한 두 층의 분자에 의한 것입니다. 그러니까 손에 아주 얇게 기름이 발라져 있어도 마찰은 많이 줄어듭니다.

그런데 어떻게 해서 손에는 상호작용이 약한 기름이 잘 묻냐고요?

그것은 우리 손에도 이미 기름기가 있어서 그렇습니다. 피부의 때에도 기름이 잘 묻습니다. 때라는 것이 먼지나 죽은 피부조직 같은 것이 기름기에 의해 뭉친 것이니까요. 아무리 손을 비누로 잘 씻어도, 말리고 나면 곧바로 기름기가 있게 됩니다. 피부를 보호하기 위해 기름이 몸에서 분비되기 때문이지요. 호랑이 발바닥에도 기름이 분비되는지는 잘 모르겠습니다만. 물 묻은 손에는 기름이 잘 묻지 않습니다. 반대로 기름이 묻은 손에는 물이 잘 묻지 않지요. 그래서 밀가루 반죽을 떼어 내려고 할 때, 기름을 손에 바르면 반죽이 손에 덜 달라붙습니다.

호랑이가 떨어진 것은 결국 기름 분자가 극성이 없기 때문이었네요. 세상의 모든 일은, 아주 큰 사건도 이렇게 아주 작은 것이 원인이 되어 일어납니다. '말굽 박을 못이 없어 왕국을 잃었다'고 하는 영국의 전래 동요(nursery rhyme)◆도 있지요?

이제 동아줄 이야기를 계속해 보겠습니다. 사전에는 동아줄이 '굵고 튼튼하게 꼰 줄'이라고 설명되어 있습니다. 여기에서 동아는 박과(科)의 덩굴식물입니다. 인도가 원산지라고 하는데 순우리말로 이름이 붙여진 것으로 보아◆◆ 아주 오래전부터 우리 생활에서 중요한 자리를 차지했던가 봅니다. 요즘은 보기가 어렵지만요. 동아는 아주 큰 열매를 맺습니

이렇게 두 사람이 날라야 하는 큰 동아를 지탱하려면 줄기가 얼마나 튼튼해야 할까?

다. 그림 2-21 에 보인 것처럼 어른 두 사람이 간신히 들 정도의 동아도 열립니다. 그러니 줄기가 굵고 튼튼해야겠지요. 그래서 여러 개의 가는 줄을 꼬아서 굵고 튼튼하게 만든 줄을 가리키는 대표적인 용어가 동아 줄인가 봅니다.

동아줄은 왜 튼튼한가요?

너무 황당한 질문이지요? 튼튼한 줄을 동아줄이라고 한다더니 왜 튼튼하냐고 되묻다니 말입니다. 그리고 물리학적으로도 여러 개의 줄로 이루어져 있으니 당연히 튼튼합니다. 최대인장력이 T 인 줄 1개는 T

의 힘으로 잡아당기면 끊어지지만, N개의 줄을 함께 잡아당겨서 끊으려면 NT의 장력이 작용해야 할 테니까요. 한 줄의 실은 쉽게 끊어지지만, 그 실로 짠 천은 잘 찢어지지 않잖아요? 어느 아버지가 형제간의 우애를 강조하기 위해 아들 셋에게 막대기를 부러뜨려 보라고 했다는 이야기가 생각나네요. 가는 막대기 하나를 부러뜨리기는 쉬워도 세 개를 부러뜨리기는 어렵습니다.

하지만 그리 간단한 문제는 아닙니다. 모든 줄 또는 막대에 작용하는 힘이 똑같을 수는 없으니, N개가 모여 있다고 해도 정확하게 N배가 되지는 않을 것입니다. 힘이 균일하게 작용하지 않아서 어떤 줄에 유난히 큰 힘이 작용하면 그 줄이 먼저 끊어질 것이니까요. 천을 찢을 때 한쪽 귀퉁이부터 찢기 시작하면 실을 하나씩 차례로 끊는 것이라 그런대로 쉽게 찢어집니다. 찢을 데를 가위로 조금 자르면 더 쉽지요.

게다가 실이나 줄, 더 나아가 동아줄은 원래 그렇게 길지 않았습니다. 그러니까 단순히 긴 것을 여러 개 모아 놓은 것이 아니지요. 목화솜에 들어 있는 섬유는 아주 짧고 가늘며 연약합니다. 이것을 물레로 자아서 연결한 것이 무명실입니다. 털실도 짧은 양털을 연결하여 만듭니다.◆ 짧고 가는 섬유를 돌려 꼬아서 길게 연결하거나 굵고 튼튼하게 만드는 물레의 발명은 인류 역사에서 아주 중요한 기술적 혁신이었을 겁니다. 사람 사는 데 필요한 가장 중요한 세 가지가 의(衣, 옷), 식(食, 음식),

해보기: 비틀기와 둥글게 구부리기

1. 쉽게 구부러지고 비틀어지는 줄, 예를 들어, 가전제품의 전선이나 휴대전화 충전기 선, 또는 이어폰 줄에 매직펜으로 그림 2-22와 같이 줄과 나란하게 선을 20cm 정도 긋습니다.

2. 구부렸다가 펴기 : 선을 그은 부분을 양손으로 잡고 그은 선이 비틀어지지 않도록 구부려서 그림 (가)처럼 원 모양을 만든 뒤, 왼손과 오른손을 멀어지게 하여 줄이 반듯해지도록 펴 보세요. 그림 (나)처럼 줄이 비틀리나요?

3. 비틀었다가 오므리기 : 그림 (나)처럼 줄을 360° 비튼 다음, 왼손과 오른손을 가까워지도록 오므려 보세요. 줄이 그림 (가)처럼 원 모양으로 구부러지나요?

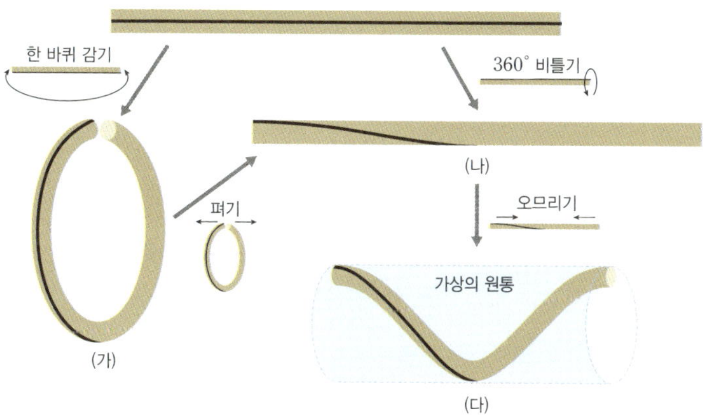

그림 2-22 (가) 줄에 그은 선이 비틀리지 않도록 하며 한 바퀴 감아서 원 모양으로 만들기, (나) 줄이 구부러지지 않게 하며 360° 비틀기, (다) (가)를 펼치거나 (나)를 오므리는 중간 단계 : 모든 경우 줄에 그은 선은 원통을 한 바퀴 감은 나선 모양이 된다.

주(住, 집)인데 그 중 첫 번째가 옷이네요. 생존에 가장 필요한 것이 먹을 것이 아니라 입을 것인가 봅니다. 역사학자들은 선사시대인 4만여 년 전부터 우리 인류가 이렇게 꼬는 방식의 실 잣는 기술을 가진 것으로 보고 있습니다.◆

볏짚을 꼬아서 만든 새끼줄도 그렇습니다. 길이가 1m 남짓인 지푸라기로 아주 긴 새끼줄을 만들 수 있지요. 물레로 실을 자을 때처럼, 이 과정에서도 손으로 비벼서 짚을 꼬는 것이 아주 중요한 역할을 합니다. 실 여러 가닥을 꼬면 더 튼튼한 실이 만들어집니다. 새끼줄도 다시 여러 가닥을 꼬면 더 굵고 튼튼한 줄이 되지요. 이것이 아마도 해님과 달님 이야기에 나오는 동아줄일 것입니다. 전통 놀이인 고싸움에 사용하는 '고'도 새끼줄을 꼬아서 만듭니다.◆◆

그러고 보니 '동아줄이 왜 튼튼한가?'라는 질문은 그리 억지가 아니지요? 동아의 줄기처럼 튼튼하다는 의미로 동아줄이지만 처음부터 한 줄로 튼튼하고 긴 줄이 아니었어요. 쉽게 끊어질뿐더러 짧은 줄을 연결해서 만든 것인데 왜 튼튼하냐는 거니까요. 예를 들면, 1m 정도의 볏짚으로 만든 새끼줄인데도 양쪽에서 있는 힘껏 잡아당기는 줄다리기 경기에서도 왜 다시 짧은 짚으로 분리가 되지 않느냐는 것입니다. 그저 손으로 비벼 꼬기만 했는데도요. 무명실도 그렇고 털실도 그렇지요. 처음부

◆   B. L. Hardy et al., 'Direct evidence of Neanderthal fiber technology and its cognitive and behavioral implications', Sci. Rep. 10 (2020).
◆◆   아래 유튜브 영상에서 '고'를 만드는 과정을 볼 수 있습니다.:
https://www.youtube.com/watch?app=desktop&v=LMe9bwezsss

터 긴 섬유가 있었던 것은 비단실밖에 없네요. 이 기술에 숨겨져 있는 비밀은 짧은 섬유 또는 짚을 서로 '꼬는' 것입니다.[*] 400여 년 전 갈릴레오도 이 문제에 관심을 가졌고, 똑같은 결론을 내렸다고 합니다. 섬유를 꼬면 어떤 일이 일어나는지 앞쪽에 소개한 '해보기' 활동을 통해 알아봅시다.

신기하지요? 줄을 비틀지 않고 한 바퀴 감아서 원 모양을 만드는 것과 줄을 편 채 $360°$ 비트는 것이 같은 것이었네요? 왜 이렇게 되는지 알아봅시다. 그림 2-22 에서 줄에 그은 선이 어떻게 되는지 살펴보세요. (가)와 (나)의 모양에서만이 아니라 이것을 펼치거나 오므리는 중간 과정에 나타나는 (다)의 모양에서도 줄에 그은 선은 원통을 한 바퀴 감은 나선 모양입니다. 뭐, 별것 아니라고요? 줄을 $720°$ 비틀면 어떻게 될까요? (나)의 모양에서는 선이 원통을 두 바퀴 감은 모양이 될 거라고 쉽게 짐작할 수 있습니다. 그러면 이것을 오므려서 (가)와 같이 만들면 어떻게 될까요? $360°$ 비틀어진 줄이 (가)의 모양이 되거나, 전혀 비틀어지지 않은 줄이 두 바퀴 감은 모양이 될 것입니다. 꼭 확인해 보기 바랍니다.

이것을 일반화하면 유선 전화기의 줄 꼬임 미스테리를 풀 수 있습니다. 유선 전화기에서 전화기 본체와 송수화기를 연결하는 전화신은 비틀리지 않게 해서 유선형으로 N 바퀴를 감아 놓은 것입니다. 이 줄을 일직선으로 펴면 줄이 $N \times 360°$ 만큼 비틀어지겠지요. 전화를 하느라고 이 줄을 길게 늘였다가 다시 전화기에 놓으면 그대로 꼬임 없이 N

[*] 우리 조상도 이 기술을 일찍부터 알았나 봅니다. 그것도 다른 나라로부터 배운 것이 아니라 스스로 깨달은 거고요. '꼰다'라는 순우리말 단어가 있다는 것이 그 증거입니다.

바퀴의 나선형으로 되돌아가기도 하지만 다른 여러 모양이 될 수 있습니다. $N-1$ 바퀴의 나선형이 되며 줄이 $360°$ 비틀어진 채로 있을 수도 있고, 원래의 방향으로 $N+1$ 바퀴 감기고 반대 방향으로 한 바퀴 감긴 줄 모양이 나타나기도 하지요.

빙빙 돌려 꼬아서 비틀어진 줄은 (다)와 같은 모양이 됩니다. 그러니 어떤 것을 감을 수 있고, 꼬아진 두 줄 또는 여러 줄이 서로를 감고 있으면 잘 풀어지지 않습니다. 잡아당기면 더 재미있는 일이 일어납니다. (다)와 같은 모양으로 서로 감고 있는데 잡아당기면 줄이 감고 있는 가상의 원통이 가늘어집니다. 그래서 감고 있는 줄이 서로 다 가깝게 붙으면, 서로에게 더 강한 수직항력을 작용하게 됩니다. 수직항력이 강해지면 그에 비례하여 미끄러짐을 방해하는 마찰력도 강해집니다. 그래서 짧은 볏짚으로 만들어진 긴 새끼줄에서 각각의 볏짚이 서로를 붙들고 있는 것입니다. 그리고 마찰력 덕분에 여러 줄을 꼬아서 만든 줄은 심지어 각각의 줄이 견딜 수 있는 장력을 더한 값보다도 더 큰 장력을 견딜 수 있습니다.

최근 프랑스의 두 연구자가 꼬임으로 인한 장력의 강화에 관한 재미있는 연구 결과를 발표하였습니다.◆ 그림 2-23의 (가)와 (나)는 실험 장치를 단순화하여 나타낸 것입니다. 실험에서 사용한 실의 수 N은 20과 100입니다. (가)는 $N/2$개의 실을 나란하게 펼쳐 끝을 묶고, 양쪽

◆ A. Seguin and J. Crassous, 'Twist-Controlled Force Amplification and Spinning Tension Transition in Yarn', Phys. Rev. Lett. 128, 078002 (2022).

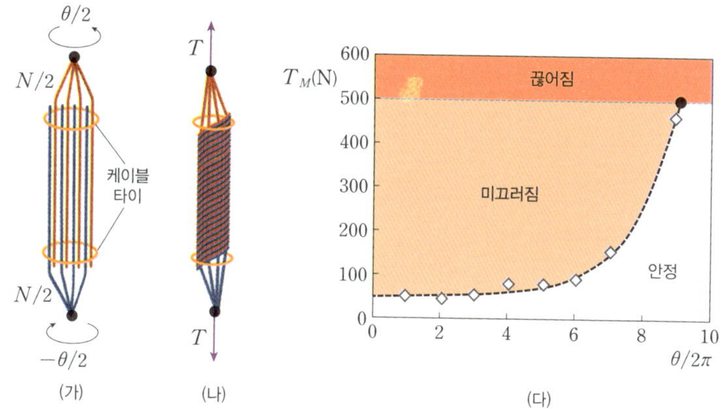

그림 2-23　(가) 비틀기 전 실의 배열, (나) 비튼 후 실 묶음의 모양, (다) 감은 수에 따라 실 묶음이 지탱하는 장력의 변화

의 실이 골고루 겹치도록 배열한 한 다음 타이로 고정한 것을 나타냅니다. (나)는 양쪽 끝을 비틀어 실이 서로 꼬인 모양을 나타낸 것이고요. 그리고 실을 꼰 회수($\theta/2\pi$) 값을 1, 2, 3으로 늘려 가며 얼마만큼의 장력까지 견디는지 알아본 것입니다. 그림 (다)에 보인 그래프가 실험 결과를 보여 줍니다. 가로축은 두 실 묶음을 회전한 각 θ이고 세로축은 양쪽 실 묶음이 미끄러져서 빠질 때, 또는 묶음이 끊어질 때의 장력입니다. $\theta/2\pi$가 적은 수일 때는 실들이 미끄러져서 두 묶음이 서로 분리되고 맙니다.◆ 그런데 $\theta = 8 \times 2\pi$일 때부터 마찰력이 갑자기 증가합니다. 그리고 $\theta/2\pi = 10$ 이상에서는 줄이 끊어질 때까지도 서로 분리되지 않습니다. **그림 2-23** (가)에 착안하여 다음의 해보기를 해 봅시다.

◆　그럴 때마다 실을 다시 섞고 배열하는 귀찮은 작업을 몇 번이고 되풀이했겠지요. 뭔가를 발견하려면 이런 일을 마다하지 않아야 합니다.

1. 비슷한 쪽수를 가진 같은 크기의 책 두 권을 준비합니다.

2. 두 책을 한 장씩 넘기며 책장이 번갈아 가며 겹치도록 합니다. 면이 1/2 정도만 겹치도록 해야 나중에 풀기가 쉽습니다.

3. 책의 모든 책장을 겹치게 끼운 뒤에, 두 책을 양쪽으로 잡아당겨서 분리하려고 해 보세요.

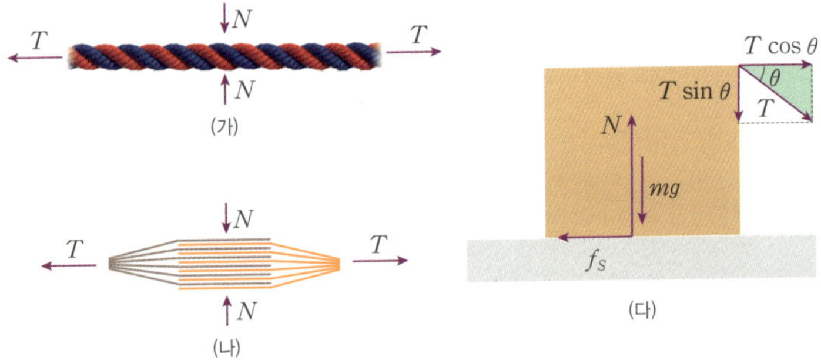

그림 2-24 (가) 여러 줄을 꼬아서 만든 동아줄을 잡아당기면 줄들이 가까워지며 수직항력이 증가해서 마찰력이 강해진다. (나) 책장을 겹친 책을 잡아당기면 책장끼리 서로 누르게 되어 수직항력이 증가하고 이에 비례하여 마찰력이 강해진다. (다) 바닥에 놓인 물체에 연결한 줄이 수평면과 θ의 각을 이루도록 하여 잡아당기기

◆ 책의 낱낱은 종잇장을 뜻합니다. 한자로는 冊張이어서 책을 꽂아 두는 가구인 冊欌과는 구분이 되는군요.

두 책이 분리가 안 되지요? 아마 20쪽 정도의 공책도 분리하는 것이 어려울 겁니다. 재미있고 엉뚱한 과학 실험을 보여 주는 디스커버리 채널의 MythBuster에서 전화번호부의 책장을 번갈아 가며 끼워 넣은 것으로 양쪽에서 여덟 명의 어른이 줄다리기를 하는 것을 방영하기도 했습니다.◆ 이 현상은 단순히 여러 장의 종이가 마찰력을 작용하기 때문에 그 합이 커져서 그렇게 되는 것이 아닙니다. 잡아당길수록 책장과 책장이 서로 더 달라붙게 되고 수직항력이 증가하여 마찰력이 커지는 것이지요. 이 현상에 관한 물리를 본격적으로 다룬 최근의 연구 논문도 있습니다.◆◆

꼬아서 만든 줄과 서로 겹친 책에서 마찰력이 증가하는 것은 그림 2-24 와 같은 물리적 모형으로 설명할 수 있습니다. 그림 (가)에 보인 것처럼 여러 줄을 꼬아 만든 동아줄을 잡아당기면 줄이 늘어나며 가늘어집니다. 그러면 동아줄을 이루고 있는 줄들이 가까워지며 서로를 누르게 되어 수직항력이 커집니다. 미끄러짐에 저항하는 마찰력도 이에 비례하여 증가하지요. 그림 (나)는 책장을 번갈아 겹친 두 책을 잡아당기는 것을 나타냅니다. 책등(종이를 서로 붙인 부분)이 서로 멀어질수록 종이와 종이는 서로 가깝게 붙게 됩니다. 그러면 수직항력이 증가하고 마찰력도 그에 따라서 증가하게 됩니다. 그림 (다)에 보인 것처럼 질

◆　YouTube에서 MythBusters Phone Book Friction이라고 검색어를 넣으면 동영상을 볼 수 있습니다.

◆◆　H. Alarcón et. al., Self-Amplification of Solid Friction in Interleaved Assemblies, Phys. Rev. Lett. 116, 015502 (2016).

량이 m인 물체를 수평면과 θ의 각을 이루도록 줄을 매어 잡아당겨 움직이려 한다고 생각해 봅시다. 물체가 움직이지 않고 있다면 물체에 작용하는 힘은 그림에 표시한 것처럼 지구가 작용하는 중력 mg, 바닥이 작용하는 수직항력 N과 정지마찰력 f_s, 그리고 줄이 작용하는 장력 T입니다. 장력이 수평면과 θ의 각을 이루며 작용하기 때문에, 수평 방향으로 물체를 움직이는 데 쓰이는 힘은 $T\cos\theta$입니다. 장력은 물체를 아래로 누르는 역할도 합니다. 그 힘의 크기는 $T\sin\theta$입니다. 그 힘으로 인하여 물체와 바닥 사이에 작용하는 수직항력은 중력보다 더 커져서 크기가 $mg+T\sin\theta$입니다. 바닥과 물체 사이의 정지마찰계수가 μ_s라면 최대정지마찰력의 크기는 $\mu_s(mg+T\sin\theta)$이니 세게 잡아당기면 잡아당길수록 최대 정지마찰력도 더 커집니다. 물체를 움직이기 위해서는

$$T\cos\theta > \mu_s(mg+T\cos\theta)$$

여야만 합니다. 그러므로

$$T(\cos\theta - \mu_s\sin\theta) > \mu_s mg$$

와 같은 부등식을 만족하는 T로 잡아당겨야 하지여요. 만일 $\mu_s\sin\theta$가 $\cos\theta$보다 값이 크면, 부등호의 왼쪽이 음수가 되어서 이것을 만족하는 양수인 T는 없습니다. 즉, 아무리 세게 잡아당겨도 물체를 움직일 수 없습니다.

이제 해님과 달님 이야기에서 찾아낼 수 있는 초급의 물리는 거의

다 파헤친 것 같습니다. 중등 교육과정에서 다루는 속도, 가속도, 운동 법칙을 공부했고 중력, 장력, 수직항력, 마찰력과 같은 힘까지 자세하게 알아보았습니다. 그런데 약간 고급스러운 물리 이야기가 하나 더 남았어요. 해님과 달님 이야기를 듣다 보면 언뜻 외국의 전래동화인 '빨간 망토'◆나 '아기 염소와 늑대' 이야기와 비슷하다는 생각이 들지 않나요?

'빨간 망토(The little red riding hood)' 이야기에서는 빨간 망토를 두른 소녀가 할머니에게 엄마가 만들어 준 과자를 가져다 드리러 가는데, 늑대가 할머니를 잡아먹고 할머니 흉내를 내다가 결국에는 소녀를 잡아먹는다는 이야기입니다. 여기서도 해님과 달님의 호랑이와 오누이처럼 늑대는 할머니 옷을 입고 할머니로 변장을 하고 소녀는 변장한 늑대에게 이런저런 질문을 하지요.

'아기 염소와 늑대' 이야기에서는 엄마 염소가 일곱 마리의 아기 염소들에게 집을 잘 보고 있으라고 당부해 놓고 숲으로 먹을 것을 구하러 갑니다. 그사이에 늑대가 밀가루를 발라 하얗게 된 손을 내밀어 엄마인 척하며 아기 염소들에게 문을 열라고 합니다. 결국 집으로 들이닥친 늑대는 아기 염소들을 모두 잡아먹었는데, 나중에 집에 돌아온 엄마 염소가 잠든 늑대의 배를 갈라 아기 염소들을 다시 살려 내지요. 그때 늑대 배에 돌을 채웠기에 늑대는 물에 빠져 죽습니다.

많은 부분의 내용이 비슷하지요? 요즘같이 세계의 모든 문화를 공

◆ 이 이야기는 17세기 말에 프랑스의 샤를 페로가 민담을 수집하여 정리해 출판한 책에 최초로 기록되어 있습니다.

유할 수 있는 세상에서는 이 이야기들이 서로 표절한 것은 아닌가 하는 의심이 들 정도로 비슷한 부분이 많이 있습니다. 하지만 이 세 이야기는 전혀 문화 교류가 없거나, 교류가 있었다고 해도 무척 느리게 일어나던 시절부터 전해져 오기 때문에, 각 지역에서 자생적으로 만들어졌다고 봐야 합니다. 우리 인류가 문명의 발달로 현재처럼 지구에서 가장 강력한 종이 되기 전에는 야생동물에게 희생되는 일이 잦은 탓이겠지요. 어른들보다 상대적으로 약한 어린이인 경우가 더 많았을 겁니다. '아기 염소와 늑대' 이야기에서는 사람이 아니고 해피엔딩인 것이 그나마 다행이라고 할 수 있겠습니다. 한편, 자연계의 약육강식이 강렬한 인상을 남겨 언뜻 비슷한 이야기처럼 들리기는 하지만, 자세히 보면 똑같은 이야기라고 할 수 없는 부분도 많이 있습니다. 빨간 망토 소녀는 늑대에게 희생당하고 그 늑대는 어떤 벌도 받지 않습니다. 어머니는 희생을 당하지만 오누이는 어쨌거나 해님과 달님이 되지요. 호랑이는 벌을 받고요. 아기 염소를 잡아먹으려 했던 여우는 제대로 소화하지도 못하고 오히려 자기가 죽습니다.

이런 이야기들이 비슷하거나 그렇지 않은 것에 대하여 물리학이 무슨 이야기를 할 수 있을까요? 비슷하다면 비슷하고 아니면 아니어서 아주 주관적인 문제로 보이는데요. 그런데 다음과 같은 질문을 하는 사람도 있답니다.

'해님과 달님' 이야기가 '빨간 모자'나 '아기 염소와 늑대' 이야기와 얼마나 비슷할까요?

세상에! 물리학이 모든 걸 정량적으로 분석하여 답을 내야 직성이 풀리는 학문이라지만, 비슷한 정도까지 수치로 나타낼 수 있을까요? 가능합니다! 아니, 정확하게 말하자면, 가능하게 하려고 노력하는 중이지요. 생물학에서 생물을 분류하고 진화를 연구할 때 생물 사이의 유연관계를 많이 따집니다. 예전에는 모양이 비슷한 정도를 기준으로 생물 종을 분류하고 그들 사이의 관계를 정성적으로 다루었습니다. 하지만 요즘은 생물 종별로 유전자 서열을 분석하면 생물 종 사이에 얼마나 비슷한가 하는 유사성을 '정량적으로' 계산할 수 있습니다. 이를 통해 생물 종의 진화 순서까지 밝힐 수 있게 되었지요. 이렇게 진화를 연구하는 학문 분야를 **계통학**(系統學, phylogenetics)이라고 합니다. 그런데 이것은 생물학이지 물리학은 아니지 않나요? 그렇지 않습니다. 계통학을 연구하는 대상은 생물체이지만, 연구하는 방법은 **통계물리**(統系物理, statistical physics)와 밀접한 관계가 있고, **전산과학**(computer science)도 중요한 역할을 하는 종합적이고 융합적인 학문입니다.

계통학의 방법을 사용하여 우리나라의 '해님 달님' 이야기와 '빨간 망토' 이야기, '아기염소와 늑대'와 유사성을 연구한 결과가 있기에 소개하려고 합니다.◆ 저자는 세계적으로 퍼져있는 민담 중에 유럽의 '빨

◆ Jamshid J. Tehrani, 'The Phylogeny of Little Red Riding Hood', PLoS One 2013; 8(11)

간 망토'와 비슷해 보이는, 33개 지역에서 모은 58개의 이야기를 분석하였습니다. 이 연구에서 비슷한 정도를 어떻게 정량화했는지 알아볼까요? 우선 이야기들을 정리하고, 이로부터 다음과 같은 질문을 비롯한 72개의 질문 문항을 만들었습니다.

(1) 희생자가 동물인가 사람인가?

    0: 동물, 1: 사람

(2) 1번에서 동물이면, 어떤 동물인가?

    0: 염소, 1: 토끼, 2: 사슴, 3: 참새

(3) 희생자가

    0: 여럿, 1: 하나

(4) 희생자의 성별은

    0: 남성과 여성, 1: 여성, 2: 남성

(5) 희생자가 빨간 모자를

    0: 쓰지 않았다, 1: 썼다

(6) 희생자의 보호자와의 관계는

    0: 어머니, 1: 형제, 2: 할머니, 3: 아버지

(7) 가해자의 성별

    0: 남성, 1: 여성

(8) 가해자와 희생자와의 관계

    0: 낯선 자, 1: 아버지, 2: 숙부/숙모, 3: 친구

(9) 이야기의 배경

    0: 없다, 1: 숲, 2: 산, 3: 동굴

(10) 보호자가 안전한 집이

⑩ 0: 없다, 1: 있다

⑪ 아이가 바깥으로

　　0: 나가지 않았다, 1: 나갔다

⑫ 보호자가 바깥으로

　　0: 나가지 않았다, 1: 먹을 것을 구하러 나갔다, 2: 친척 집에 갔다,

　　3: 축제에 참여하러 갔다, 4: 병원에 갔다

⑬ 가해자가 보호자를

　　0: 죽이지 않았다, 1: 죽였다

⑭ 이야기의 교훈은

　　0: 없다, 1: 아이들은 길을 잃지 않게 조심해야 한다,

　　2: 문을 열어 주지 말아야 한다, 3: 고기를 구우면 안 된다,

　　4: 케이크를 가지고 돌아와야 한다

⑮ 희생자는 가해자의 목소리 테스트를

　　0: 안 한다, 1: 한다

　　수집한 각각의 이야기에 대해 72개 질문에 대한 답변을 숫자로 표시하면, 각각의 이야기는 72개의 숫자 열로 나타내집니다. 15개의 질문만 놓고 보면, 해님과 달님 이야기는 1　1100　011111121이고, 빨간 망토는 1　0112　01110111입니다.　는 이야기로부터 판단할 수 없기에 빈 공란으로 둔 것입니다. 예를 들어, 해님과 달님 이야기에 나오는 호랑이와 빨간 망토 이야기에 나오는 늑대의 성별은 알 수 없으니 7번 문항에는 답을 할 수 없지요. 이렇게 숫자 열로 나타내면, 컴퓨터 프로그램을 이용하여 각각의 이야기가 얼마나 비슷한지를 정량적으로 나

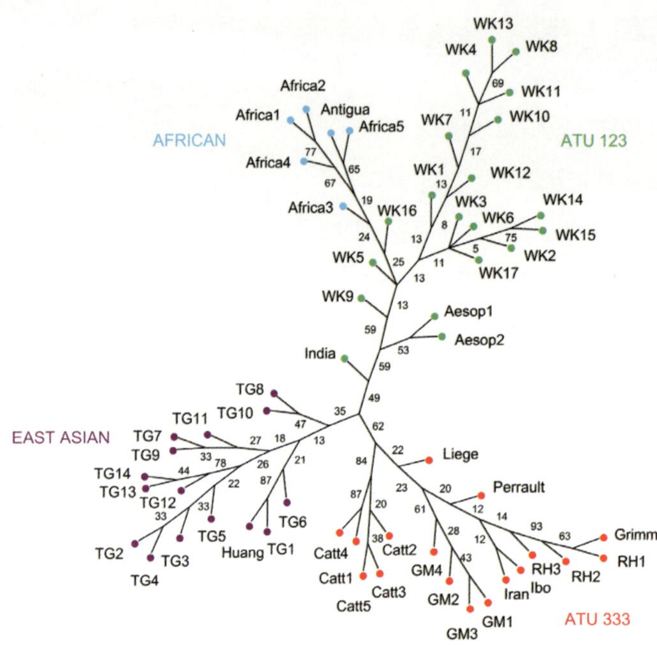

그림 2-25 베이지안 방법에 의한 계통도 (자료 출처: PLoS One 2013; 8(11))

타낼 수 있습니다. 예를 들어, 이야기 A와 이야기 B는 72개 문항 중 70개 문항의 답변이 같고, 이야기 C는 이야기 A 와 65개의 문항 답변만 같다면, A는 C보다 B에 더 가깝다고 판단 할 수 있지요. 몇 개의 문항에 대한 답이 같은지에 따라 유사도를 숫자로 나타낼 수 있습니다. 이와 같이 72개 숫자 열로부터 판단한 유사한 정도에 따라 비슷한 이야기들을 선으로 연결하면 **그림 2-25** 와 같은 그래프를 얻을 수 있습니다. 이 그래프에서 숫자는 점으로 표시한 두 이야기의 유사도를 나타냅니다.

그림 2-25 에서 한국의 '해님과 달님' 이야기는 TG12이고, 빨간 망

토는 ATU♦ 333, 아기 염소와 늑대는 ATU 123입니다. 언뜻 보기에는 세 이야기가 아주 비슷해 보이지만, 실제로는 서로 다른 계통에 속하는 것으로 나타납니다. 그리고 해님과 달님 이야기는 동아시아에, 아기 염소 이야기는 아프리카에, 빨간 망토 이야기는 유럽에 비슷한 이야기들이 분포하고 있다는 것도 보입니다. 아프리카의 이야기들과 동아시아의 이야기들 사이에 인도의 이야기(India), 이집트의 이솝 이야기(Aesop1, Aesop2)가 위치한다는 것도 재미있는 점입니다. 이야기들의 변화가 역사적, 지리적인 이동 경로를 나타내는 것으로 보입니다. Aesop1은 이솝 우화에 나오는 이야기 '엄마와 아기 염소, 그리고 늑대(The She-Goat, the Kid and the Wolf)' 이고, Aesop2 는 라퐁텐이 민담을 수집하여 1668년에 출판한 'The Wolf, the Goat and the Kid'라는 이야기입니다. 제목이 나타내듯이 이 이야기에서는 아기 염소가 한 마리만 나오지요. 그리고 똑똑한 아기 염소는 늑대에게 흰 발을 내밀어 보라고 해서 잡아먹히지도 않습니다. 우리가 아는 일곱 마리 아기 염소 이야기와는 큰 차이가 있지요. 따라서 앞선 질문 중 3번의 '희생자가 하나인가, 여럿인가' 하는 질문에서 Aesop1, Aesop2 이야기는 WK로 시작되는 다른 ATU 123 그룹의 이야기와 차이가 나는 것입니다. 반면에 Africa1이나 Africa2처럼 Africa로 시작되는 ATU123 그룹들에서는 희생자가 사람인 경우로, 빨간 모자의 ATU333 그룹과 비슷한 점들이 있습니다.

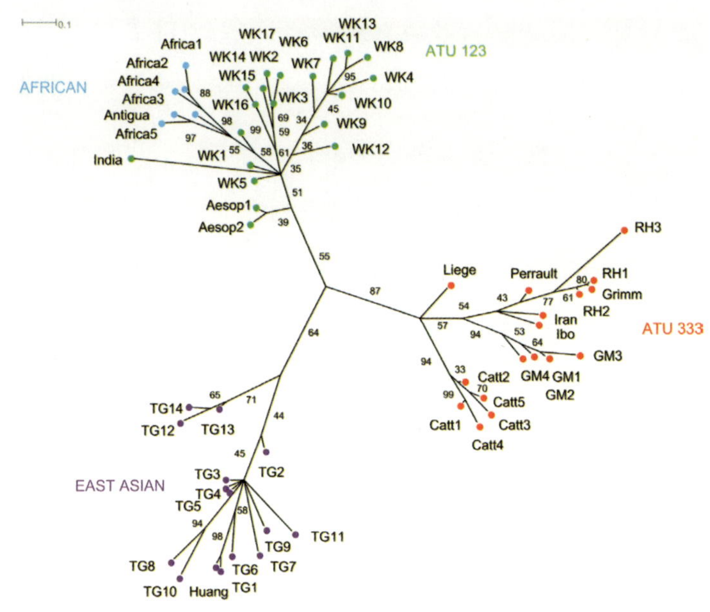

그림 2-26 NeighbourNet 방법에 의한 계통도 (자료 출처: PLoS One 2013; 8(11))

그런데 이렇게 몇 가지 질문만으로 관계를 판단하는 데에는 한계가 있습니다. 이야기의 유사한 정도를 계산할 때 희생자가 사람인 것이 희생자가 여럿인가보다 더 중요하다고 할 수 있을까요? 여기에도 정성적이고 주관적인 판단이 들어가게 됩니다. 이처럼 유사한 정도를 계산하는 방법은 관점에 따라 다를 수 있고, 이런 차이에 따라 이야기를 연관 관계를 따져 연결하는 방법도 차이가 나게 됩니다. 따라서 유사도를 계산하는 방법은 여러 가지가 있을 수 있습니다. 그림 2-26 은 그림 2-25 와는 다른 방법으로 유사도를 계산한 결과입니다. 대체로 지역 간 그룹을 형성하는 모양에는 변화가 없지만, 각 그룹 안의 연결을 보면 계산 방법에 따라 차이가 남을 알 수 있습니다. 예를 들어 우리나라의 TG12는 그림 2-25 에서는 동아시아 그룹의 중간에 있었지만, 그림 2-26 에서는 다른 연결 관계를 가지며 뚝 떨어져 있습니다. 그림 2-25 은 **베이지안 대수**(Bayesian analysis)를 사용하였고, 그림 2-26 은 NeighbourNet 방법을 사용하여 분석한 것입니다. 이처럼 데이터 분석에는 다양한 계산 방법의 적용이 가능한데, 이러한 계산 방법을 **알고리즘**(algorithm)이라고 합니다. 어떤 알고리즘이 옳은 것인가를 밝히는 데에는 여러 다른 사실들을 기반으로 한 설명이 필요합니다.

이처럼 서열간의 유사한 정도를 비교하는 방법은 생명과학 중 **생물정보학**(bioinformatics)에서 개발된 것으로, 유전자 염기서열로부터 진화를 연구하는 데 주로 사용합니다. 이것은 생물의 종별로 대표적인 유전자 서열들의 데이터를 수집한 후, 이를 정리하고 비교하여 유전자 서열의 유사한 정도를 거리로 표시하는 방법입니다. 유전자 서열 사이의 유사도가 높은 생물 종일수록 진화 과정에서 가까이 있는 종이라고 판단합니다. 앞에서 이야기를 분석하는 데 사용한 것과 같은 방법으로 유전자 서열 사이의 유사한 정도를 숫자로 정량적으로 계산하고 나면, 그 숫자는 생물 종간의 거리가 됩니다. 이에 따라 생물의 각각의 종을 점으로 표시하고, 유전자 서열이 유사한 종들을 선으로 연결하면서, 선의 길이가 유사도를 나타내도록 그래프를 그림으로써 생물 종의 계통도를 완성할 수 있습니다. 영장류 중 침팬지, 고릴라와 인간과의 진화 과정도 이러한 유전자 서열 분석을 통해 잘 밝혀지고 있습니다. 이 분석에 의하

면 침팬지가 고릴라나 오랑우탄보다 훨씬 인간과 비슷합니다.

이것으로 '해님과 달님' 이야기에서 물리 찾기를 마칩니다. 이 아래는 무엇을 잘못했느냐는 호랑이의 항의에 대한 염라대왕의 답변입니다. 여러분은 염라대왕의 답변에 동의하나요?

해님과 달님 이야기의 물리학적 교훈

빠르게 움직이려면 그만큼 강한 힘이 외부에서 작용해야 한다. 그런데 그만큼 자신도 어디엔가 힘을 작용해야만 한다. 공짜는 없다.

여우와 신포도

세 번째 이야기는 다시 이솝 우화입니다. 배가 고픈 여우가 탐스러운 포도가 주렁주렁 열려 있는 포도밭을 발견합니다. 포도를 따 먹으려고 여러 번 시도했지만 실패하자 화를 내고 포기하면서 '따 봤자 먹지도 못할 신 포도였을 거야'◆라고 말한다는 아주 짧은 이야기입니다. 여우가 실패한 자신을 위로하느라 내뱉는 말에 어린이들은 대개 '거짓말!'이라며 재미있어하지만, 어른들은 자신을 한번 되돌아보게 됩니다. 살아오면서 이루지 못한 일에 대해 그런 식으로 변명하며 자신을 위로한 적이 한 번쯤은 있었을 테니까요. 이런 인간의 보편적 본성을 꿰뚫어 본 이솝의 통찰력에 새삼 감탄하게 됩니다.

이 이야기에 담긴 교훈은 아마도 의지가 약해 포기해 놓고 '성공했더라도 별것 아니었을 거야'라며 자기합리화하지 말라는 거겠지요. 여

◆　포도는 틀림없이 맛있는 잘 익은 상태였습니다. '여우 같은' 여우가 보자마자 따 먹으려고 마음먹었으니까요.

우를 반면교사로 삼아서 말입니다. 그래서 '신 포도'◆라는 말도 '해님과 달님' 이야기의 '썩은 동아줄'처럼 상징적 의미를 담은 단어로 통용됩니다. '뜻했지만 이룰 수 없는 꿈', 또는 '가지고는 싶은데 감히 넘볼 수 없는 것'을 자조적으로 말할 때 사용하지요. 이야기 속 여우의 복잡한 심리적 상태를 심리학에서는 **인지부조화**(認知不調和, cognitive dissonance)라고 합니다. 간절히 원했지만 얻을 수 없음을 인정해야만 하는 그런 심리적 불편함을 해소하기 위해 여우는 '신 포도였을 거야'라며 **자기합리화**(自己合理化, self-rationalization)라는 **방어기제**(防禦機制, defence mechanism)를 작동시킨 겁니다.

한편 여우가 계속 노력했어야 하는가도 생각해 볼 문제입니다. 포도가 너무 높은 데 매달려 있어서 도저히 딸 수 없었다면요. 더구나 여우는 배가 고픈 상태였습니다. 이 상태에서 계속 뛰면 탈진할 수 있지요. 빨리 포기하고 조금이라도 힘이 남아있을 때 다른 먹이를 찾는 것이 더 현명한 판단이었을 수도 있습니다. 그래서, 이 우화를 다르게 해석하는 사람들도 있습니다. 아무리 노력해도 이룰 수 없는 일도 있다는 것을 인정하고, 흔쾌히 포기하며 그런 자신을 다독일 줄도 알라는 교훈을 담고 있다고 말이지요. 힘든 세상에서 살아가려면 '여우처럼' 약게 살아야 하니까요. '오르지 못할 나무는 쳐다보지도 말라'는 격언도 있잖아요?◆

그림 3-1　여우는 배가 무척 고팠는데 아무리 해도 맛있어 보이는 포도를 딸 수 없었습니다.

자 이제 물리 이야기를 해 보기로 합시다. 물리학에서는 무엇이든 이유가 있어야 직성이 풀리니까 이런 물음으로 우리의 논리회로를 작동해 보지요.

왜 여우와 포도일까요?

아직도 이런 질문이 억지스럽다는 생각이 든다면 여러분이 한번 이 질문에 답을 해 보세요. 이 이야기의 핵심은 '누군가'가 '무엇'을 얻으려고 애썼는데 실패하자 '성공했어도 별것 아니었을 거야'라며 자신의 노력과 실패에 대해 스스로 위로한다는 것입니다. 거기에 필요한 '누군가'와 '무엇'을 찾아봅시다. 원숭이와 바나나? 까치와 감? 멧돼지와 고구마? 반드시 동물과 농작물일 필요도 없지요. 갈매기와 물고기? 이렇게 어떤 동물이건 하나를 고르고 적절한 먹이를 하나 고르면 이야기가 될까요? 그렇지 않습니다. 조건이 있어요. 그 먹이를 얻기가 어려워서 몇 번 노력하다가 포기해야만 하니까요. 그러니 나무를 잘 타는 원숭이와 날 수 있는 까치는 주인공에서 탈락입니다. 바나나나 감이 아무리 높은 데 매달려 있다고 해도 원숭이와 까치는 쉽게 얻을 수 있으니까요. 나무를 타고 올라가서 바나나를 딸 수 있는 원숭이가 땅에서 뛰어서 따려다가 실패한다는 이야기는 이치에 맞지 않지요. 원숭이가 사람 흉내를 내서 긴 막대기로 바나나를 따려고 했다고 하면 억지고요. 멧돼지와 고구마는 어떨까요? 밭 주인이 아주 튼튼한 울타리로 막아 두어서 뚫고 들어가려 하다 실패한다면 그런대로 조건 하나는 합격입니다. 하지만 이 조합도 만족스럽지는 않습니다. 이솝이 살던 시대에 그리스에서 고구마를 재배하지는 않았다♦는 사실은 넘어가기로 해도, 고구마를 먹지 못하게 된 멧돼지가 자신을 위로할 대사를 찾을 수 없네요. 덜자란 고구마라고 해서 멧돼지에게는 맛있는 먹이일 테니까요. '신 포도였을 거야'에 맞먹을 멋진 대사를 날릴 수가 없지요. 바나나나 감은 이 '덜 익었다'는 설정과 잘 맞습니다. 익지 않으면 떫으니까 '익지 않았을 거야'라고 할 수 있지요. 갈매기와 물고

<hr>

♦ 고구마의 원산지는 중남미입니다. 그러니 콜럼버스의 신대륙 발견 이후에 유럽에 전해졌겠네요.

기도 적절해 보이지는 않습니다. 갈매기가 그 넓은 바다에서 어떤 물고기 하나를 정해 놓고 잡으려고 쫓아다니지는 않을 테니까요. 더구나 물고기 잡기가 아무리 힘들어도 갈매기는 여우처럼 포기하고 돌아설 수 없지요. 그것이 유일한 생존 수단이니까요.

그렇게 따지자면 여우와 포도는 더 맞지 않는 조합처럼 보인다고도 할 수 있습니다. 어쩌면 우리나라 사람은 여우와 포도를 연결하기가 어려울지 모릅니다. 이솝 우화에서 읽고는 '여우가 포도를 좋아하나 보다'라고 생각하는 정도겠지요. 우리나라에서 포도 재배의 역사는 삼국시대까지 거슬러 올라갑니다. 하지만 과수원의 형태를 갖추고 현대식으로 포도를 기른 것은 기껏해야 20세기 초입니다.♦ 이 시기에는 이미 여우가 많이 없어져서 그런지 우리나라에 여우가 포도를 먹는다거나 포도밭을 망쳤다는 이야기는 거의 없습니다. 포도가 주 작물이 아니었으니 여우에 의한 피해가 있었다고 해도 밤에 닭을 훔쳐 가는 것만큼 많은 사람에게 알려지지는 않았을 겁니다. 여하간 이제는 우리나라에서는 멸종된♦♦ 여우를 포도밭이 아니라 어느 곳에서도 자연 상태로 관찰할 기회는 없지요.

반면에 서양은 우리와 사정이 다릅니다. 아주 오래전부터 포도를 재배해 왔지요. 그것도 주 작물로 말입니다. 그리스 신화에 이미 포도주가 나오잖아요? 포도밭의 규모도 어마어마합니다. 넓은 포도밭의 인적이 뜸한 곳에는 여우가 출몰할 수 있겠지요. 여우가 뿌리나 줄기를 망가뜨려 포도밭에 제법 피해를 주나 봅니다. 주요 먹이인 쥐를 잡느라고 그러는지 아니면 새끼를 키울 굴을 만드느라고 그러는지 여기저기 파헤친다지요. 만일 여우와 포도가 엉뚱한 조합이었다면 그런 비유를 했을 리가 없을 겁니다. 사람들이 '포도밭에 무슨 여우?'라며 전혀 공감하지 못할 테니까요. 일찍이 솔로몬 왕이 지은 '사랑의 노래'에 '포도밭을 망치는 어린 여우를 잡아라'라는 가사가 나올 정도입니다. 이것은 문제가 커지기 전에 해결하라는 것을 비유적으로 한 말입니다. 어린 여우가 자라서 새끼까지 낳아 기른다면 더 곤란해질 테니까요, 어린 왕자도 바오밥나무를 자라기 전에 뽑잖아요?

인지부조화를 자기합리화로 해소하는 이야기에 여우와 포도는 딱 맞는 조합입니다

일단 포도가 열리는 높이가 이야기에 딱 맞습니다. 포도는 제법 높은 곳에 달립니다. 덩굴식물이니까 야생에서는 나무를 감고 올라가야 하는데 햇빛을 보려면 그 나무보다도 더 위에 잎과 꽃, 그리고 열매가 있게 되겠지요.

포도밭에서는 농부가 인공적인 지주대를 세워 줄기를 유인하고 잘 다

듬어서, 포도가 적절한 높이에 달리게 만듭니다. 포도가 너무 높이 달리면 손이 닿지 않고 너무 낮게 달리면 허리를 구부려서 수확해야 해서 힘이 듭니다. 그래서 포도밭의 포도는 사람이 따기 적당한 높이에 열릴 테니 여우가 그 정도를 뛰어올라야 따 먹을 수가 있습니다. 여우가 도전해 볼 만하면서도 결국은 포기할 높이이지요. 무엇보다도 포도는 익지 않으면 달지 않아서 맛이 없습니다. 여우가 포기하면서 '신 포도였을 거야'라고 자기합리화할 때 모든 사람이 '그 놈 참!'하며 맞장구치게 되지요.

여우는요? 여러 이솝 우화에서 여우는 꾀가 많고 영리한 동물로 나옵니다.◆ 나쁘게 말하자면 남을 속이는 교활한 동물이고요. 그러니 몇 번 노력해 보다 포기할 줄도 알고◆◆ '신 포도였을 거야'라고 내뱉을 만한 캐릭터로 딱 맞습니다. 이솝 우화에 나오는 그 어떤 동물이 여우보다 이 배역에 잘 맞겠어요? 하지만 여우를 주인공으로 발탁하는 데 걸리는 점이 하나 있습니다. 오디션에서 '포도를 좋아하나요?'라는 질문에 여우가 어떻게 대답할지 모르겠네요. 왜냐하면 여우가 포도를 좋아하는 건 고사하고 어쩌면 포도를 먹지 못할 수도 있기 때문입니다. 여우와 같은 갯과(canidae) 동물인 개는 포도를 먹으면 급성 신부전(腎不全, 콩팥이 기능을 상실하는 병)에 걸려 생명을 잃기도 하거든요. 야생인 여우는 소량의 포도라면 독성을 해소할 수 있다고는 합니다만, 여하간 여우가 포도를 좋아할지는 의문입니다. 잡식성이지만 여우가 좋아하는 건 아무래도 쥐, 새, 닭, 물고기와 같은 육류 먹이일 겁니다. 약아빠진 여우니까 주인공이 되려고 '좋아한다'라고 거짓말을 했을 수도 있겠네요. 어차피 이야기에서 주인공이 포도를 먹지는 않으니까요.

여우를 이 이야기의 주인공으로 만드는 결정적인 역할을 하는 여우만의 장기가 있습니다. 그것은 여우가 쥐와 같은 먹이를 사냥할 때

◆ 요즘의 우리는 여우가 영리한지 어떤지를 알 길이 없습니다. 그저 이야기를 통해 그렇다고 믿고 있지요. 예전에는 여우가 우리에게 가까이 있었습니다. 주로 가축에게 피해를 주면서요. 다른 한편으로 털가죽과 특히 탐스러운 꼬리는 아주 값진 물건이었습니다. 그래서 여러 방법으로 잡으려고 해도 잘 잡히지 않으니 영리하다고 여기게 되었지요. 우리나라 이야기에서 여우는 이솝 우화에서와는 다른 캐릭터로 나옵니다. 특히 꼬리가 아홉 개 달린 여우는 예쁜 여자로 변해서 사람을 홀리고 죽이기까지 하는 무서운 역이지요.

◆◆ 예를 들어, 염소가 주인공이라면 어땠을까요? 포기할 줄 모르고 끝까지 도전하다가 탈진하고 마는 이야기가 되어야 하지 않을까요?

200

그림 3-2에 보인 것처럼 뛰어올랐다가 덮치는 독특한 행동이며 영어로는 **마우싱**(mousing)이라고 합니다.[*] 인터넷에 올라온 여우에 관한 동영상 중 대부분이 먹이를 잡기 위해 눈 쌓인 벌판에서 이렇게 펄쩍펄쩍 뛰는 장면입니다.[**] 풀밭에서 쥐를 잡는 동영상도 찾을 수 있습니다. 풀밭에서도 뛰어올랐다가 덮치는 것은 눈 위에서와 같으나, 땅에 깊이 머리를 처박지는 않습니다. 눈보다 단단하니 흙에서는 그럴 수도 없겠거니와 눈 아래 깊숙이 있는 쥐를 잡는 것도 아니니까요. 그런데 여우는 왜 이렇게 뛰어오를까요?

여우는 코도 예민하고 귀도 밝아서 수풀 사이나 쌓인 눈 아래에서 쥐가 움직이는 것을 잘 감지합니다. 수풀이 가리거나 눈이 덮고 있어서 눈으로는 볼 수 없는데도 말이지요. 그 쥐를 잡으려고 가까이 다가가면 풀을 스치는 소리나 눈을 밟는 소리를 듣고 쥐가 도망칠 겁니다. 쥐 역시 아주 민감하고 빠르니까요. 그래서 쥐가 감지되면 가만히 서서 오른쪽과 왼쪽 귀에 도달하는 소리의 차이로부터 쥐의 위치를 정확하게 파악합니다.[***] 알맞은 거리에 있다고 판단하면 위로 뛰어올랐다가 덮쳐서 먹이를 잡습니다. 쥐의 입장에서는 갑자기 위에서 여우가 나타나니 무척 당황스럽겠지요. 좋은 전략이지만 단번에 성공하는 일은 드뭅니다. 여러 번 시도해야 하지요. 그래서 이렇게 펄쩍펄쩍 뛰는 모습을 자

---

[*] 이에 해당하는 우리말 용어가 없으니 영어 용어를 발음대로 쓰기로 하겠습니다. 구태여 번역하자면 '쥐잡기 점프' 정도일 텐데 어차피 점프도 영어니까요.

[**] fox, mousing 정도의 키워드만 치면 여우가 사냥하는 모습을 담은 동영상이나 사진을 쉽게 찾을 수 있습니다.

[***] 소리가 도달하는 데 걸리는 시간도 다르고 소리의 크기도 다르겠지요.

주 보이는 여우는 사람들에게 점프(jump, 뛰어오르기, 跳躍)라면 연상할 수 있는 전형적인 동물 중 하나였습니다. 영어권 지역에서 사용하는 팬그램◆ 중 'The quick brown fox jumps over the lazy dog'라는 문장이 있을 정도니까요. 우리나라 옛날이야기에서도 구미호가 사람으로 변신할 때 재주를 넘지요.

적절한 높이에 매달려 있는 포도와 포도밭에서 펄쩍펄쩍 뛰는 여우, 아주 딱 맞는 조합이 아닌가요? 어느 날 포도밭에서 일하던 사람이 이렇게 펄쩍펄쩍 뛰는 여우를 보았습니다. 쥐를 잡으려고 한 일이지만 그 사람은 여우가 포도를 따 먹으려고 그러는 걸로 생각했겠지요. 여우가 간 뒤에 보니 포도는 그대로 달려 있었습니다. 그래서 다른 사람에게 이렇게 말했을 겁니다. '여우가 포도를 따 먹으려고 여러 번 뛰던데 너무 높아서 따 먹지는 못했나 봐'라고요.◆◆ 이솝이 이 말을 듣고 '여우와 신포도' 이야기를 만든 것 아닐까요? 물론 증명할 길은 없지요. 이제는 이솝에게 물어볼 수도 없으니까요. 이솝도 전해 내려오던 이야기를 각색한 것일 수도 있고요. 그렇지만 이런 것까지도 스스로에게 질문하고 과학적으로 답을 찾아보자는 게 이 책의 목적입니다.

여우의 마우싱을 물리학적으로 따져 본 연구도 있습니다. 눈밭에서 사냥하는 여우가 펄쩍 뛰어올랐다가 머리를 눈에 처박는 모습은 아주 귀엽습니다. 거의 1m 깊이까지도 눈에 파고들어 꼬리와 다리만 보이기도 합니다. 이것을 그저 재미있어하는 데 그치지 않고 '어떻게 이렇게 할 수 있지?'라고 질문을 던진 연구팀이 있습니다. 미국 코넬 대학의 정승환교수 연구팀은 주둥이가 뾰족하고 납작한 두 가지 모양의 머리뼈를 3D 프린터로 만들고 물과 눈에 떨어뜨리는 실험을 했습니다.[*] 실험 결과는 여우의 머리뼈 형태, 특히 뾰족한 주둥이가 눈에 머리를 깊이 박는 데에 유리하고 충격도 완화한다는 것을 보여 주었습니다.

여우가 쥐를 잡을 확률이 뛰어오르는 방향에 따라 달라진다는 것을 조사한 연구팀도 있습니다.[**] 3년에 걸쳐 녹화한 95번의 사냥 장면에서 여우의 뛰어오르기 592회를 분석했더니, 여우는 북동쪽으로 뛰는 것을 선호하며 이 방향으로 뛰었을 때 먹이를 잡을 확률이 월등하게 높았습니다. 이로부터 연구진은 여우가 지구자기장을 감지할 수 있고 이것을 이용한다는 결론을 내렸습니다. 하지만 여우의 어떤 기관이 어떻게 지구자기장을 감지하는지는 아직 알려지지 않았습니다.[***] 지구자

[*] J. Yuk, A. Pandey, L. Park, W. E. Bemis, and S. Jung, *Effect of skull morphology on fox snow diving*, PNAS, 121, e2321179121 (2024),

[**] J. Červený, S, Begall, P. Koubek, P. Nováková, and H. Burda, *Directional preference may enhance hunting accuracy in foraging foxes*, Biol. Lett. 7, 355 (2011).

[***] 비둘기나 철새가 지구자기장을 감지하며 그 정보로부터 길을 찾는다는 사실은 오래전부터 알려져 있고, 철새의 경우 눈의 망막에 있는 크립토크롬(cryptochrome)이라는 단백질이 중요한 역할을 한다는 것이 밝혀졌습니다. (A. Pinzon-Rodriguez *et al. Expressionpatterns of cryptochrome genes in avian retina suggest involvement of Cry4 in light-dependent magnetoreception*. J. R. Soc. Interface 15, 20180058; Günther et al., 2018, Current Biology 28, 211-223, 2018) 개가 배변 또는 배뇨할 때 몸을 지구자기장에 나란하게 한다는 연구 결과도 있습니다. (V. Hart et *al. Dogs are sensitive to small variations of the Earth's magnetic field*, Frontiers in Zoology, 2013, 10:80)

기장을 감지하고 그 방향으로 뛴다면 그런 대로 이해할 수 있겠는데, 왜 북동쪽으로 특정 각을 이루고 뛰는지에 대한 추가 설명이 필요해 보입니다.

여우가 마우싱을 할 때 뛰어오르는 높이는 대략 40~60cm 정도지만 여우가 도망칠 때는 사람 키 높이의 담장도 뛰어넘습니다. 그러니 배가 고파 포도를 따 먹으려고 했다면 얼마든지 그럴 수 있었지요. 첫 번째 물리학적 질문입니다.

여우는 얼마나 높이 뛸 수 있을까요?

일차원 운동으로 단순화하기

그림 3-3 처럼 여우가 제자리에서 중력 위 방향으로 뛰어오르는 특수한 상황을 가정해 봅시다. 그림의 내용은 지금부터 하나씩 설명하겠습니다. 먼저 여우가 공중으로 뛰어올라 발이 땅에서 떨어지는 (나)의 순간부터 최고점에 이르는 (다)의 순간까지를 알아보도록 하지요. (나)의 순간 여우의 속력이 v_0일 때 그림 3-3 에서 h가 얼마인지를 구하는 것은 순전히 물리학 문제이기 때문입니다. 발이 땅에 떨어진 후에는 여우가 어떤 동작을 해도 h는 똑같습니다. 여우에 작용하는 힘이 중력뿐

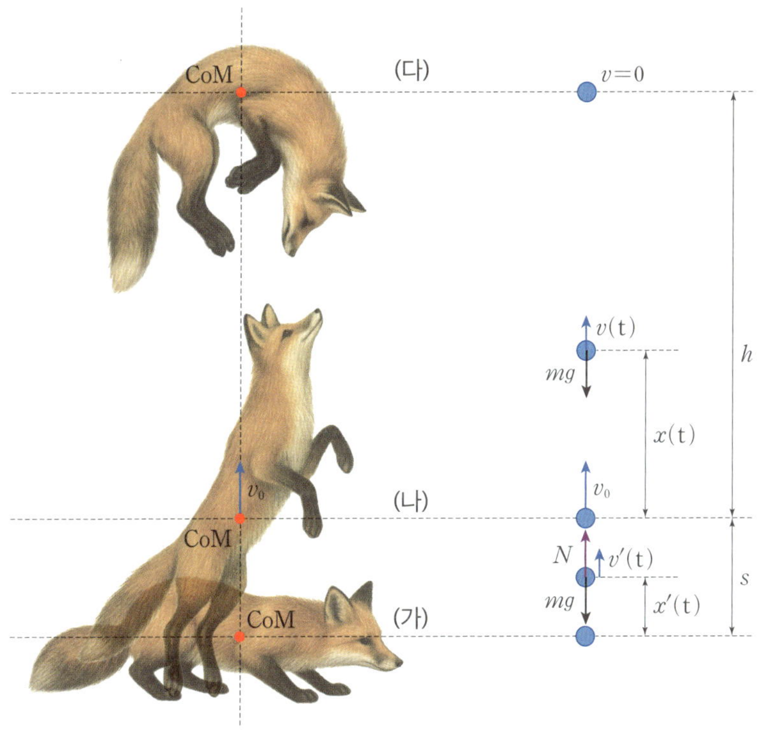

그림 3-3 여우가 제자리에서 펄쩍 뛰어오른다.

이라고 가정하면 말이지요. 공기의 저항력도 작용하겠지만 여우가 움직임이 그다지 빠르지 않을 테니 무시할 수 있습니다.◆ 태풍처럼 아주 세찬 바람이 불고 있다면 몰라도요.

◆ 여우에 작용하는 공기의 저항력은 여우 몸의 형태에 따라 달라질 수 있습니다.

여우의 운동을 알아보려면 제일 먼저 해야 하는 일이 여우의 위치를 나타낼 수 있는 변수를 도입하는 것입니다. 일직선 운동으로 보자고 했으니 '해님과 달님' 이야기에서 설명한 것처럼 어떤 기준점으로부터 물체까지의 거리를 위치 변수로 잡으면 됩니다. 기준점은 그 일직선의 어느 한 점, 예를 들어 일직선이 땅과 만나는 점 또는 여우가 운동을 막 시작한 지점으로 정하면 되는데 그다음이 문제입니다. 여우가 크기를 가지고 있다는 것입니다. 여우를 수학적인 점으로 취급할 수 없으니 기준점으로부터 여우가 얼마나 떨어져 있는지를 말할 수 없습니다. 예를 들어, 여우의 코, 발, 꼬리는 각각 다른 위치에 있습니다. 코, 발, 꼬리조차 크기가 있으니 점으로 볼 수 없지만요. 그림 3-3 에서 볼 수 있듯이 여우의 각각의 부분은 아예 서로 다르게 운동합니다. 위치를 정의할 수 없으니 속력도 정의할 수 없지요. 그러니 앞에서 여우가 공중으로 뛰어오른 순간의 속력이 v_0라 놓았던 것도 문제가 됩니다. 아예 '얼마나 높이 뛸까요?'라는 질문 자체가 명확한 것이 아니었습니다. 각 부분의 속력이 다르고 올라간 높이도 다를 테니까요.

그러고 보니 위치 변수를 정하는 것이 그리 간단한 일이 아니었군요? 물리학에서 다루는 모든 물체는 크기를 가지고 있습니다. 그러니 이것을 하나의 점으로 취급하여 위치를 정의하는 것은 원칙적으로는 불가능했던 거지요. 다만 운동하는 범위에 비해 무시할 수 있을 정도

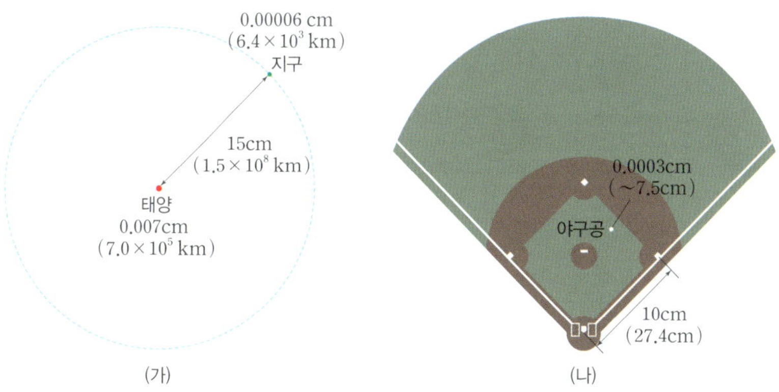

  (가) 지구의 공전 궤도를 반지름이 15cm인 원으로 나타내면 지구는 반지름이 0.0006cm인 공 모양이어야 한다. 그러므로 지구의 공전을 다룰 때 지구를 점으로 취급할 수 있다. (나) 본루에서 1루까지를 10cm가 되도록 야구장을 나타내면 야구공은 지름이 0.003cm인 공 모양이어야 한다. 그러므로 야구장에서 야구공의 운동을 다룰 때 야구공을 점으로 취급할 수 있다.

로 작은 물체는 점으로 근사할 수 있습니다. 예를 들어, (가)에 보인 것처럼 지구가 태양 주위를 공전하는 상황을 물리학에서 다룰 때 지구는 점이라고 할 수 있습니다. 반지름이 1억 5천만 km인 지구의 공전 궤도를 반지름이 15cm인 원으로 나타내면 6,400km의 반지름을 가진 지구는 크기(지름)가 0.0013cm이어야 합니다. 이것은 (가)에서 궤도를 나타낸 점선의 두께보다도 작은 점이 됩니다. 태양은 이것보다 109배 크지만 역시 점으로 보입니다. 그림에서 지구와 태양은 그릴 수 있는 가장 작은 점을 그려 넣은 것입니다. 실제로는 이보다 더 작아야 합니다. 그림 (나)는 또 다른 예로 야구장에 야구공을 그려 넣은 것입니다. 27.4m인 본루에서 1루까지의 거리를 10cm가 되도록

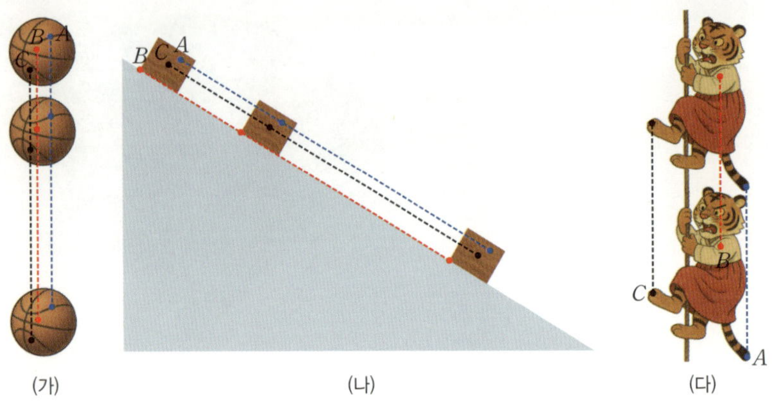

 (가) 농구공이 회전하지 않고 아래로 떨어질 때 농구공의 모든 점은 똑같이 움직인다. (나) 나무토막이 경사면을 미끄러져 내려올 때 나무토막의 모든 점은 똑같이 움직인다. (다) 줄에 매달린 호랑이가 자세를 바꾸지 않고 위로 끌려 올라간다면 모든 점이 똑같이 움직인다.

그린 야구장에서 야구공은 지름이 0.003cm인 공이 됩니다. 이렇듯 야구공은 야구장에 비해 크기가 충분하게 작아 점으로 근사할 수 있습니다.

물체를 점으로 취급할 수 있는가를 판단할 때 중요한 것은 물체의 크기와 운동하는 공간의 크기를 비교해야 한다는 점입니다. 자칫 이렇게 생각할 수도 있기 때문입니다. 기준점을 물체로부터 충분히 멀리 떨어진 곳으로 잡으면 물체를 점으로 취급할 수 있지 않냐고 말이지요. 예를 들어 여우가 뛰어오르는 운동을 알아보고자 할 때 기준점을 지구 중심으로 정하면 여우의 어느 지점까지를 위치로 정하거나 큰 차이가 나지 않을 겁니다. 6,400km 정도의 거리에서 크기가 1~2m인 여우는 점에 불과할 테니까요. 제법 그럴싸한 생각이지만 이렇게 하면 여우가 뛰어오르는 3m까지도 아무런 차이가 나지 않기 때문에 여우의 운동에 관해 어떤 정보도 얻지 못하게 됩니다. 더구나 여기에는 측정의 문제가 생깁니다. 물리학에서는 어떤 결과거나 실제로 측정하여 맞는지 정량적으로 확인할 수 있어야 합니다. 지구의 중심에서 지표면까지의 거리가 6,400km 정도니까[*] 여우가 3m를 뛰어오른 걸 확인하려면 위치를 6,366,198m와 같이 m 단위까지 정확하게 측정할 수 있어야 합니다. 이러한 측정은 불가능하지는 않더라도 무척 어렵겠지요. 더구나 이렇게까지 정확하게 측정할 수 있다면 이제 여우 몸의 어느 부분까지의 거리인지가 다시 문제가 됩니다.

크기를 가진 물체라 하더라도 물체의 위치를 정의하는 데 문제가 없는 특별한 경우가 또 있습니다. 운동하는 동안 물체의 모양이 변하지 않고 회전하지도 않으면 물체의 모든 부분이 모두 똑같이 움직입니다. 그렇다면 물체에서 임의의 한 점을 정해서 위치를 정의해도 됩니다. 그 점의 위치만 알면 나머지 부분이 어느 곳에 있을지 알 수 있으니까요. 중등 교육과정의 물리에서 다루는 모든 운동은 이렇게 물체의 모든 부분이 함께 움직이는 운동입니다. 그림 3-5 와 같이 공이 아래로 떨어지거나, 나무토막이 기울기가 일정한 경사면에서 미끄러지는 운동이지요.[**] 그래서 위치를 정하는 것에 그다지 신경을 쓰지 않아도 되는 것입니다.

[*] 지구 반지름이 6,400km라고 할 때 맨 앞의 천자리 수인 6은 정확한 것이지만 백자리 수인 4는 십자리 수를 반올림해서 얻는 것입니다. 지구가 둘레가 4만 km(이것은 m의 정의입니다.)인 완벽한 공 모양이라면 지구 반지름은 $40{,}000{,}000m/(2\pi)$로 6,366,197.7m입니다. 이 계산을 위해서는 π도 소숫점 아래 8자리까지 정확한 값을 대입해야 합니다.

[**] 자동차가 달리는 경우는 바퀴가 회전하기는 해도 바퀴의 어느 부분이 어디에 있는가를 알아보려는 것은 아니니 자동차의 위치를 정하는 데 큰 문제가 생기지 않지요.

앞에서 '해님과 달님' 이야기에서 오누이나 호랑이가 줄을 잡고 올라가
는 상황도 모든 부분이 똑같이 움직이는 것으로 단순화할 수 있습니다.
자세를 바꾸지 않으면 모양이 변하지 않으니까요.

그런데 그림 3-2 나 그림 3-3 에서 여우는 자신의 크기에 비해 그다
지 크다고 할 수 없는 정도의 높이에서 움직입니다. 여우가 운동하는 동
안 몸의 모양도 바뀝니다. 우리나라 옛이야기에서처럼 여우가 재주를
넘는다면 심지어 회전도 하겠지요. 이러한 운동을 분석하는 데 유용한
것이 물체의 **질량중심**(質量中心, center of mass)입니다. 질량중심의 정의나
이에 대한 운동법칙이 왜 이렇게 되는가는 다음에 설명하기로 하고 일
단은 질량중심의 운동에 대한 다음과 같은 물리학 규칙이 있다는 것만
알고 이것을 적용해 봅시다.

**물체의 운동은 물체의 모든 질량이 그 물체의 질량중심에 모여 있는 것처럼
$F=ma$ 운동법칙을 따른다. 이때 F는 외부에서 물체에 작용하는 힘이며 물
체의 각 부분끼리 작용하는 힘은 질량중심의 운동에 영향을 주지 않는다.**◆

자, 이제는 앞으로 나아갈 수가 있겠네요. 여우의 질량중심의 운동
을 알아보기로 합시다. 그리고 여우의 질량중심이 그림 3-3 처럼 연직

◆ 물체의 모든 부분의 운동도 당연히 $F=ma$ 운동법칙을 따릅니다. 점으로 취급할 수
있도록 아주 작은 부분으로 나누어서 위치, 속도와 가속도를 정의할 수 있다면 말이지
요. 하지만 이때 F는 외부에서 그 부분에 작용하는 힘뿐 아니라 다른 부분이 작용하는
힘까지 모두 고려해야 합니다.

방향으로 일직선을 따라 움직인다고 가정합시다. 그러면 여우가 (나)에서 (다)로 뛰어오르는 상황에서 질량중심은 **그림 3-3**의 오른쪽에 나타낸 것처럼 v_0의 속력으로 위로 던져진 (점으로 취급할 수 있는) 작은 공과 똑같은 운동을 합니다. 발이 땅에서 떨어진 후 여우가 몸을 어떤 모양으로 하는가에 관계없이 질량중심의 운동은 외부에서 여우에 작용하는 힘의 영향만 받습니다.[*] 앞에서 말한 대로 저항력을 무시하면 중력만 작용합니다.

연직상방향 운동

여우의 몸이 막 공중에 떠오른 순간의 질량중심의 위치를 기준점으로 잡고 시간 t가 지났을 때 질량중심이 올라간 높이를 $x(t)$라고 합시다. 이 위치 변수로부터 속도 $v(t)$와 가속도 $a(t)$를 **식 (2.5)**와 **식 (2.6)**에 따라 정의할 수 있겠네요. 앞에서 언급한 v_0가 질량중심이 연직 위 방향으로 움직이는 속력이라면, $x(t)$의 양의 방향으로 움직이는 것이므로 $t=0$일 때 v의 값이 $+v_0$일 겁니다.

중력가속도는 $x(t)$의 양의 방향과 반대니까 102쪽의 운동 규칙을 적용하면

$$a(t) = -g$$

식 3.1

임을 알 수 있습니다. $dv/dt = -g$ 라는 거니까

$$v(t) = -gt + C$$

여야 하고요. 어? 이건 108쪽의 과정과 똑같은데요? 여기까지만 그렇습니다. 이번에는 $t=0$일 때 속도가 v_0여야 해요. 양의 방향으로 v_0의 속력으로 뛰어올랐으니까요. 즉,

$$v(t) = -gt + v_0$$

식 3.2

이지요. 미분했을 때 이런 $v(t)$가 되는 $x(t)$는

$$x(t) = -\frac{1}{2}gt^2 + v_0 t + C'$$

입니다. 막 뛰어오른 순간, 즉, $t=0$일 때를 위치의 기준으로 정했으니 $x(t=0)=0$이므로 $C'=0$이어야 합니다. 즉,

$$x(t) = -\frac{1}{2}gt^2 + v_0 t$$

식 3.3

입니다. **식 (3.3)**을 공식처럼 받아들여 외우지 말고 각 항의 의미를 살펴봅시다. 등호 오른쪽의 두 번째 항 $v_0 t$는 v_0의 속력으로 시간 t만큼 계속 움직였을 때 x의 증가량에 해당합니다. 첫 번째 항 $(1/2)gt^2$은 중력가속도 g로 시간 t만큼 움직일 때 아래로 떨어지는 거리입니다. 그러니까 **식 (3.3)**은 $x(t)$가 처음 속력이 유지되었다면 $v_0 t$만큼 증가해야 하는데 중력에 의해 아래로 떨어진 $(1/2)gt^2$만큼 감소한다는 것을

알려 주고 있습니다. 위로 올라가는 것은 t에 비례하고, 아래로 떨어지는 것은 t의 제곱에 비례하니까 언젠가는 $x(t)$가 음수가 될 것입니다. $x(t)$가 양에서 음으로 바뀌는 순간에는 질량중심이 기준점, 즉, 처음 출발한 지점을 통과하는 겁니다.

$x(t)$가 가질 수 있는 최댓값은 **식 (3.3)**을 다음과 같이 변형하여 구할 수 있습니다.

$$
\begin{aligned}
x(t) &= -\frac{1}{2}g\left(t^2 - 2\frac{v_0}{g}t\right) \\
&= -\frac{1}{2}g\left(t^2 - 2\frac{v_0}{g}t + \left(\frac{v_0}{g}\right)^2\right) + \frac{v_0^2}{2g} \\
&= -\frac{1}{2}g\left(t - \frac{v_0}{g}\right)^2 + \frac{v_0^2}{2g}.
\end{aligned}
$$

마지막 식에서 첫 번째 항은 항상 음수이므로 $x(t)$의 최댓값인 h는 $t = v_0/g$일 때

$$
h = \frac{v_0^2}{2g}
$$

식 3.4

인 것을 알 수 있지요.

최고점에 이르는 시간인 v_0/g를 **식 (3.2)**에 대입하면 최고점에 다다른 순간의 속도가 0이 됩니다. 속도가 0이라고 해서 물체가 정지한다는 것을 의미하는 것은 아닙니다. 단지 그 순간의 속도가 그렇다는 것뿐입니다. 왜 최고점에 도달하는 순간의 속도가 0이 될까요? 앞의 '해님과 달님' 이야기에서 속도가 음수라는 것은 이상하거나 잘못된 것이 아

니라 단지 $x(t)$가 감소하는 방향으로 움직이는 것이라고 설명하였습니다. 속도가 양수인 것은 $x(t)$가 증가하고 있다는 것이고요. **식 (3.2)**처럼 속도 $v(t)$가 v_0로부터 t에 비례하여 gt씩 감소한다면 언젠가는 음수가 될 것입니다. 크기가 줄어들더라도 v가 양수일 때는 x가 계속 증가합니다. 그러다가 음수로 바뀌는 순간부터 x가 감소하기 시작할 테니 그 순간, 즉, $v=0$일 때 x가 최댓값을 가지는 것입니다.

식 (3.4)에 의해 h를 구하려면 발이 땅을 떠나는 순간의 속력 v_0를 알아야 합니다. 이 속력은 **그림 3-3**의 (가)부터 (나)까지 여우가 취하는 동작에서 여우 몸에 땅이 위로 작용하는 힘과 지구가 작용하는 중력, 즉, 무게와의 차이로부터 얻어집니다. 땅이 여우에 작용하는 힘은 여우의 앞발과 뒷발이 땅을 미는 힘의 반작용입니다. 이 과정에는 여우의 의지도 작용할 테니 단순한 물리학 문제라고 할 수는 없습니다. 하지만 여우와 땅 사이에 일정한 크기의 수직항력* N이 작용하는 것으로 단순화해서 물리학을 적용해 보겠습니다. **그림 3-3**에 나타낸 것처럼 (가)부터 (나)까지 과정에서 여우의 질량중심이 처음 위치에서 위로 올라간 높이를 $x'(t)$라 합시다. 그리고 이것을 시간에 대해 미분한 속도를 $v'(t)$, 그리고 $v'(t)$를 시간에 대해 미분한 가속도를 $a'(t)$라 하지요. 여우에 작용하는 힘은 그림에 표시한 것처럼 연직 위 방향인 수직항력

N과 연직 아래 방향의 중력입니다. 즉, 여우에 연직 위 방향으로 작용하는 힘 F는

$$F = N - mg$$

입니다. 여우의 질량이 m이라면, 운동법칙인

$$F = ma'$$

로부터 가속도 a'을 구할 수 있습니다. 수직항력 N이 시간에 따라 변하지 않는다고 가정하면 F와 a' 역시 그럴 것입니다. 즉, 등가속도운동이지요. 정지한 상태로부터 운동을 시작한 것이고, 처음 위치를 기준점으로 했으므로, '해님과 달님' 이야기에서 다룬 상황과 같습니다. 움직이는 방향이 서로 반대이고, 가속도가 중력가속도 g가 아니라 a'이라는 것, 속도가 v'이라는 것, 그리고 위치가 x'이라는 것만 다르지요. 104~105쪽과 똑같은 과정을 거치면, 임의의 시간 t에서 속도와 위치는 다음과 같이 구해집니다.

$$v'(t) = a't,$$

$$x'(t) = \frac{1}{2}a't^2.$$

그림 3-3 에 나타낸 것처럼 v_0는 이 두 식에서 x'이 s가 되는 순간의 속도 v'입니다. 위 두 식으로부터 속도 v_0를 구하면

$$v_0 = \sqrt{2a's}$$

입니다. 이 결과 역시 '해님과 달님' 이야기에서 구했던 **식(2.13)**에 대신 a'을 그리고 h대신 s를 대입한 것과 같습니다.

식(3.7)을 적용해서 v_0를 구하려면 a'과 s를 알아야겠네요. **식(3.5)** 와 **식(3.6)**을 적용해서 a'을 알아내려면 N을 알아야 하고요. N과 s 는 여우가 어떤 동작을 취하느냐에 따라 달라집니다. 여우의 신체적 조 건에 따라서도 다르고요. 이래서야 여우가 얼마나 높이 뛸지를 알아낼 수는 없겠네요. 하지만 여기에서 멈춘다면 허무하지 않겠어요?

동물이 뛰어오를 수 있는 높이는 크기에 따라 다르지 않다?

러시아의 수학자 **아르놀트**(Vladimir Arnold, 1937-2010)는 **식(3.4)**와 **식 (3.7)**로부터 '동물이 뛸 수 있는 높이가 동물의 크기에 따라 어떻게 달 라지나?'에 대해 재미있는 분석을 하였습니다.[*] **식(3.7)**을 **식(3.4)**에 대입하면

$$h = \frac{a's}{g}$$

가 됩니다. 분자와 분모에 질량 m을 곱하고 **식(3.6)**, 즉, $F = ma'$를 적 용하면

[*] V. Arnold, *Mathematical Methods of Classical Mechanics*, p.52, Springer-Verlag, 1978; 이 책에서는 에너지를 고려하여 결론을 내리지만, 식 (3.3), 식 (3.4), 식 (3.5) 를 이용한 것과 같습니다. 아르놀트가 처음으로 던진 질문은 아니고 J. M. Smith, Mathematical Ideas in Biology, Cambridge University Press, 1968에 나온 것을 소 개한 것입니다.

216

$$h = \frac{Fs}{mg}$$ 식 3.8

가 되지요. 아르놀트는 이 식에 들어있는 m, s, F가 동물의 크기에 따라 어떻게 변할지를 논리적으로 따져 보았습니다. 동물의 크기를 L이라고 합시다. 그러면 질량 m은 부피에 비례하니까 L^3에 비례할 겁니다. 다음으로 s는 발이 땅에서 떨어질 때까지 질량중심이 움직이는 거리입니다. 다리를 오므렸다가 펴면서 땅을 미는 것이니 다리의 길이에 비례할 것이고, 다리의 길이는 크기인 L에 비례하겠지요. 일반적으로 키가 크면 다리도 기니까요. 마지막으로 F는 땅을 미는 힘입니다. 이것은 다리의 근육이 얼마나 강한지 뼈가 어느 정도의 힘을 버틸 수 있는지에 따라 결정됩니다. 이것은 다리의 굵기, 즉, 단면적에 비례할 것이므로 동물의 크기가 L일 때 L^2에 비례할 것입니다. 정리하면

$$
\begin{aligned}
m &\sim \alpha L^3, \\
s &\sim \beta L, \\
F &\sim \gamma L^2
\end{aligned}
$$
식 3.9

이라고 할 수 있습니다. α, β, γ가 동물에 따라 달라지지 않는 상수라고 가정해 봅시다. 이것을 식 (3.8)에 대입하면

$$h \sim \frac{2\beta\gamma}{\alpha}$$ 식 3.10

가 되어 L과 관계없는 값이 됩니다. 이로부터 아르놀트는 '동물이 뛰어

오를 수 있는 높이가 동물의 크기에 따라 달라지지 않는다'라는 결론을 내렸습니다. 크기가 달라질 때 물리 현상이 어떻게 달라지는가를 이런 방식으로 알아보는 것을 스케일링 논리(scaling argument)◆라고 합니다.

여러분은 아마 **식(3.9)**, 더 나아가 이런 스케일링 논리가 말도 되지 않는 엉터리 결과라고 할지도 모르겠습니다. 우선 당장 머리에 떠오르는 생각이 '작은 벼룩은 자기 몸길이의 100배 정도를 뛰어오르고 코끼리는 전혀 뛰어오르지 못하는데?'일 겁니다. **식(3.8)**에 도입한 비례계수 α, β, γ가 상수라는 것은 지나친 단순화입니다. α, β, γ가 동물에 따라 다른 값을 가질 테니 동물이 뛰어오를 수 있는 높이는 동물에 따라 다를 수 있습니다. 하지만 이 스케일링 논리에서는 뛰는 높이의 크기에 대한 의존도만 따져 본 것입니다. 동물에 따라 다르기는 하지만 뛰는 높이가 크기에 비례하거나 반비례하는 것도 아니니 **식(3,9)**가 완전히 엉터리인 것은 아니지요. 벼룩이 뛰는 높이를 벼룩의 작은 크기와 비교해서 100배나 뛴다고 하지만 뛰는 높이는 20cm 정도입니다. 그야말로 '뛰어야 벼룩'인 거네요. 이 사실을 오히려 '동물이 뛰는 높이가 크기와 관계가 없다'는 증거로 삼아도 되지 않을까요?

어쨌든 아르놀트의 논리에는 허점이 하나 있습니다. 지나치게 단순화했어요. 식 (3.8)에 들어 있는 F는 수직항력과 중력의 차이인 $N-mg$입니다. 두 힘 중에서 동물과 땅이 서로 작용하는 수직항력인 N만 동물 다리의 굵기에 비례한다고 할 수 있습니다. mg는 L^3에 비례하기 때문에 간단히 $F \sim \beta L^2$라고 할 수 없습니다. 이점을 고려하여 식 (3.10)을 다시 써 보면

$$h \sim \frac{(\beta L^2 - \alpha g L^3)\gamma L}{\alpha L^3}$$

가 되어 h의 L에 대한 의존도가 식 (3.10)처럼 간단하게 되지 않습니다. 이것은 코끼리가 왜 높이 뛰지를 못하는지도 설명해 주지요. 즉, $\beta L^2 - \alpha g L^3$이 양수가 되지 못할 정도로 코끼리는 L이 큰 겁니다. 코끼리에 비해 다리가 훨씬 가는 사슴이 더 높이 뛸 수 있는 것도 $N(\sim \beta L^2)$과 $mg(\sim \alpha g L^3)$의 경쟁으로 어느 정도는 설명할 수 있지 않을까요?

식 (3.4)로 다시 돌아갑시다. 여우가 달리는 속력을 v_0에 대입해 보면 어떨까요? 달리는 속력은 간단하게는 여우가 어느 두 지점 사이를 이동하는 데 걸리는 시간을 측정하면 구할 수 있습니다. 두 지점 사이의 거리는 여우가 지나간 다음에 측정해서 걸린 시간으로 나누면 되지요. 동영상을 찍어 분석하면 더 정확하게 구할 수 있습니다. 아니면 레이다를 이용한 속도 측정 장치를 사용할 수도 있겠네요. 위키백과에 따르면

붉은 여우는 최대 50km/h까지 달릴 수 있다는군요.[*] 50km/h는 약 14m/s니까, 이 속력으로 뛰어오른다면

$$h = \frac{(14\text{m/s})^2}{2(9.8\text{m/s}^2)} = 10 \text{ m}$$

까지 높이 뛸 수 있는 거네요. 물론 여우가 이렇게 높이 뛰는 건 관측되지 않았습니다. 달리던 여우가 그 속력을 유지한 채 곧바로 연직 위로 뛰어오르는 것은 가능하지 않습니다. 방향을 바꾸는 데도 힘이 작용해야 합니다. 14m/s로 수평 방향으로 달리다가 연직 방향으로 14m/s로 뛰어오르게 하려면 아주 강한 힘이 여우에게 작용해야 합니다. 당연히 그만큼의 힘을 여우가 땅에 작용해야 하지요. 여우의 뼈나 근육이 이런 힘을 작용하도록 하지 못합니다. 방향을 바꿔 줄 디딤판이 있다면 어느 정도까지는 가능할지 모릅니다.[**] 물리적으로도 가능하지 않습니다. 공중으로 뛰어오를 때 아무래도 수평 방향으로의 움직임이 남을 것이기 때문입니다. 그래서 일반적으로 여우는 포물선 운동을 하게 됩니다. 그림 3-2 처럼 조용히 서 있다가 뛰어올라 쥐를 덮치는 마우싱에서도 마찬가지입니다. 먼저 포물선 운동에 대해 알아봅시다. 포물선 운동에 대해 잘 알고 있다면 264쪽으로 건너뛰세요. ☞ 264p

---

[*] https://en.wikipedia.org/wiki/Red_fox

[**] 벨기에 셰퍼드 말리누아(Belgian shepard malinois)는 높이 뛸 수 있는 개로 유명합니다. 2m 정도의 담장을 훌쩍 넘을 수 있으며 사람이 방향 바꾸는 것을 도와주면 4~5m 높이까지 뛰어오르는 동영상을 Youtube에서 볼 수 있습니다. Malinois High Jump로 검색해 보세요.

포물선 운동!

갈릴레오의 발견

공중에 던져진 물체가 포물선을 그린다는 것은 갈릴레오가 처음으로 알아냈습니다. 그림 2-3 의 말풍선 속에 나타낸 두 발견, 즉,

1. (공기저항을 무시하면) 물체가 연직 아래 방향으로 떨어진 거리는 시간의 제곱에 비례한다.
2. (공기저항과 면과의 마찰을 무시하면) 물체가 수평 방향으로는 하던 운동을 계속한다. 그러므로 물체가 수평 방향으로 움직인 거리는 시간에 비례한다.

을 종합하면 그렇다는 자연스럽게 그런 결론에 이르게 됩니다. 돌멩이를 수평 방향으로 v_0의 속력으로 던졌다고 합시다. 공기저항을 무시하면 손을 떠난 돌멩이에 작용하는 힘은 중력뿐입니다. 그러므로 돌멩이가 손을 떠난 지점을 기준으로 하여 수평 방향으로 이동한 거리를 x라 하고 연직 아래 방향으로 떨어진 거리를 y라 하면 x는 시간에 비례하여 증가하고 y는 시간의 제곱에 비례하여 증가합니다. 그러므로 y가 x^2에 비례하지요. 적절한 비례상수를 도입하여 식으로 나타내면

$$x = \alpha t,$$

식 3.11a

$$y = \beta t^2$$

식 3.11b

이니까

$$y = \frac{\beta}{\alpha^2} x^2$$

식 3.12

입니다. 여기에서 비례상수 α는 단위시간당 이동한 거리니까 현대의 물리학에서는 처음에 물체를 수평 방향으로 던진 속력 v_0에 해당합니다. 그리고 β는 중력가속도 g의 1/2과 값이 같겠네요. 하지만 갈릴레오 시대에는 이런 용어가 제대로 정립되지 않았습니다. **식(3.12)**와 같이 y가 x에 비례하는 관계식을 만족하는 점 (x, y)가 그리는 곡선을 **포물선(抛物線, parabola)**이라고 합니다.

그렇지만 너무도 타당하게 보이는 **식(3.12)**의 유도 과정에는 논리적 비약이 있습니다. **식(3.11a)**와 **식(3.11b)**에서 우리는 공기저항을 무시했을 때 수평 방향과 연직 방향의 운동이 서로 독립적이라고 가정했습니다. 그럴듯하지만 이것이 실험적으로 증명된 사실인가요?

수평 방향으로 어떻게 움직이거나 이것이 연직 방향의 운동에 전혀 영향을 미치지 않는다는 것을 어떻게 증명할 수 있을까요? 먼저 갈릴레오의 실험을 소개해야겠네요. 이것은 그가 얼마나 실험에 의한 증명을 강조한 과학자였는지를 보여 줍니다. 갈릴레오는 수평 방향의 운동과 연직 방향의 운동이 서로 독립적*이며 서로 어떤 영향도 주지 않는 다는 것을 어느 정도 짐작하고 있었을 겁니다. 지동설 반대자들이 내세운 '만일 지구가 움직이고 있다면 손에 들고 있다가 떨어뜨린 물체가 바로 발아래로 떨어지지 않을 것이다'라는 논리에 대해 '항구에 정박해 있는 배와 바다에서 매끄럽게 움직이는 배의 돛대에서 공을 떨어뜨리면 두 경우 모두 갑판의 똑같은 위치에 떨어질 것이다'라며 반박했거든요. 이 상황을 약간 다른 관점에서 보면 다음과 같이 됩니다. 움직이는 배에서 떨어뜨린 물체는 배에서 볼 때는 곧바로 아래로 떨어지는 것으로 보이고, 정지해 있는 항구에서 바라보면 수평 방향으로 던진 물체처럼 보일 것입니다. 그런데 갑판과 항구에서 물체가 떨어지는 데 걸린 시간을 재면 똑같지요. 그러니 수평 방향의 운동은 연직 방향의 운동에 영향을 미치지 않는다고 결론 내릴 수 있습니다. 그런데도 갈릴레오는 이것을 실험으로 확인하고자 했습니다.

그림 3-6 (가)는 갈릴레오의 실험 노트에 있는 실험 장치를 간단하게 나타낸 것입니다.** 이 실험 이전에 그는 이미 책상 윗부분에 놓인 것과 같은 경사면 장치로 구슬이 경사면에서 굴러 내려가는 거리가 시

---

* 지표면 근처이고 지구가 둥글다는 것을 무시할 수 있는 작은 규모의 공간에서 물체가 운동하고 중력만 고려했을 때 그렇다는 겁니다. 공기에 의한 저항력이 작용하더라도 그 크기가 속력에 비례한다면 두 방향의 운동은 여전히 서로 독립적이기는 합니다. 만일 저항력이 속력의 제곱에 비례한다면 수평 방향의 운동이 연직 방향의 운동에 영향을 미칠 수 있습니다.

** S. Drake and J. MacLachlan, Scientific American 232, 102 (1975)에 자세한 역사가 소개되어 있고 갈릴레오의 실험 노트와 그 실험을 똑같이 재확인한 결과도 보여 줍니다.

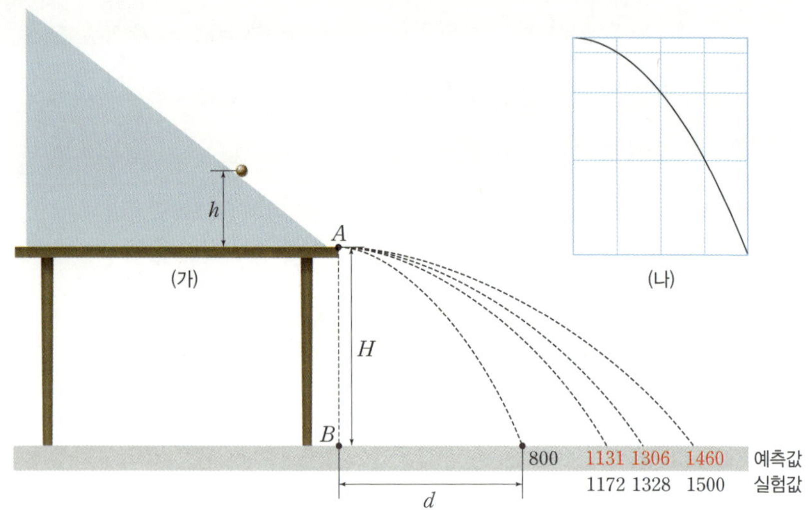

그림 3-6 (가) 갈릴레오의 실험 장치, (나) 갈릴레오가 노트에 그려 놓은 포물선 궤적

간의 제곱에 비례한다는 것을 증명하였습니다. 이번 실험에서는 h만큼의 거리를 굴러 내려온 공이 A지점에서 수평 방향으로 방향을 바꾼 후 H만큼 아래에 있는 바닥으로 떨어지게 하였습니다. 그러면 공은 테이블 끝의 바로 연직 아래인 B점으로부터 d만큼 떨어진 C점에 떨어질 겁니다. 그리고 수평 방향과 연직 방향에 대한 그의 두 규칙이 맞고, 두 방향의 운동이 서로 독립적이라면, d는 $\sqrt{h}$에 비례해야 한다는 가설을 세웠습니다. $h=300$ punti◆이고 $H=828$ punti◆◆일 때 $d=800$

◆　　갈릴레오가 실험에 사용한 길이의 단위인 punto의 복수형. 1punto는 ≈0.94mm

◆◆　S. Drake and J. MacLachlan, Scientific American 232, 102 (1975)에서는 이 높이가 경사면 장치를 올려놓은 실험 테이블의 높이일 것이라고 합니다.

224

punti라는 첫 번째 실험 결과로부터, $h=600, 800, 1000\ punti$로 바꾸면 각각 $d=1131, 1306, 1460\ punti$일 것이라고 결과를 예측하였습니다. 실제 실험 결과는 각각 1172, 1328, 1500 punti로 예측한 값과 약간의 차이만 보였습니다. 이로부터 갈릴레오는 그의 가설이 옳았다고 결론을 내렸습니다. 그리고 그림 3-6 (나)와 같이 실험 결과를 분석한 노트의 다음 쪽에 책상을 떠난 공의 궤적이 포물선이 된다는 것을 그려 놓기까지 했습니다.* 수평 방향으로 일정하게 한 칸씩 움직이는 동안 연직 아래로는 1:4:9:16으로 떨어진다는 것을 보여 주는 그림이지요.

요즘은 연직 방향의 낙하운동이 수평 방향으로 운동에 대해 독립적이라는 것을 보여 주는 재미있는 시범실험(demonstration) 장치가 많이 개발되어 판매되고 있습니다.** 작동 방식은 다르지만 장치가 보여 주고자 하는 내용은 같습니다. 두 공이 **동시에** 같은 높이에서 운동을 시작하는데 하나는 수평 방향의 속도를 가지게 하고 다른 하나는 가만히 아래로 떨어지게 합니다. 그리고 그 두 공이 동시에 바닥에 떨어진다는 걸

◆　이 실험은 갈릴레오가 1609년에 수행하였습니다. 그런데 신기하게도 갈릴레오는 이 실험을 발표하지 않았습니다. 그리고 포물선 운동에 대해서는 30년이 지난 1938년에야 '새로운 두 과학에 대한 논의와 수학적 논증(Discorsi e Dimostazioni Matematiche introno a Due Nuove Scienze)'에 소개하였습니다. 이보다 6년 앞선 1932년에 그의 제자 카스텔리의 제자인 카발리에리가 포물선 궤도에 대해 수학적으로 증명해서 발표했습니다. 갈릴레오는 이에 대해 매우 화를 냈고 카발리에리는 곧바로 사과하며 갈릴레오가 첫 번째 발견자임을 인정했다고 합니다.

◆◆　시범 장치의 예입니다.
　　https://www.arborsci.com/products/vertical-acceleration-demonstrator
　　https://educationallabequipment.com/product/projectile-apparatus/

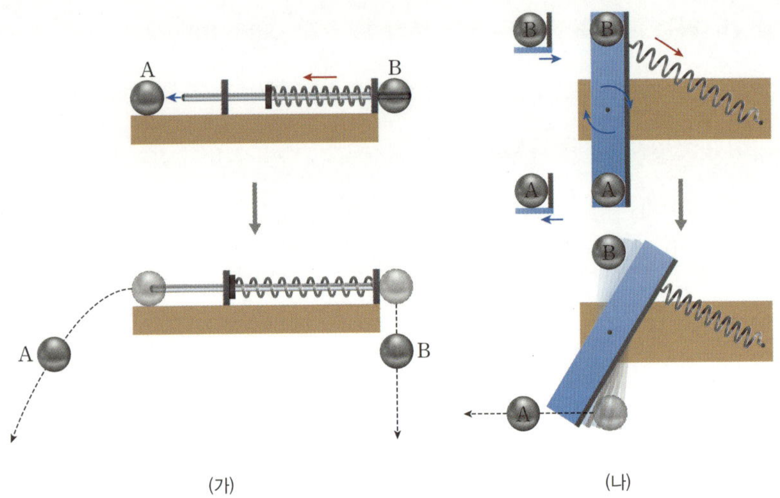

그림 3-7   같은 높이에서 동시에 수평 방향으로 발사되는 공 A와 가만히 아래로 떨어지는 공 B가 동시에 바닥에 도달한다는 것을 보여 주는 시범실험 장치의 예. (가)와 (나)는 서로 다른 장치이며 (가)는 장치를 옆에서 본 그림이고 (나)는 장치를 위에서 본 모양이다.

보여 줍니다. 그림 3-7 은 대표적인 두 장치를 소개하기 위한 것입니다. 그림 (가)에 보인 장치에서는 용수철에 의해 밀려난 막대가 공 A를 때려 수평 방향으로 움직이게 하는 순간 막대의 반대쪽에 끼워져 있던 공 B는 막대에서 빠져나와 그대로 아래에서 떨어지게 됩니다. 동시에 운동을 시작하는 것이지요. 그림 (나)에 보인 장치에서는 처음에 공 A와 B가 파란색으로 표시한 판 위에 올려놓아져 있습니다. 장치를 작동시키면 용수철이 판을 잡아당깁니다. 그러면 파란색 판에 수직으로 세워져 있던 (회색으로 표시한) 벽이 공 A를 밀어서 수평 방향으로 날아가게 하고, 공 B는 이것을 받치고 있던 판이 빠져나가니 그대로 아래로 떨어

226

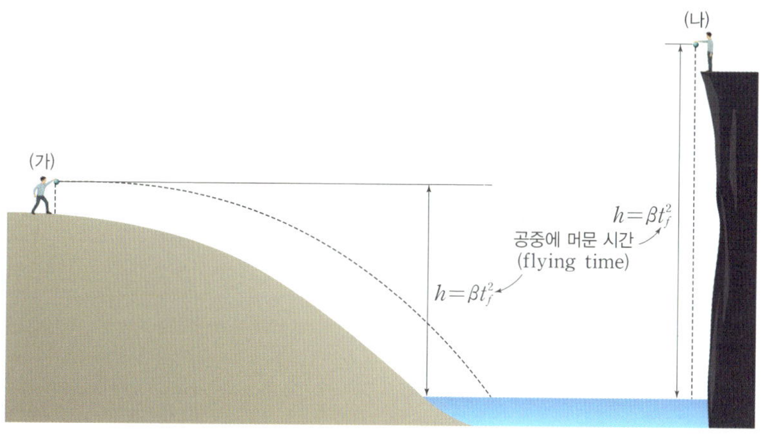

그림 3-8 (가) 모래 언덕의 해수면으로부터 높이를 알아내는 방법, (나) 절벽의 해수면으로부터의 높이를 알아내는 방법

지기 시작하지요.

같은 높이에서 동시에 수평 방향으로 던진 물체와 가만히 놓은 물체가 동시에 바닥에 도달한다는 사실을 이용하면 **그림 3-8** (가)처럼 바닷물로부터 약간 떨어진 모래 언덕의 해수면으로부터의 높이를 간단히 알아낼 수 있습니다. 만일 그림 (나)와 같은 절벽이었다면 해수면으로부터의 높이를 알아내는 것은 아주 쉽지요. 돌멩이를 가만히 떨어뜨린 후 바닷물에 빠지기 전까지 공중에 머문 시간 t_f를 재면 됩니다. 그리고 **식 (3.11b)**에 그 시간과 중력가속도 값을 대입하면 높이가 구해지지요. 그런데 (가)와 같은 모래 언덕에서는 돌멩이를 떨어뜨리면 모래 위에 떨어지고 말 테니 앞에서와 같이 가만히 놓는 방법은 사용할 수 없습니다. 이때는 돌멩이를 수평 방향으로 힘껏 바닷물 쪽으로 던지면 됩니다.

그리고 돌멩이가 바닷물에 빠지는 데 걸린 시간을 재는 거지요. 수평 방향의 운동이 있거나 없거나 연직 방향의 운동은 똑같으니까 돌멩이가 던져진 곳의 해수면으로부터의 높이는 (나)의 경우와 똑같이 **식 (3.11b)** 에 의해 구해집니다. 멋지지요?

영화 '매트릭스'의 한 장면

영화 매트릭스(Matrix, 1999)에 높은 빌딩에서 떨어지는 모피어스(Morpheus, 로런스 피시번)를 네오(Neo, 키아누 리브스)가 헬리콥터에서 뛰어내려 구출하는 극적인 장면이 나옵니다. 영화에서는 두 사람이 헬리콥터와 빌딩에서 서로를 향해 뛰는 장면을 **그림 3-9** 의 (가)처럼 아래에서 찍어 높은 곳이라는 것을 강조합니다. 그리고 곧이어 네오가 모피어스를 붙잡는 장면이 나오지요. 그래서 관객들은 그 과정에서 두 사람이 연직 아래로도 떨어졌다는 사실을 느끼지 못했을 수도 있습니다. 서로 붙잡는 것이 신기하기만 하겠지요. 날아오는 총알을 피하기도 하는 가상공간이니까 별로 어렵지 않은 일이라고 생각했을 수도 있겠네요. 그림 (나)는 두 사람이 붙잡기까지의 과정을 수평 방향으로 바라보면 어떻게 되는지를 보여 줍니다. 두 사람이 각각 수평 방향으로 뛰었다고 가정했습니다. 그러면 두 사람 모두 수평 방향으로는 등속운동을 연직 아래로는 낙하운동을 합니다. 같은 높이에서 동시에 뛰었다면 네오와 모피어스의 수평 방향으로의 속력이 다르더라도 매 순간 지면으로부터

228

(가)

(나)

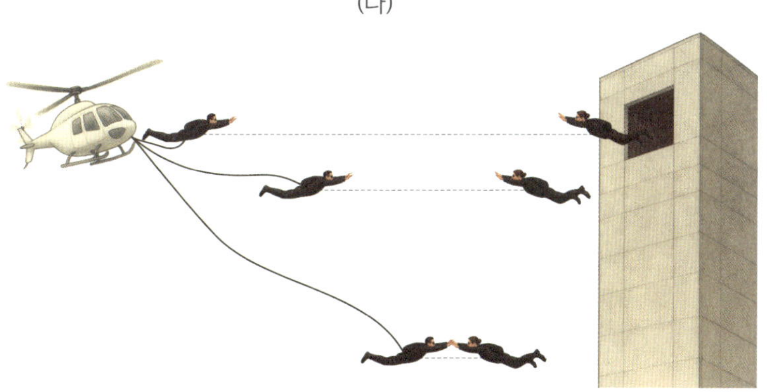

그림 3-9 (가) 영화 매트릭스에서 빌딩에서 떨어지는 모피어스를 구하기 위해 헬리콥터에서 뛰어내리는 장면, (나) 네오가 모피어스를 붙잡을 때까지를 수평 방향으로 바라본 것

같은 높이에 있게 됩니다.♦ 수평 방향과 연직 방향의 운동이 서로 독립적이니까요. 그래서 어떤 속력으로 뛰어내렸건 네오가 모피어스를 붙

♦ 그림의 점선은 이 사실을 강조하기 위한 것입니다. 영화에서는 모피어스가 떨어지는 것을 보고 나서 네오가 뛰어내리니까 약간의 높이 차이가 있을 겁니다. 떨어지기 전에 모피어스가 다리에 총상을 입었으니까 뛰어내린 속력이 네오의 속력보다 작았겠지요.

잡을 수 있는 겁니다. 바닥에 떨어지는 동안 두 사람이 수평 방향으로 움직인 거리의 합이 처음에 떨어져 있던 거리보다 길기만 하면요.

데카르트식 좌표계 : x와 y

지금은 중학교 수학 시간에 그래프를 그리고 해석하는 방법을 배우니 공간을 수(數, number)로 나타낼 수 있다는 걸 너무도 당연하게 받아들일 겁니다. 2차원 공간인 종이 위에 그래프를 그릴 때 가로축의 값 x와 세로축의 값 y로 이루어진 두 수의 순서쌍 (x, y)에 해당하는 점을 몇 개 찍고 그것을 연결해서 선을 그리니까요. 그러니 **식(3.12)**를 만족하는 점 (x, y)가 어떤 모양의 곡선을 그릴 것이고 그 곡선이 우리가 살고 있는 공간에서 물체가 움직이는 궤적이라는 걸 어렵지 않게 이해할 수 있지요.

하지만 이것 역시 우리 인류가 처음부터 알고 있었던 건 아닙니다. 더구나 이걸 안 지 얼마 되지도 않았어요. 공간을 이렇게 수로 나타낼 수 있는 멋진 방법을 프랑스의 수–과학자인 **데카르트**(René Descartes, 1596-1650)가 찾아낸 것이 기껏 400여 년 전이거든요. 데카르트는 그 유명한 'Cogito, ergo sum.(나는 생각한다. 고로 존재한다.)'이라는 말을 남긴 철학자기도 하지요. 침대에 누워 있던 데카르트가 격자무늬가 있는 천정에서 기어다니는 파리의 위치를 어떻게 하면 나타낼 수 있을까를 고

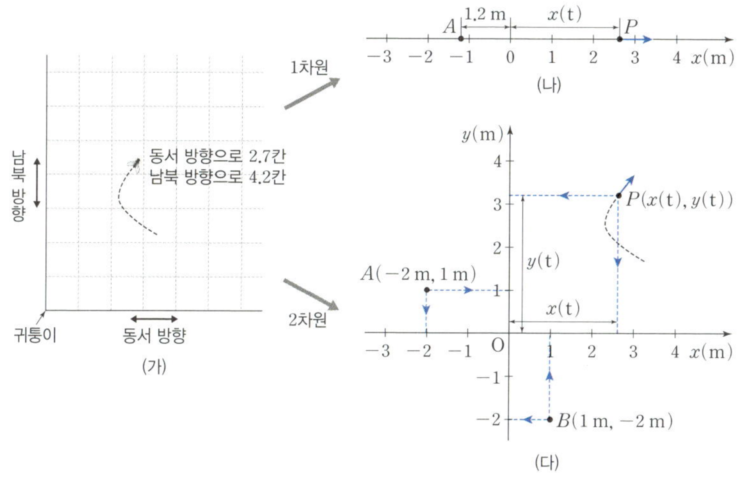

 (가) 천장에서 움직이는 파리의 위치를 수로 나타내는 방법, (나) 일직선 위 한 점의 위치를 수(와 단위)로 나타낼 수 있게 해 주는 수 직선(數直線, number line), (다) 평면 위 한 점의 위치를 수(와 단위)로 나타낼 수 있게 해 주는 데카르트식 좌표계. 점에서 x축과 y축에 수선을 그어 x좌표와 y좌표를 구한 뒤 점의 위치를 (x, y)와 같이 나타낸다.

민하다가 좌표계를 발견했다는 일화가 있습니다. 벽과 천장이 만나는 모서리가, 예를 들어, 의 (가)처럼 하나는 동서 방향이고 또 다른 하나는 남북 방향이라고 합시다. 그러면 두 모서리가 만나는 귀퉁이로부터 파리기 있는 곳의 동서 방향으로 격자 칸의 수와 남북 빙향으로 격자 칸의 수를 말해 주면 듣는 사람 누구나 파리가 어디에 있는지 알 수 있습니다. 더 나아가 숫자가 칸의 수이고 동서 방향 칸 수를 먼저 말하기로 서로 약속해 두었다면 2.7, 4.2와 같이 숫자만 불러 줘도 됩니다. 데카르트는 이 생각을 일반화하고 다듬어서 데카르트식 좌표계(直交座標

系, Cartesian coordinate system)[*]를 만들어 냈다고 합니다.[**]

일직선 위에서 어떤 점의 위치를 변수 $x(t)$로 나타내는 방법은 이미 '해님과 달님' 이야기에서 사용하였습니다. 이것이 데카르트의 아이디어라는 것을 구체적으로 언급하지 않았지만요. 그림 3-10 (나)에 보인 것처럼 일직선 위에 일정한 간격으로 눈금을 매기고 수를 적어 놓은 것을 **수직선(數直線, number line)**이라고 합니다. 서로 지각으로 만난다는 뜻인 **수직(垂直, perpendicular)**이 아니라 '**수(數)**가 표시된 직**선**'이라는 뜻입니다. 수직선 위에 있는 각각의 점에는 기준점으로부터의 거리에 해당하는 단 하나의 숫자가 대응할 것입니다. 기준점으로부터 양의 방향, 즉, 수가 증가하는 방향에 있는 점은 양수이고 그 반대면 음수가 되지요. 그 수가 그 점의 위치이고[***] 이것이 바로 1차원 데카르트식 좌표계입니다. 이때 점의 위치를 알려 주는 수를 **좌표(座標, coordinate)**라고 합니다. 그림 3-10의 (나)에서 점 A의 좌표는 -1.2m이고, 점 P가 움

---

[*] 축이 서로 수직으로 만난다는 뜻에서 우리나라에서는 직교좌표계라고 부르지만 이를 최초로 생각해 낸 데카르트를 기리는 뜻에서 이 책에서는 영어에서처럼 '데카르트식 좌표계'라고 부르겠습니다. 영어 용어에서도 rectangular coordinate system 또는 orthogonal coordinate system이라고 합니다만, 데카르트식 좌표계가 아니더라도 축들이 서로 직교하는 좌표계가 있어서 직교좌표계라고 부르면 엄밀하게는 옳은 표현이 아닙니다.

[**] 페르마(Pierre de Fermat, 1601-1665)도 같은 발견을 했으나 이것을 발표하지 않았습니다. 체스 경기의 기보에서는 체스판의 열을 왼쪽에서 오른쪽으로 a, b, c, …, h로 행을 아래에서 위로 1, 2, 3, …, 8로 이름을 매기고 칸을 e3, b8 등으로 나타냅니다. 아마 체스 기보를 이렇게 나타내는 것은 데카르트 이후의 일이겠지요? 그렇지 않다면 이것이 좌표계의 시초라고 했을 테니까요.

[***] 수학에서는 단순히 수만으로 나타내지만, 물리학에서는 반드시 수와 함께 단위도 명시해야 합니다. 그림 3-7 (가)의 수직선에 x(m)라고 써 놓은 것을 눈여겨보세요. 이것은 수직선에 표시한 숫자가 m 단위를 가진다는 것을 나타냅니다.

직인다면 시간 t에 따라 바뀌는 변수 $x(t)$로 나타낼 수 있습니다. 이러한 수직선의 도입은 수학에서 음수의 개념을 정립하는 데 큰 도움을 주었습니다. 물리학에서도 유용한 도구입니다. 수직선을 이용하여 물체의 위치를 정의하면 움직이는 속력뿐 아니라 방향까지도 명확하게 알려 줍니다. 예를 들어, 속도가 -3m/s라는 것은 수가 감소하는 방향, 즉, 음의 방향으로 움직인다는 거라고 했지요?

수직선을 이용하여 2차원 평면 위에 있는 한 점의 위치도 두 수의 조합으로 나타낼 수 있습니다. 그림 3-10의 (다)처럼 두 수직선이 각각의 기준점에서 서로 직각으로 만나도록 겹칩니다. 그리고 어떤 점, 예를 들어, A에서 각각의 축에 수직으로 선을 그어 만나는 점에 해당하는 수(와 단위) -2m와 1m를 알아냅니다. 이 값을 각각 x좌표, y좌표라고 합니다. 그리고 그 수(와 단위)를 약속한 순서대로[*] $(-2\text{m}, 1\text{m})$처럼 나타내면 이것이 점 A의 좌표가 됩니다. 이때 첫 번째 좌표와 두 번째 좌표의 순서를 제대로 지켜야 합니다. $(-2\text{m}, 1\text{m})$과 $(1\text{m}, -2\text{m})$는 그림 (다)에서 볼 수 있듯이 전혀 다른 점인 A와 B을 나타내니까요. 움직이는 점 P의 위치는 $(x(t), y(t))$와 같이 변수 $x(t)$와 $y(t)$로 이루어진 좌표로 나타낼 수 있습니다.[**]

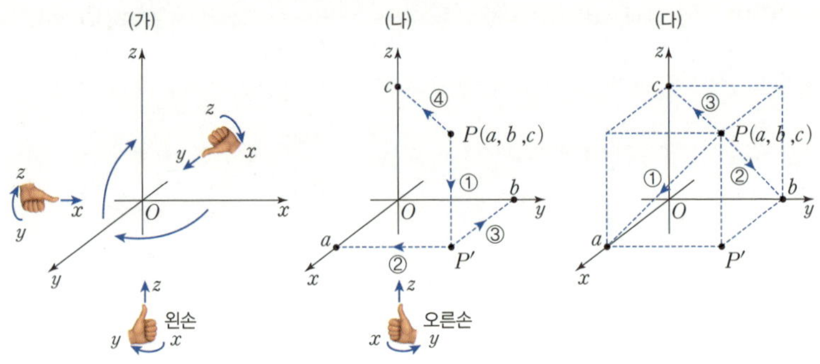

이 생각을 그대로 3차원으로 확장하면 공간에서 한 점의 위치도 좌표로 나타낼 수 있습니다. 이제 세 개의 수직선이 기준점에서 서로 직각을 이루며 만나게 해야겠네요. 관례에 따라, 세 축을 각각 x축, y축, z축이라 부르고 (x좌표, y좌표, z좌표)와 같이 알파벳순으로 점의 좌표를 나타내기로 합시다. 좌표를 늘어놓는 순서가 중요하다고 했지요? 그런데 3차원 좌표계를 정할 때는 축을 정한 방식도 서로 약속해야 합니다. x축과 y축을 정하고 나서 z축을 정한다고 합시다. z축을 정할 때 그림 3-11의 (가)와 (나)에 보인 것과 같이 두 가지 방법이 있기 때문입니다. 둘의 차이를 찾았나요? 그림 (가)에는 엄지를 곧게 펴고 나머지 네 손가락을 구부린 왼손의 그림이 있습니다. 마치 '엄지척' 하는 것처럼 말이지요. 동그랗게 구부린 손가락 모양이 손톱이 있는 쪽으로의 회전을 나타낸다고 합시다. 양(陽, positive)의 x축을 이 방향으로 $90°$만큼 회전시켰을 때 양의 y축과 겹치도록 왼손을 이리저리 방향을 잡아 봅니다. 그림 (가)는 이때 엄지손가락이 가리키는 방향이 z축의 양의 방향이 되도록 좌표계를 잡은 것입니다. 이렇게 축을 정한 좌표계를 **왼손 좌표계**(left-handed coordinates system)이라고 합니다. 이렇게 축을 정한 왼손 좌표계에서는 그림 (가)에 보인 것처럼 양의 y축에서 양의 z축으로 회전이 되도록 하면 엄지손가락이 가리키는 방향이 x축의 양의 방향이 됩니다. 양의 z축에서 양의 x축으로의 회전이면 엄지손가락은 y축의 양의 방향을 가리키고요. x, y, z가 서로 맞물려 $z \to y \to x$로 순환합니다.

그림 (나)는 **오른손 좌표계**(right-handed coordinate system)입니다. 여기서는 그림에 보인 것처럼 오른손의 엄지손가락과 구부린 네 손가락을 사용하여 x축, y축, z축을 정합니다. 물리학에서는 오른손 좌표계를 사용합니다.

대부분 교과서에서는 3차원 데카르트식 좌표계에서 점 P의 좌표 (a, b, c)를 구하는 방법을 그림 (나)와 같이 설명합니다.

① 점 P에서 xy평면에 수직으로 선을 그어 만나는 점을 P'라 한다.
② 점 P'에서 x축에 수직으로 선을 그어 만나는 점의 좌표 a를 구한다.
③ 점 P'에서 y축에 수직으로 선을 그어 만나는 점의 좌표 b를 구한다.
④ 점 P에서 z축에 수직으로 선을 그어 만나는 점의 좌표 c를 구한다.

이렇게 하는 이유는 아마도 2차원 데카르트 좌표계를 설명하였으니 xy 평면 위의 점 P'을 찾아 x좌표와 y좌표를 구하고, 새롭게 추가된 z축에 대한 z좌표를 구하는 것을 3차원으로의 확장이라 여기기 때문일 겁니다. 하지만 이 방식은 z좌표를 구하는 방법이 x좌표와 y좌표를 구하는 방법과 다르다는 느낌을 줍니다.

2차원에서 설명한 방식을 그대로 3차원에 적용해야 진정한 의미의 확장 아닐까요? 즉, 그림 (다)에 설명한 것처럼 어느 축에 대해서도 특별한 지위를 부여하지 않는 것이지요,

① 점 P에서 x축에 수직으로 선을 그어 만나는 점의 좌표 a를 구한다.
② 점 P에서 y축에 수직으로 선을 그어 만나는 점의 좌표 b를 구한다.
③ 점 P에서 z축에 수직으로 선을 그어 만나는 점의 좌표 c를 구한다.

x좌표와 y좌표를 구하기 위해 구태여 P'을 찾을 필요가 없었던 겁니다. 그림 (다)에 보인 것처럼 P점은 원점에서 만나는 세 변의 길이가 각각 a, b, c인 직육면체의 원점과 대각선 방향에 있는 꼭짓점입니다.

2차원 좌표계의 수직선을 일반적으로 x축이 가로 방향이 되게 y축이 세로 방향이 되게 그립니다. 이것은 x축은 수평 방향이고 y축은 연직 방향이라는 고정관념을 가지게 할 수도 있습니다. 하지만 이렇게 하는 것은 단지 칠판이나 종이 모양에 맞춘 것일 뿐 특별한 의미는 없습니다. 축의 방향은 서로 수직으로 만나기만 하면 아무렇게나 잡아도 됩

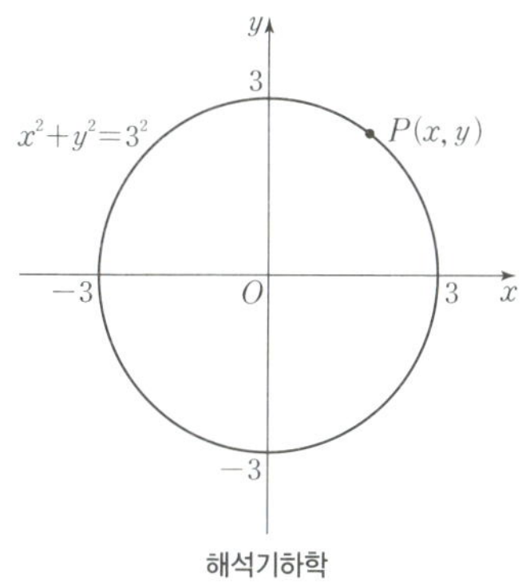

 좌표계는 기하학에서 추상적으로 정의되는 원을 수식으로 나타낼 수 있게 해주었다.

니다. 3차원 좌표계도 마찬가지입니다. 앞에서 논의한 공기저항을 무시했을 때 수평 방향과 연직 방향의 운동이 독립적이라는 갈릴레오의 명제는 공간의 **등방성**(等方性, isotropy)♦에 따라 다음과 같이 일반화할 수 있습니다.

데카르트식 좌표계에서 각 축 방향으로의 운동은 서로 독립적이다.

좌표계의 도입은 수학과 물리학의 발전에 어마어마한 영향을 미친 역사적인 사건이었습니다. 수학에서는 해석기하학이라는 새로운 학문이 시작되었습니다. 원을 예로 든 처럼 공간에 있는 점, 선, 면, 부피, 도형과 입체와 같은 추상적인 개념을 수와 수식으로 구체적으로

♦ 어떤 것의 성질이 방향에 따라 달라지지 않는다는 뜻입니다.

나타낼 수 있게 되었고 이들의 성질에 관한 기하학 문제를 대수학으로 해결할 수 있게 된 것입니다. 좌표계는 미적분학의 탄생에도 중요한 역할을 하였습니다. 물체가 공간에서 움직이는 것을 수와 수식을 통해 분석할 수 있다는 것이 물리학에서 어떤 의미를 가지는지는 구태여 강조할 필요가 없겠지요? 뉴턴이 운동법칙을 완성할 수 있었던 것도 이 덕분이라고 할 수 있습니다. 데카르트의 방 천장에 붙어서 기어다니던 파리가 수학과 과학의 역사를 바꾸었다고도 할 수 있겠네요.

궤적(軌跡, trajectory)은 운동하는 물체의 위치를 연결해 놓은 선을 가리키는 물리 용어입니다. 비가 와서 젖은 길에 난 바퀴 자국은 마차가 어느 길로 지나갔는지를 알려 줍니다. 이것에 빗대서 바퀴(궤, 軌)가 지나간 자국(적, 跡)이라는 뜻으로 붙여진 이름입니다. 궤적은 물체의 운동에 관해 많은 것을 알려 줍니다. 하지만 허공에서 물체가 움직인 궤적은 실제로는 남아 있지 않습니다. 매우 추상적인 개념이지요. 어느 순간에 물체는 어느 한 위치만 있을 수 있으니, 물체의 운동을 눈으로 관찰해서 궤적을 알아내기는 어렵습니다.◆ 하지만 물리 규칙을 적용해서 찾아낸 **식(3.12)**와 좌표계와 도움으로 우리는 허공에 수평 방향으로 던져진 물

◆ 물론 요즘은 동영상을 찍어 각 순간의 프레임을 분석하면 궤적을 그릴 수 있습니다. 디지털 카메라나 스마트 폰은 아예 여러 순간의 사진을 한꺼번에 보이도록 하는 기능도 가지고 있습니다. 밤에 노출 시간을 길게 해서 자동차의 헤드라이트가 그리는 곡선을 찍기도 합니다. 이것이 자동차의 궤적이겠네요. 비행기 뒤에 생기는 비행운은 비행기의 궤적을 보여 줍니다. 바람에 흩어지기는 하지만요. 핵물리나 입자물리 실험에서는 안개상자(cloud chamber)나 거품 상자(bubble chamber)로 전기를 띤 입자의 궤적을 볼 수 있습니다.

체의 궤적을 2차원 평면에 그릴 수 있습니다. 그것은 그림 3-6 의 (나)와 같은 곡선입니다.[*] 이 곡선을 우리는 **포물선**(抛物線, parabola)이라고 부릅니다. 던져진 물체(포물, 抛物, projectile)가 그리는 선이라는 뜻으로 붙여진 이름입니다. 영어의 parabola를 번역한 것인데 사실 parabola는 원래 그런 뜻으로 붙여진 이름이 아닙니다.

포물선이라는 이름에 대한 유감

서구의 과학 문명이 전해졌을 때 동양에는 parabola에 해당하는 단어가 없었습니다. 그러자 이것을 의역해서 새로 만든 단어가 포물선입니다. 그때는 이미 갈릴레오가 물체를 던지면 궤적이 그 모양의 곡선이 된다는 것을 발견했으니까요. 그런 이유로 만들어진 이 '포물선'이라는 단어는 물리학을 참으로 김빠지게 합니다. 왜냐고요? 갈릴레오가 발견한 것은

던져진 물체의 궤적은 parabola다.

입니다. 이 문장에 parabola 대신 포물선을 대입해 보세요. 포물선을 우리말로 풀어서요. 그러면

[*] 좌표계를 소개한 방법서설(Discours de la méthode)을 데카르트가 발간한 것은 1637년인데 갈릴레오가 이 그림을 노트에 그려 놓은 실험은 1608년입니다. 그렇다면 갈릴레오는 데카르트보다 먼저 평면에 위치를 나타내는 방법을 알고 있었던 걸까요?

던져진 물체의 궤적은 던져진 물체가 그리는 선이다.

가 됩니다. 세상에, 갈릴레오가 도대체 무엇을 발견했다는 건가요? 그 발견이 얼마나 어렵게 찾아낸 것이고, 과학사에 얼마나 큰 영향을 끼쳤는데 이런 취급을 당해야 하나요?

Parabola는 지금으로부터 2,500여 년 전 고대 그리스의 아폴로니우스가 명명한 **원뿔곡선**(圓錐曲線, conic section) 중 하나의 이름입니다. 원뿔을 자른 면이 평면이 되도록 자르면 단면의 경계는 어떤 모양의 곡선이 됩니다. 그림 3-13 에 보인 것처럼 직각 원뿔을 밑면과 나란하게 자르면 단면의 경계는 **원**(圓, circle)이 됩니다. 약간 비스듬하게 자르면 **타원**(橢圓, ellipse)이고요. **Parabola**는 원뿔을 **모선**(母線, generatrix)◆과 나란하게 잘랐을 때 단면의 모양에 붙여진 이름이고, 모선보다 더 기울어지도록 자른 단면의 모양은 **hyperbola**라고 이름을 붙였습니다. Hyperbola에 해당하는 단어도 동양에는 없었으므로 이에 대응해서는 **쌍곡선**(雙曲線)이라는 단어가 새로 만들어졌습니다. 그림 3-13 에서 볼 수 있듯이 모선보다 더 기울어지게 아래에 있는 원뿔을 자르면 그 위에 대칭이 되게 거꾸로 붙여 놓은 원뿔도 자르게 됩니다. 그 결과 곡선이 두 개 쌍으로 나오지요. 그래서 쌍곡선이라는 이름이 붙여진 겁니다. 아폴로니우스의 의도와는

◆ 원뿔의 모선은 꼭짓점에서 밑면의 경계인 원 위의 한점에 그은 선입니다. 이 선을 모두 모으면 원뿔의 옆면이 되기 때문에 원뿔을 만드는 선이라는 의미에서 '어머니 선'이라고 이름을 붙인 것입니다. 영어 용어인 generatrix도 원뿔을 만드는 선이라는 뜻입니다.

전혀 다르게 번역된 참으로 멋없는 단어이지만 이런 의역으로 포물선 용어처럼 역사적 의의가 훼손되는 일은 없었으니 이에 대해서는 비판하지 않겠습니다. 어찌 되었든 타원, 포물선, 쌍곡선이 상상력을 자극하지 못하는 용어인 것은 확실합니다. 세 곡선이 모두 원뿔곡선이니까 어떤 기준을 정해 나누었으면 좋았을 텐데 그런 것이 없어요. 뭔가를 나눌 때는 기준을 정하는 것이 과학적 분류의 기본인데 말입니다. 찌그러진 원, 던져진 물체가 움직이며 그리는 선, 쌍으로 나오는 곡선이라는 이름에서 어떤 공통의 기준이 보이나요?

자 이제 parabola의 진짜 의미를 알았습니다. 그러니까 갈릴레오가 발견한 것은

던져진 물체가 운동하는 궤적은 원뿔을 모선과 나란한 평면으로 잘랐을 때 나타나는 곡선과 같다.

입니다. 이제야 그 발견이 얼마나 대단한 것인지 알 수 있지요? 던져진 물체의 궤적을 실제 관측으로는 알아낼 수 없던 시대에 그것이 원뿔을 자를 때 나오는 곡선이라는 것을 밝힌 것이니까요. 서로 전혀 연관성이 없는 두 가지를 연결한 것이기에 의의가 더 큽니다. 그런데 포물선이라는 단어 탓에 우리나라 과학 교육에서는 '던진 물체는 던져진 물체가 그리는 선을 그리며 움직인다'가 되어 버린 것입니다. 이 말을 들은 학생

원, 타원, 포물선, 쌍곡선

- 아폴로니우스(Apollonius)의 원뿔곡선 : 원뿔을 평면으로 잘랐을 때 만들어지는 단면의 경계선 (원은 $\beta = 90°$인 특별한 경우)

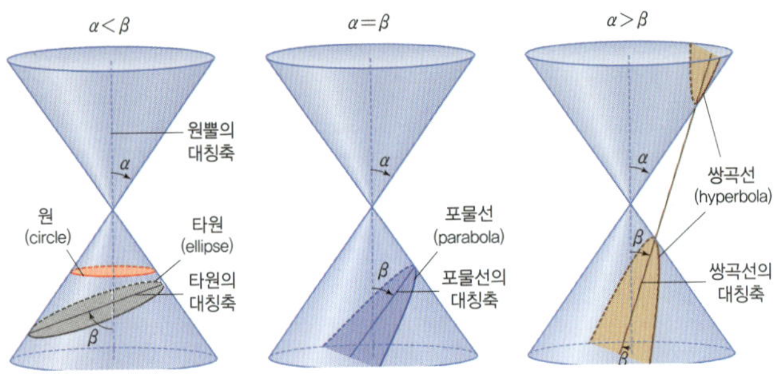

그림 3-13 아폴로니우스의 원뿔곡선 (α: 원뿔의 꼭지각, β: 곡선의 대칭축이 원뿔의 중심축과 이루는 각)

- 파푸스(Pappus)의 원뿔곡선 : 초점(焦點, focus)까지의 거리 $|\overline{FP}|$와 준선(準線, directrix)까지의 거리 $|\overline{PP'}|$의 비가 일정한 점 P의 집합. 그 비 e를 이심율(離心律, eccentricity)이라 한다. $0<e<1$이면 타원, $e=1$이면 포물선, $e>1$이면 쌍곡선이다. **그림 3-13**에서 $e=\sin\alpha/\sin\beta$이다.

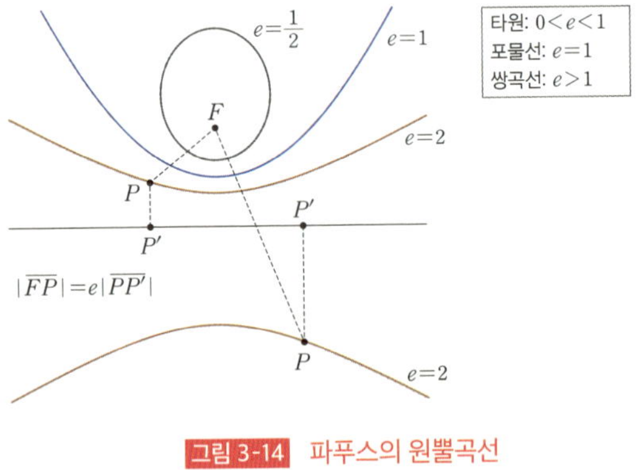

그림 3-14 파푸스의 원뿔곡선

• 두 초점으로부터 거리

 - 타원 : 두 초점까지 거리의 합이 일정한 점 P의 집합

 - 쌍곡선 : 두 초점까지 거리의 차가 일정한 점 P의 집합

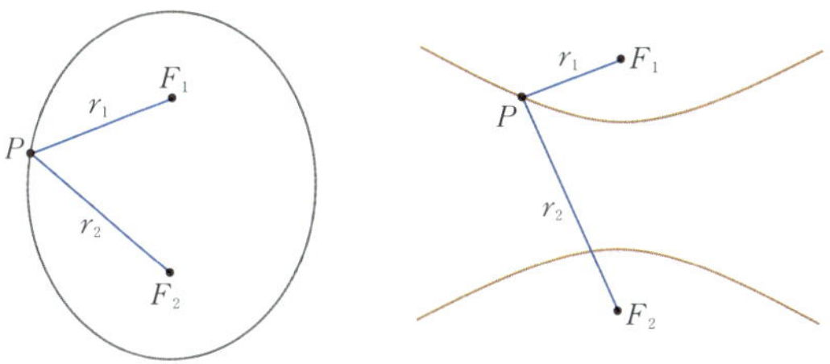

그림 3-15 두 초점으로부터의 거리의 합 또는 차

• 2차 곡선 : 데카르트식 좌표

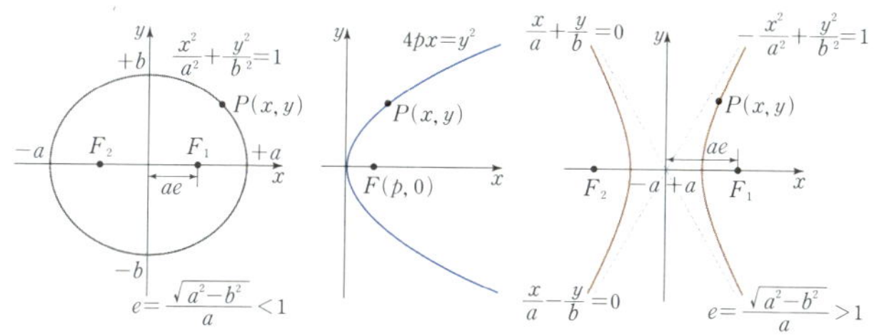

그림 3-16 2차 곡선 : 기본형

• 평면 극좌표 $r = \dfrac{l}{1 - e\cos\theta}$

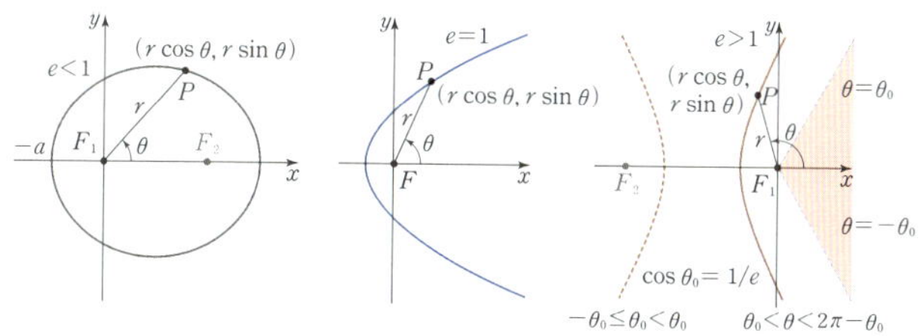

그림 3-17 쌍곡선의 경우 $-\theta_0 < \theta < \theta_0$인 영역(색칠한 영역)에서 $\gamma < 0$이므로 곡선이 다른 영역($\theta_0 < \theta < 2\pi - \theta_0$)에 나타난다.

들이 어떤 경이로움을 느낄까요?[*] 이것이 '포물선'이라는 이름에 대해
물리학의 입장에서 김이 샌다고 불평하는 첫 번째 이유입니다. 그렇게
가르친 다음 시험에서 '다음 중 던져진 물체의 궤적은 어떤 곡선일까?'
라고 묻고 보기로 주어진 '① 원, ② 타원, ③ 포물선, ④ 쌍곡선' 중에서
하나를 고르게 한다면 이건 최악이지요. 일단 이건 포물선이라는 용어
의 뜻을 아는지 묻는 국어 시험문제지 과학 시험문제가 아니니까요.[**]
그나마 그림 3-13 부터 그림 3-17 에 나오는 곡선 중의 하나를 고르게 한
다면 조금 낫겠습니다. 요즘 대학교 1학년 학생들에게 포물선을 그리라
고 하면 반원에 가까운 모양을 그리거든요. 그림 3-6 의 (나)에 강조한
포물선의 중요한 특징을 전혀 고려하지 않고 말이지요.

　　그런데 포물선이라는 용어에는 더 심각한 문제가 있습니다. 지구가
둥근 모양이고, 연직 방향이라는 것이 지구 중심을 향하는 방향이라는
사실을 고려하면 아주 빠르게 던져진 물체는 지구 주위를 도는 원운동
도 할 수 있습니다. 이 생각이 뉴턴이 중력 법칙을 발견하는 데 핵심적
인 역할을 했지요. 누가 던진 것은 아니지만 달도 지구 주위를 거의 원
에 가까운 궤도에서 돌고 있고, 행성들은 태양을 초점으로 하는 타원 궤
도를 돌고 있습니다. 하기야 현대의 과학기술은 인공위성을 쏘아 올려[*]
[**] 지구 주위를 돌게 만들 수 있지요. 아주 빠른 속력으로 쏘아서 지구

[*] 수학 수업에서는 조금 도움이 되려나요? 원뿔을 자를 때 나오는 곡선이 던진 물체가 움직이는 궤적에 해당한다고 하면 학생들이 최소한 관심을 보일 테니까요.
[**] 마치 '다음 중 무거운 비행기가 공중에 떠서 날 수 있게 하는 힘은?'이라고 묻고는 보기에서 양력을 고르게 하는 것처럼 말이지요.
[***] 이것도 기계의 도움을 받아 '던진 것'으로 볼 수 있지요.

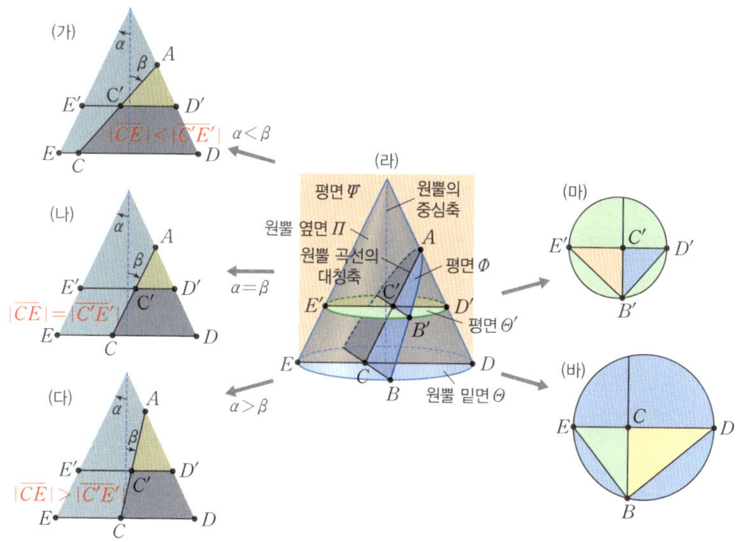

를 벗어나게 하면 포물선이나 쌍곡선 모양의 궤도를 움직일 수도 있습니다. 그러니 던져진 물체가 모든 원뿔곡선의 궤도를 움직일 수 있지요. 그러니 앞의 시험문제가 옳지 않을 뿐 아니라, 포물선이라는 단어가 아예 잘못 만들어진 것이라고도 할 수 있겠습니다. 모든 원뿔곡선이 던져진 물체가 그리는 선, 즉, '포물선'이니까요. 이 단어를 만든 사람들이 갈릴레오의 발견까지만 알고 그 이후의 과학은 알지 못했나 봅니다.

하기야 ellipse, parabola, hyperbola라는 이름에 담겨 있는 뜻을 그대로 번역해도 문제였을 겁니다. 그 용어에 그다지 큰 의미는 없으니까요. 아폴로니우스는 그림 3-13에 보인 α＝β일 때의 원뿔곡선이 특별한 성질을 가진다는 것을 발견하고 parabola라는 이름을 붙였습니다. 모든 것을 '제대로' 그리고 '끝까지' 파헤쳐 보자는 것이 이 책에서 추구하는 가치이니 그 특별한 성질이 무엇인지 알아봅시다. 기하학을 공부하게 될 테니 이제부터는 한 문장마다 그림 3-18 에서 그 뜻을 이해할 때까지 따져 보아야 합니다.

원뿔곡선을 일상에서 사용하는 말로 설명하려면 제법 복잡합니다. 원뿔을 잘랐을 때 나오는 곡선이라고 대충 설명하는 게 아니라 제대로 하려면 그렇다는 겁니다. 원뿔을 자른 단면이 반드시 평면이어야 한다는 말도 빠지면 안 되고, 곡선이 어디에서 나타나는가도 설명해야 하니까요. 다음과 같은 기하학 용어로 표현된 원뿔곡선의 정의는 어떤가요?

원뿔곡선은 원뿔의 옆면과 어떤 평면이 만나는 선이다.

깔끔하지요? 그림 3-18 (라)에서 이 문장의 뜻을 확인해 보세요. 이 그림에는 직각 원뿔을 이루거나 이것과 만나는 다섯 개의 면이 있습니다. 원뿔의 옆면을 Π, 밑면을 Θ, 원뿔을 지나는 평면을 Φ, 원뿔의 중심축을 지나고 Φ 와 수직인 평면을 Ψ, 원뿔의 밑면과 평행이고 그보다 꼭짓점에 가까운 임의의 평면을 Θ' 라고 합시다. 그리고 Π와 Φ 가 만나는 원뿔곡선을 $X^{\blacklozenge}$ 라고 합시다. α는 원뿔의 꼭지각이고, β는 평면 Φ 와 평면 Ψ 가 만나는 선이 원뿔의 중심축과 이루는 각입니다. 평면 Φ 와 평면

Ψ가 만나는 선은 곡선 X의 대칭축이기도 합니다. 곡선 X와 그 대칭축이 만나는 점을 A라고 합시다. 이 점은 그림 (라)에 보인 것처럼 곡선 X를 이루는 점 중에서 원뿔의 가장 높은 곳에 있는 점이지요.[*] 곡선 X와 그 대칭축이 직각 원뿔의 밑면 Θ와 만나는 점을 각각 B와 C라고 합시다. 평면 Ψ는 원뿔을 정확하게 반으로 나눌 것입니다. 이 평면 Ψ가 원뿔 밑면의 경계인 원과 만나는 두 점을 각각 D와 E라고 하면, 그림 (바)에 보인 것처럼 선분 $\overline{DE}$는 그 원의 지름이 됩니다. 지름을 빗변으로 하는 삼각형 $\triangle DBE$는 꼭짓점 B를 낀 각이 직각인 직각삼각형입니다. 그런데 선분 $\overline{BC}$와 $\overline{DE}$는 서로 수직입니다. 평면 Φ와 평면 Ψ가 서로 수직이니까요. 따라서 삼각형 $\triangle BCE$와 $\triangle BCD$는 서로 닮은꼴인 직각삼각형이고, 그 변의 길이 사이에 다음과 같은 관계식이 성립합니다.

$$|\overline{CE}| : |\overline{BC}| = |\overline{BC}| : |\overline{CD}| \qquad \text{식 3.13}$$

즉,

$$|\overline{BC}| \times |\overline{BC}| = |\overline{CE}| \times |\overline{CD}| \qquad \text{식 3.14}$$

입니다. 아폴로니우스의 시대에 제곱[**]이라는 것을 사용하지 않았을 것 같아서 이렇게 식을 써 보았습니다. 곱하기는 어떻게 나타냈는지는 모르겠지만요. 아마 **식 (3.14)**의 등호 왼쪽은 한 변이 선분 $\overline{BC}$인 정사각형의 면적이고, 오른쪽은 선분 $\overline{CE}$와 선분 $\overline{CD}$가 가로와 세로인 직사각형의 면적이라고 했겠지요.

밑면과 나란한 또 하나의 평면 Θ'를 생각합시다. Θ'이 Π와 만나는 선은 그림 (마)에 보인 것과 같은 원입니다. 앞에서와 같은 방식으로 점 B', C', D', E'를 정의하면 $\triangle B'C'D'$과 $\triangle B'C'E'$가 닮은꼴 직각삼각형이므로 변의 길이 사이에

$$|\overline{B'C'}| \times |\overline{B'C'}| = |\overline{C'E'}| \times |\overline{C'D'}|$$

식 3.15

와 같은 관계식이 성립합니다.

한편, 그림 3-18 의 (가), (나), (다)는 평면 Ψ 위에 있는 점들을 나타낸 것입니다. 여기에서 삼각형 $\triangle ACD$와 $\triangle AC'D'$는 서로 닮은꼴입니다. A점이 공통이고, 두 선분 $\overline{CD}$와 $\overline{C'D'}$ 서로 평행이니까 세 각이 같기 때문입니다. 그러므로 변의 길이 사이에 다음과 같은 비례식이 성립합니다.

$$|\overline{AC}| : |\overline{AC'}| = |\overline{CD}| : |\overline{C'D'}|$$

식 3.16

이 식을 써서 **식 (3.15)**에 들어 있는 $\overline{C'D'}$을 $\overline{AC'}$으로 바꾸면

$$|\overline{B'C'}| \times |\overline{B'C'}| = \frac{|\overline{CD}|}{|\overline{AC}|} |\overline{AC'}| \times |\overline{C'E'}|$$

식 3.17

와 같이 됩니다. 그저 닮은꼴 삼각형을 이용하여 이리저리 식을 바꾸며 장난하는 것처럼 보이지요? 그런데 평면 Ψ 가 원뿔의 모선과 나란

한 경우, 즉, $\alpha = \beta$인 경우에 아주 특별한 일이 일어납니다. 바로, 선분 $\overline{CE}$와 $\overline{C'E'}$의 길이가 항상 같다는 것입니다. 그러니까 (나)의 경우 **식(3.17)**을

$$|\overline{B'C'}| \times |\overline{B'C'}| = |\overline{AC'}| \times \left(\frac{|\overline{CD}|}{|\overline{AC}|} |\overline{CE}| \right)$$

식 3.18

와 같이 쓸 수 있습니다. 이 식의 왼쪽은 한 변의 길이가 $|\overline{B'C'}|$인 정사각형의 면적이고 오른쪽은 한 변의 길이는 $|\overline{AC'}|$이고 다른 변의 길이는 고정된 값 $|\overline{CE}||\overline{CD}|/|\overline{AC}|$인 직사각형의 면적입니다. $\alpha = \beta$일 때 나타나는 곡선에서는 모든 점 C'에서 정사각형과 직사각형의 면적이 같기에 아폴로니우스가 붙인 이름이 **parabola**입니다. 그리스어에서 para는 '옆(beside), 나란히(side by side)'이라는 말이고 bola는 '던지다(throw) 또는 놓다(place)'라는 뜻입니다. 그렇다고 해서 '던진다는 뜻이 들어 있었네'라고 생각하면 안 됩니다. 이 '나란히 놓다'라는 것은 서로 비교한다는 뜻이라고 합니다. parabola에 가장 가까운 말은 영어로는 juxtaposition, 우리말로는 '서로 다른 것을 비교하기 위해 나란히 놓기'일 거라고 합니다. 아마도 서로 다른 도형인 정사각형과 직사각형의 면석을 서로 비교했더니 같아서 그렇게 부른 것 아닐까요?◆

당시에 '정육면체의 부피를 두 배로 하려면 한 변의 길이를 몇 배로 늘려야 하나?'라는 유명한 델로스 문제(Delian problem, doubling the cube라고도 함)에 심취해 있던 아폴로니우스에게 이 도형이 그 문제를 풀기에 '적합하다'라고 생각되어 붙인 이름이라고도 합니다. 곡선 아래 부분의 면적이 $\overline{BC}$의 세제곱에 비례하기 때문이었을 겁니다. 곡선과 선분 $\overline{CD}$로 둘러싸인 도형의 면적은 아르키메데스가 삼각형으로 구했습니다. 미적분을 사용하지 않고 말이지요.

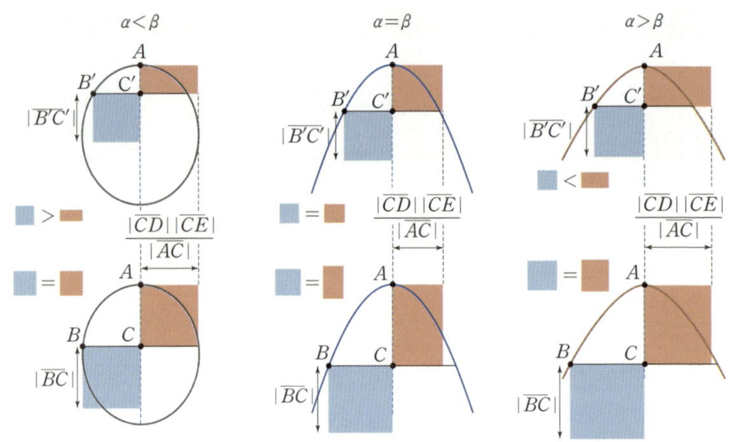

그림 3-19　$\alpha=\beta$일 때 선분 $\overline{B'C'}$를 한 변으로 하는 정사각형(하늘색)의 면적과 선분 $\overline{AC'}$을 한 변으로 하고 다른 한 변은 길이가 $|\overline{CD}||\overline{CE}|/|\overline{AC}|$로 고정된 직사각형(주황색)의 면적과 같다.

　　그림 3-18의 (나)에서 평면 $\emptyset$에 데카르트식 좌표계를 도입해 봅시다. 점 A를 지나며 선분 $\overline{AC}$에 수직이 되도록 x축을 정하고, 선분 $\overline{AC}$의 연장선으로 y축을 정하기로 하지요. 점 C'의 좌표가 (x, y)라면 선분 $\overline{AC'}$와 $\overline{B'C'}$의 길이가 각각 x와 y인 것이므로 **식 (3.18)**은 'y^2이 x에 비례한다'는 것을 알려 줍니다. 그러니까 **식 (3.18)**은 **그림 3-16**에서 parabola의 기본식인 $y^2=4px$에 해당합니다. 이것이 **식 (3.12)**에 해당하는 곡선이 parabola인 이유입니다.

　　그러면 ellipse와 hyperbola에는 어떤 뜻이 있나요? **그림 3-19**에 나타낸 것처럼 원뿔의 밑면에 $\alpha<\beta$일 때 나타나는 곡선에서는 $\overline{AC'}$ 또는 $\overline{B'C'}$이 길어질수록 $|\overline{B'C'}|$를 한 변으로 하는 정사각형의 면적이

$|\overline{AC'}|$과 $|\overline{CD}||\overline{CE}|/|\overline{AC}|$를 두 변으로 하는 직사각형의 면적보다 작아지니까 '부족하다'라는 뜻으로 ellipse라고 하고, $\alpha > \beta$인 경우는 그 반대의 일이 일어나니까 '넘친다'라는 뜻으로 hyperbola라고 이름을 붙인 것입니다. 알고 보니 별것 아니지요? 하지만 단순히 찌그러진 모양이니 타원이라고 부르고, 원뿔이 잘릴 때 곡선이 두 개 나오니 쌍곡선이라고 부르고, 또 하나는 엉뚱하게도 던져진 물체의 궤적과 같다며 포물선이라는 이름을 붙인 것과는 차원이 다릅니다. 아폴로니우스는 최소한 세 곡선을 원뿔곡선이라는 기준으로 다른 곡선과 분리하고, 다시 새로운 기준에 의해 세분하는 분류의 기본 원칙을 엄격하게 지키고 있다는 것을 알아야 합니다.

말이 무척 길어졌습니다만, 그렇다고 해서 이미 통용되고 있는 타원, 포물선, 쌍곡선이라는 용어를 버리고, 아폴로니우스의 뜻을 따라 '부족한 곡선', '비교할 만한 곡선', '넘치는 곡선'이라고 이름을 붙이자는 것은 아닙니다. 그냥 엘립스, 파라볼라, 하이퍼볼라라고 부르는 것도 괜찮아 보입니다만, 느닷없이 곡선의 이름을 바꾸면 더 큰 혼란이 일어나겠지요? 이 책에서도 계속 포물선이라는 용어를 사용하겠지만, 받아들이기 쉽게 한다는 명목으로 의역해 버린 이 '포물선'이라는 용어는 조금 아쉽습니다. 지나치달지 모르겠습니다만, 본질과 단절된 느낌이 들거든요. 다른 나라에서 발전된 학문을 필요한 지식만 단편적으로 받아들인 상태로 그 학문을 연구하겠다는 것은 바늘의 허리에 실을 매어 옷을 꿰매려 드는 것과 같지 않을까요? 뿌리를 미처 내리지 못한 나무에 예쁜

꽃이 피고 맛있는 열매가 달리기를 바라는 것과 크게 다르지 않아 보입니다. 21세기의 대한민국은 생소한 서구 학문이 밀려 들어오던 18세기와는 다릅니다. 비록 한반도에 살았던 우리 조상들이 이룩한 것은 아니지만 이제는 모든 학문을 인류의 공동 유산으로 여길 정도는 되지 않을까요? 그것을 제대로 이어받아 발전시키다 보면 진정한 우리 것도 나올 수 있을 테고요. 그러기 위해서는 적어도 어떤 것이 어떻게 시작되었는지는 알아야 할 것으로 보입니다. 조상의 범위를 조금 넓게 잡아 모든 인류의 조상으로 확장하면 더욱 좋겠고요.

비스듬히 던진 물체도 포물선 운동을 하나요?

그런데 포물선 운동에 관한 이야기는 아직 끝이 아닙니다. 특별히 수평 방향으로 던진 물체의 궤적이 포물선이라는 것을 알았을 뿐이니까요. 물체를 어떻게 던지더라도 포물선을 그려야 진정한 '포물선'이라고 할 수 있지 않겠어요? 이제 그림 3-20에 보인 것처럼 지면과 어떤 각 θ를 이루게 하여 던진 물체의 운동을 갈릴레오 방식으로 알아봅시다. 갈릴레오 방식이니까 고등학교 물리 교과서에서 마법의 주문처럼 외우게 하는 '수평 방향으로는 등속운동, 연직 방향으로는 등가속도운동'과 같은 뉴턴 이후의 물리학을 적용할 수는 없습니다. 갈릴레오가 발견한 '수평 방향으로 움직인 거리는 시간에 비례하고, 연직 방향으로 떨어진 거리는 시간의 제곱에 비례한다'라는 사실만 활용해야겠지요.

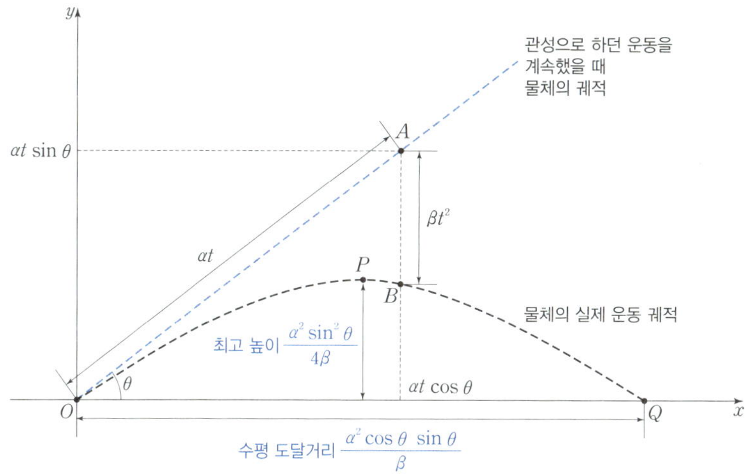

그림 3-20 던진 물체가 하던 운동을 계속한다면 처음에 움직이기 시작한 방향으로 일직선을 따라 운동한다. 그리고 움직인 거리는 시간에 비례하므로 t의 시간이 지난 후 출발점 O로부터 at만큼 이동하여 점 A에 도달한다. 하지만 물체는 그 시간 동안 연직 아래로 βt^2만큼 떨어지므로 물체의 실제 위치는 점 B이다.

어떻게 해야 일반화할 수 있을까요? 앞에서 '수평 방향으로 움직인 거리가 시간에 비례한다'라고 했던 것은 갈릴레오가 발견한 '물체가 하던 운동을 계속하려는 성질이 있다'라는 '관성의 법칙'을 **식 (3.12)**를 유도하기 위해 수평 방향에만 국한해서 적용한 결과입니다. 물체가 오로지 수평 방향에 대해서만 관성을 가질까요? 수평 방향과 연직 방향은 절대적인 것이 아닙니다. 둥근 지구에서는 각각의 지역에서 상대적으로 정해집니다. 어느 지역의 수평 방향과 연직 방향은 다른 지역에서는 전혀 다른 방향이 될 겁니다. 그러므로 물체는 3차원 공간의 모든 방향에 대해 관성을 가진다고 할 수 있습니다.[*] 이제 우리는 갈릴레오의 발견을 다음과 같이 일반화할 수 있습니다. '물체는 어느 방향이거나 하던 운동을 계속하려 하는데 오직 연직 방향으로만 시간의 제곱에 비례해서 아래로 떨어진다'라고 말이지요.

그림 3-20에 보인 것처럼 물체를 던진 순간의 위치를 원점으로 하여 수평 방향을 x축 방향으로, 연직 방향을 y축 방향으로 하는 데카르트식 2차원 좌표계를 잡기로 합시다. x축 양의 방향은 물체가 움직일 때 x좌표가 증가하도록 정했고, y축 양의 방향은 연직 위 방향으로 정하였습니다. 물체의 관성만 고려하면 물체는 처음에 움직이기 시작한 방향으로 일직선(파란색 점선)을 따라 움직이며, 움직인 거리는 시간에 비례합니다. 그러므로 시간이 t만큼 지난 후 원점으로부터 at만큼 떨어진 점 A에 도달하여야 합니다. 선분 $\overline{OA}$가 x축과 이루는 각이 θ니까 점 A의 x좌표와 y좌표는 각각

$$x_A(t) = (at)\cos\theta \qquad \text{식 3.19a}$$

$$y_A(t) = (at)\sin\theta \qquad \text{식 3.19b}$$

입니다. 하지만 움직이는 동안 계속해서 연직 아래로 떨어지므로 실제 물체의 위치는 점 B입니다. 떨어진 거리는 시간의 제곱에 비례합니다.

---

[*] 물론 각 지역의 수평 방향으로만 물체가 관성을 가진다고 해도 논리적으로 반박할 수는 없습니다. 하지만 물체가 어떤 지역의 물체를 다른 지역으로 가져갔는데 물체가 새로운 지역의 수평 방향을 알아내서 그 새로운 방향으로 관성을 가진다는 것은 조금 억지스럽네요. 무엇보다도 중요한 것은 이렇게 관성의 법칙을 모든 방향으로 확장하면 결과적으로 옳다고 실험으로 증명된다는 사실입니다.

비례계수를 β라 하면 선분 $\overline{AB}$의 길이는 βt^2입니다. 그러므로 점 B의 x좌표와 y좌표는 각각

$$x_B(t) = (\alpha t)\cos\theta \qquad \text{식 3.19c}$$

$$y_B(t) = (\alpha t)\sin\theta - \beta t^2 \qquad \text{식 3.19d}$$

입니다. 점 B가 움직이며 그리는 선(검은색 점선)이 물체의 실제 운동 궤적입니다. 이제야 잘 알려진 포물선 모양이 되었지요? 그림 3-2에 보인 여우가 점프할 때 질량중심이 그리는 선과도 비슷하고요.

식 (3.19c)로부터 $t = x_B/(\alpha\cos\theta)$임을 알 수 있으므로, 이것을 식 (3.19d)에 대입하면 x_B와 y_B의 관계식을 다음과 같이 구할 수 있습니다.

$$y_B = \tan\theta\, x_B - \frac{\beta}{\alpha^2\cos^2\theta}x^2_B \qquad \text{식 3.19}$$

식 (3.12)보다는 조금 복잡하지요? 이 식에 $\theta = 0$을 대입하면 식 (3.12)가 됩니다.* 이 식을 다음과 같이 바꿔 볼까요?

$$y_B = -\frac{\beta}{\alpha^2\cos^2\theta}\left(x_B - \frac{\alpha^2\cos\theta\,\sin\theta}{2\beta}\right)^2 + \frac{\alpha^2\sin^2\theta}{4\beta} \qquad \text{식 3.20}$$

더 복잡해졌네요? 하지만 이 식은 식 (3.19)가 나타내는 곡선이 포물선이라는 사실을 우리에게 알려 줍니다. 꼭짓점이 원점에 있는 포물

---

* y가 음수값이 나오는 것은 y의 양의 방향이 식 3.12와 반대이기 때문입니다.

선 $y=-\gamma x^2(\gamma=\beta/(\alpha^2\cos^2\theta))$을 x축 방향으로 $\alpha^2\cos\theta\sin\theta(2\beta)$만큼, y축으로 $\alpha^2\sin^2\theta/(4\beta)$만큼 평행 이동한 곡선이라고까지 알려 주지요. 이 두 값이 꼭짓점 P의 x좌표와 y좌표입니다. 점 P의 y좌표는 던진 지점으로부터 최고점까지의 높이에 해당하지요. 포물선이 꼭짓점 P에 대해 선대칭이므로 P의 x좌표는 물체가 던진 지점과 같은 높이인 점 Q에 도달했을 때 얼마만큼 수평 방향으로 이동할지도 알려 줍니다.[◆] 즉,

$$수평\ 도달거리=\frac{\alpha^2\sin\theta\cos\theta}{\beta}, \qquad \text{식 3.21}$$

$$최고점의\ 높이=\frac{\alpha^2\sin^2\theta}{4\beta} \qquad \text{식 3.22}$$

입니다. **식 (3.21)**은 똑같은 조건에서, 즉, α와 β가 정해진 상황에서 물체를 가장 멀리 던지려면 $\theta=45^\circ$가 되게 던져야 한다는 것을 알려 줍니다. 식에 있는 $\sin\theta\cos\theta$는 $(\sin2\theta)/2$와 같고 $\sin2\theta$는 $2\theta=90^\circ$일 때 최댓값을 가지니까요. 이것은 물리학이 얼마나 근사한 것인가를 보여 주는 좋은 예입니다. 물체를 여러 각도로 던져 보고 어떤 각에서 도달거리가 가장 큰지를 찾지 않아도 되는 것이니까요. **식 (3.21)**이 알려 주는 건 이뿐만이 아닙니다. 어떤 대포를 θ_0의 각으로 발사했을 때 대포알이 날아간 거리를 d_0이라는 것만 알면, 같은 대포를 $\theta_1, \theta_2, \cdots$의 각으로 발사했을 때 날아가는 거리 $d_1, d_2, \cdots$를 다음과 같은 비례식을 이용해서 모두 예측할 수 있습니다. 매번 쏘아 보지 않고도요.

◆　　**식 3.19**에서 $y_B=0$일 때의 x_B값을 구해도 같은 결과를 얻습니다.

$$\frac{d_0}{\sin 2\theta_0} = \frac{d_1}{\sin 2\theta_1} = \frac{d_2}{\sin 2\theta_2} = \cdots$$

이것은 물론 공기의 저항을 무시했을 때 성립하는 식입니다. 하지만 공기의 저항을 고려하더라도 물리 법칙을 적용해서 도달거리를 예측할 수 있습니다. 훨씬 복잡한 계산이 필요하지만요.

식 (3.22)에 의하면 $\theta = 90^\circ$일 때 물체가 올라가는 높이가 최대입니다. 이제 여우 이야기로 돌아가 볼까요? 여우가 높이 뛰려면 지면에 수직으로 뛰어야 한다는 겁니다. 그렇지만 달리다가 어느 순간 갑자기 지면에 수직으로 뛰어오를 수는 없습니다. 달리던 관성이 있을 테니까요. 가만히 서 있다가 뛰어오르면 지면에 수직으로 뛰어오를 수는 있겠지만[*] 이 경우는 단위시간당 움직이는 거리에 해당하는 a의 속력으로 달리다 뛰어오르는 상황에 비해 작을 겁니다. 이것이 높이뛰기 경기가 어려운 이유지요. 이에 대해서는 뒤에 다시 이야기하겠습니다.

물체를 던지면 3차원 공간에서 움직일 텐데 왜 2차원 좌표만 생각해도 될까요? 그것은 우리가 물체의 관성에 의한 일직선 운동과 연직 아래 방향으로의 낙하운동만 생각하면 되기 때문입니다. 선분 $\overline{OA}$와 선분 $\overline{AB}$를 연장한 두 일직선은 언제나 하나의 평면에 놓이게 할 수 있습니다.[**] 따라서 포물선 운동은 항상 한 평면 위에서 일어납니다. 그

---

[*] 이 역시 여우 다리의 구조로 인해 어려울지 모릅니다.

[**] 물체에 중력 외에 다른 힘이 작용하면 3차원 운동을 할 수도 있습니다. 예를 들어, 바람이 분다거나 하면 말이지요. 지구의 자전으로 인해 북반구에서 움직이는 물체는 움직이는 방향의 오른쪽으로 코리올리의 힘이 작용합니다.

러고 보니 포물선 운동이 참 단순한 것이지요? 관성에 의한 일직선 운동과 연직 아래 방향으로 낙하운동의 조합이니까 말입니다. 수평인 땅에 일직선으로 놓인 철로 위를 일정한 속력으로 달리는 기차 안에서 물체를 가만히 떨어뜨리면 연직선을 따라 시간의 제곱에 비례하는 거리만큼 아래로 떨어질 것입니다. 하지만 기차 밖에 있는 관찰자에게는 수평 방향의 움직임이 더해져서 물체가 포물선 운동을 하는 것으로 보이겠지요. 반대로 기차 밖에서 기차와 같은 속력으로 수평 방향으로 던진 물체를 기차 안에서 관찰하면 가만히 놓은 물체가 아래로 떨어진다고 여길 겁니다. '찰리의 초콜릿 공장'◆에 나오는 윙카의 투명 엘리베이터를 이용하면 더 극적이겠네요. 지면과 어떤 각을 이루는 일직선을 따라 일정한 속력으로 움직이도록 한 후 안에서 물체를 가만히 놓고 안과 밖에서 관찰하는 겁니다. 안에서는 물체가 그대로 아래로 떨어질 것이고, 밖에서는 포물선 운동을 하는 것처럼 보일 거고요, 물체를 던진 속력과 방향으로 움직이는 엘리베이터에서 물체의 운동을 관찰하면 가만히 아래로 떨어진다고 생각하겠지요. 이렇듯 포물선 운동은 관성에 의한 일직선 운동을 빼고 나면 그저 연직 아래로의 **자유낙하**(自由落下, free fall) 운동에 불과합니다. 우리나라 물리 교육 현장에서는, 이제는 더 이상 교과서 등에서 구체적으로 그렇게 명시하고 있지 않는데도, 가만히 놓은 물체가 아래로 떨어지는 것만을 여전히 자유낙하 운동이라고 합니다. 하지만 자유낙하의 올바른 정의는 '중력만 작용하는 물체의 운동'입니다. 포물선 운동은 물론이고 지구를 자전하는 달과 인공위성도 다른 행성이 작용하는 중력이나 공기의 저항을 무시하면 지구에 대해 자유낙하 운동을 하는 것입니다.

원숭이 사냥꾼 문제

　포물선 운동이 관성에 의한 일직선 운동과 연직 아래로의 낙하운동의 조합이라는 사실을 활용하는 유명한 물리학 문제가 있습니다. '**원숭이 사냥꾼 문제**(monkey hunter problem)'라고 부르는데 동물을 함부로 사냥하는 것은 옳지 않으니 그림 3-21에 보인 상황이 아픈 원숭이를 치료하기 위해 수의사가 마취 주사기를 쏘는 것이라고 하겠습니다. 총을 발사하는 순간 큰 소리를 내거나 강한 빛을 나오게 해서 나뭇가지를 잡고 있던 원숭이가 놀라 아래로 떨어지기 시작한다고 가정합시다. 그리고 공기저항은 무시합니다. 이런 상황에서 원숭이를 맞추려면 어떤 각으로 총을 발사해야 하는지를 묻는 문제입니다.

　가만히 있는 원숭이를 맞추기는 쉬워 보이는데 원숭이가 움직이기까지 하니 제법 어려운 문제로 보입니다. 그런데 놀랍게도 원숭이가 아래로 떨어지기 때문에 오히려 문제의 답이 더 간단해집니다. 그냥 원숭이를 겨냥해서 쏘면 되거든요. 그림 3-21에 나타낸 것처럼 마취 주사기는 관성에 의해 운동할 일직선 경로(파란색 점선)에서 시간의 제곱에 비

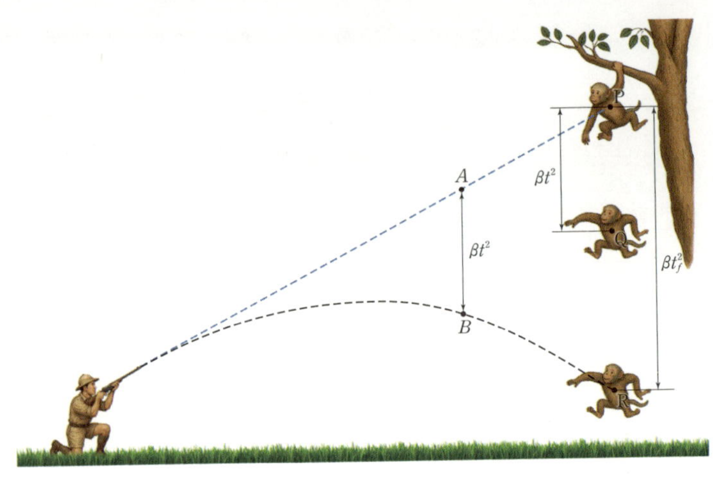

그림 3-21 원숭이 사냥꾼 문제: 발사되고 나서 t만큼의 시간이 지났을 때 마취 주사기가 지나는 점 B는 관성으로 일직선을 따라 움직였다면 지났을 점 A로부터 βt^2만큼 연직 아래에 있다. 이때까지 나무에서 원숭이가 떨어져 움직인 거리도 βt^2이다. 마취 주사기가 관성으로 일직선 운동을 하여 원숭이가 처음에 있었던 점 P를 지나는 순간 (발사 후 t_f의 시간이 지났을 때) 마취 주사기가 일직선 경로에서 연직 아래로 벗어난 거리와 원숭이가 아래로 떨어진 거리는 같다.

례하는 거리만큼 연직 아래로 벗어난 포물선(검은색 점선)을 따라 움직입니다. 예를 들어, 마취 주사기가 관성 운동만을 해서 발사 후 t만큼 시간이 지났을 때 일직선 위에 있는 점 A를 지난다고 해 봅시다. 그 시간 동안 마취 주사기는 βt^2만큼 연직 아래로 떨어졌고 실제로는 포물선 위의 점 B를 지나고 있습니다. 그리고 같은 시간 동안 원숭이는 점 P에서 만큼 βt^2아래로 떨어져 점 Q를 지납니다. 점 B와 Q가 일치하지 않지만 걱정할 필요는 없습니다. 마취 주사기가 관성으로 일직선을 따라 움직여서 원숭이가 원래 있던 점 P를 지나는 데 걸린 시간을 t_f라고 합시다. 그러면 마취 주사기와 원숭이는 둘다 점 P로부터 βt^2_f만큼 아래에 있는 점 R을 지날 것입니다. 마취주사기가 원숭이를 만났네요. 그래서 관성으로 움직일 일직선이 처음에 나무에 매달려 있던 원숭이를 지나가게 하면 되는 겁니다. 즉, 원숭이를 겨냥해서 쏘면 됩니다. 이 결과는 마취 주사기를 어떤 속력으로 발사했는지, 즉, α가 얼마인지에 따라 달라지지 않습니다.[*] 심지어 비례상수 β가 다른 값이어도 됩니다. 달의 표면이나 다른 행성의 표면에서도 겨냥해서 쏘면 됩니다. 쏘는 순간 나무에서 떨어지는 똑똑한 원숭이가 그곳에 살고 있다면 말이지요.

The quick brown fox jumps over the lazy dog

앞에서 'The quick brown fox jumps over the lazy dog'라는 문장을 이야기했었지요? 로마자 26글자가 모두 들어가게 만든 팬그램의 하나일 뿐이지만, 여우가 개를 뛰어넘는 상황에서 '물리 찾기'를 해 봅시다. 그림 3-22에 보인 것처럼 여우가 개를 뛰어넘는 가장 효율적인 방법은 최고점 P가 이 개가 있는 지점[**]의 바로 위가 되도록 하는 것입니다. 그림에서 θ는 여우가 뛰어오른 각입니다. 여우의 관성에 의해 움직일

[*] 물론 도달거리가 총을 쏘는 곳으로부터 나무까지의 거리보다는 길어야 하겠지요. 다음의 인터넷 사이트에서 이것을 잘 설명해 주는 애니메이션을 볼 수 있습니다.
https://www.physicsclassroom.com/mmedia/vectors/mzf.cfm
https://en.wikipedia.org/wiki/Monkey_and_hunter
[**] 좀 더 엄밀하게 말하자면 개의 몸중 가장 높은 곳이 있는 지점 R의 바로 위.

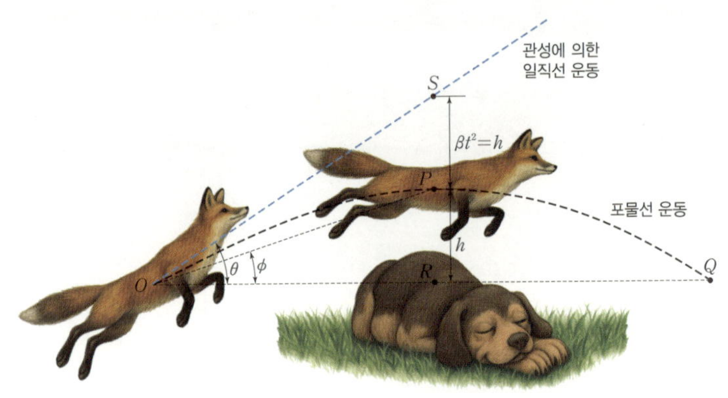

그림 3-22 The quick brown fox jumps over the lazy dog

일직선이 지면과 이루는 각이지요. ϕ는 출발점 O와 최고점 P를 연결한 선분 $\overline{OP}$가 지면과 이루는 각입니다. $\tan\phi$는 점 P의 y좌표와 x좌표의 비로 구할 수 있습니다. 즉,

$$\tan\phi = \frac{y_P}{x_P} = \frac{\dfrac{\alpha^2 \sin^2\theta}{4\beta}}{\dfrac{\alpha^2 \cos\theta \, \sin\theta}{2\beta}} = \frac{1}{2}\,\frac{\sin\theta}{\cos\theta} = \frac{1}{2}\tan\theta \qquad \text{식 3.23}$$

입니다. 그러므로 이 식의 x_P와 y_P에 여우의 몸이 개를 건드리지 않을 ϕ값을 대입했을 때 나오는 θ값보다 큰 각으로 뛰어야 여우는 개를 뛰어넘을 수 있습니다. 물론 수평 도달거리(**식 (3.21)**)가 최소한 개를 뛰어넘을 정도로 α가 커야겠지요. 이와 똑같은 논의를 **그림 3-23**에 보인 미식축구의 필드골 상황에 적용할 수 있습니다. θ와 ϕ가 작을 때 $\tan\theta \approx \theta$이고 $\tan\phi \approx \phi$로 근사할 수 있으므로 선수가 골대의 수평 막대를 바라

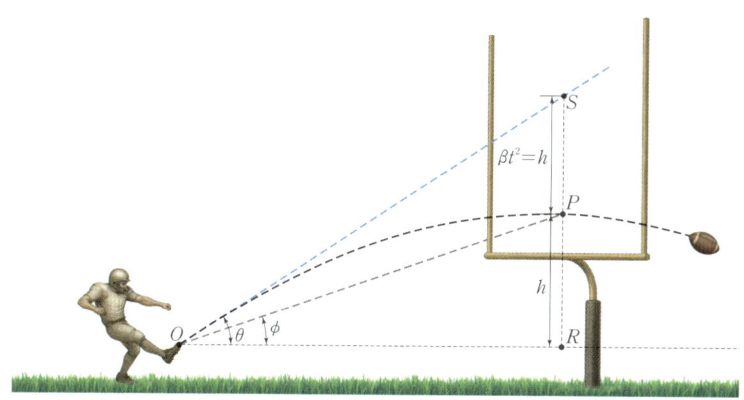

그림 3-23 미식축구의 필드골 상황에서도 (공기저항을 무시한다면) 관계식 $2\tan\phi = \tan\theta$
이 성립한다.

보는 각 ϕ의 두 배 정도로 θ가 되게 차야 점수를 얻을 수 있습니다. 축구에서는 물론 그보다 낮게 차야 골인이 될 거고요.

그저 물리학에 나오는 하나의 공식이라 생각하겠지만 **식 (3.23)**은 포물선 운동의 아주 특별한 성질을 알려 줍니다. 이것은 **그림 3-22**에서 관성에 의한 일직선 운동으로부터 아래로 떨어진 거리 βt^2(선분 $\overline{PS}$의 길이)이 최고점의 높이(선분 $\overline{RS}$의 길이)와 같다는 의미입니다. 그리고 신기하게도 그런 일이 α와 β의 값이 얼마이건 관계없이 항상 그렇다는 것입니다.♦ α값이 크면 더 높이 올라갈 것이고 β가 크면 더 많이 아래로 떨어질 텐데도 말이지요. 달의 표면에서는 β값이 지표면보다 작습니다. **식 (3.22)**에 따라 같은 α와 θ일 때 최고점이 지표면에서보다 높습

♦　물론, β가 0이면 안 됩니다. 아예 아래로 떨어지는 일이 일어나지 않을 테니까요.

니다. 그런데도 최고점의 높이는 그 시간 동안 관성 직선 운동으로 올라 갈 높이의 1/2이라는 것입니다. 신기하지 않나요?

☞ 이제 우리나라 물리 교육 현장에서 포물선 운동에 대해 금과옥 조로 외우게 하는 '**수평 방향으로는 등속운동, 연직 방향으로는 등가속도 운동**'이라는 마법의 주문이 정확하게 무엇을 의미하는지 알아봅시다. 이 것을 제대로 이해하려면 3차원 공간에서 뉴턴의 운동 법칙을 알아야 합니다. 그러려면 **벡터**(vector)를 이해하고 그것을 다루는 법을 알아야 하지요. 만일 벡터에 대해 잘 알고 있다면 312쪽 ☞표시가 된 곳으로 넘어가세요. ☞ **312p**

벡터(vector) 물리량

물리학에서 자연 현상을 정량적으로 다루기 위해 도입하는 질량, 위 치, 속도 등을 **물리량**(物理量, physical quantity)이라고 합니다. 물리량은 크 기를 알려 주는 수와 그에 맞는 단위로 중요한 정량적 정보를 전달합니 다. 예를 들어, 여름 한낮의 온도가 $39.5\,^{\circ}\mathrm{C}$라면 얼마나 더운 날씨인지 를 잘 알려 줍니다. 전자의 질량이 $9.1 \times 19^{-31}\mathrm{kg}$이라는 사실은 전자가 얼마나 가벼운 입자인지를 알려 주지요. 질량이 $1.67 \times 10^{-27}\mathrm{kg}$인 가장 가벼운 수소 원자핵(양성자)에 비해서 약 1/2000배 가볍다는 것도 알려 줍니다. 그런데 크기와 단위만으로는 정확하게 정보를 전달할 수 없는

264

물리량이 있습니다. 일상생활에서는 집에 오기로 한 친구가 전화로 '이제 너희 집까지 15km 남았는데 길이 막히지 않아 60km/h로 잘 가고 있어'라고만 한다면 우리는 현재 상황을 어느 정도 짐작할 수 있습니다. 이것은 그 친구가 전화로 직접 말하지는 않았지만 어느 길을 따라오고 있는지를 우리가 알기 때문에 가능한 일입니다. 그 길에 대해 자세히 알고 있다면 친구가 어디에 있는지도 알 수 있습니다. 하지만 내가 사는 집이 섬에 있고 친구가 모터보트를 타고 오는 상황이라면 이야기가 다릅니다. 바다는 특별하게 길이 정해져 있지 않으니 15km 떨어진 곳이라는 정보만으로는 그 친구가 현재 어느 곳에 있는지 알 수 없습니다. 그리고 모터보트의 속력이 60km/h인 것만 알고 어느 방향으로 움직이는지를 알지 못한다면 친구가 집을 제대로 찾아오고 있는지조차 알 수 없지요.[◆] 이렇듯 물리량의 크기만으로는 상황이나 현상에 대해 제대로 알 수 없는 경우가 있습니다. 친구의 전화 내용에서 빠진 것은 방향에 대한 정보입니다. 물론 그 물리량의 단위를 빠뜨려도 안 되었지요. 15km라고 하지 않고 15라고만 하거나, 60km/h에서 단위를 빼고 60이라고만 하면 그 정보는 아무런 소용이 없는 거니까요.

크기와 함께 방향까지 알려 주어야만 완벽하게 정보가 전달되는 물리량이 많습니다. 앞에서 말한 물체의 위치나 물체가 움직이는 속도가 좋은 예입니다. 그리고 물체에 작용하는 힘도 그렇지요. 앞의 해님과 달

◆ 요즘은 GPS를 이용하여 길찾기를 할 수 있으니 친구는 제대로 우리집을 향해 오고 있을 겁니다. 이런 기술이 없었을 때 그렇다는 거지요

님 이야기에서는 일직선 운동만 다루었으니 힘의 방향에 대해 신경을 쓰지 않았습니다. 단지 그 일직선에 나란하게 같은 방향인지 반대 방향인지만 중요했으니까요. 크기와 방향이 필요한 물리량들을 **벡터 물리량**이라고 부릅니다. 이와 구분하여 크기만으로 충분히 정보를 전달하는 물리량을 **스칼라**(scalar) **물리량**이라고 합니다. 스칼라 물리량의 좋은 예가 앞에 말한 질량과 온도입니다.

벡터를 화살표로 나타내기

벡터 물리량을 나타내는 좋은 방법은 그림 3-24처럼 화살표를 사용하는 것입니다. 화살표의 길이는 벡터 물리량의 크기를 나타내고 화살표의 방향은 벡터 물리량의 방향을 직관적으로 나타낼 수 있지요. 예를 들어, 어느 순간에 물체가 있는 곳을 알려 주는 위치 벡터는 그림 3-24의 검은색 화살표처럼 꼬리가 기준점에 있고 머리(화살촉이 있는 부분)가 물체의 위치에 있는 화살표로 명확하게 그리고 유일하게 나타낼 수 있습니다. 그림 3-24의 파란색 화살표는 물체가 움직이는 속도 벡터를 나타낸 것입니다. 화살표들이 물체가 어떤 크기로 어떤 방향으로 움직이는지까지 멋지게 보여 주지 않나요?

특별하게 값이 정해지지 않는 일반적인 상황을 다룰 때 영어나 그리스 문자를 써서 물리량을 나타냅니다. 물리학에서는 대부분 그 물리량에 대한 영어 용어의 첫 문자를 사용하지요. 질량은 영어 용어인 mass

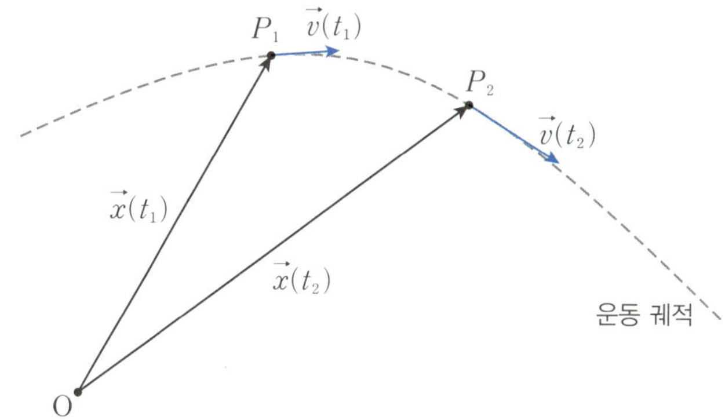

그림 3-24 물체의 위치 벡터와 속도 벡터를 화살표로 나타내기: 점 P_1과 P_2는 t_1과 t_2일 때 물체의 위치이다. $\vec{x}(t_1)$과 $\vec{v}(t_2)$는 그 점에 대한 위치 벡터이고 $\vec{v}(t_1)$과 $\vec{v}(t_2)$는 각 순간의 속도 벡터이다.

의 첫 문자인 m으로, 시간은 영어 용어인 time의 첫 문자인 t로 나타냅니다. 벡터 물리량은 스칼라 물리량과 구별하기 위해 **그림 3-24**에 보인 $\vec{x}$나 $\vec{v}$처럼 문자 위에 화살표를 붙입니다.◆◆

그림 3-24과 같이 하나의 그림에 여러 벡터 물리량을 화살표로 나타냈을 때 주의해야 할 점이 있습니다. 오직 같은 벡터 물리량 사이에서만 화살표의 길이가 상대적인 크기를 알려 준다는 것입니다. 예를 들어, **그림 3-24**에 보인 것처럼 화살표 $\vec{v}(t_2)$가 화살표 $\vec{v}(t_1)$에 비해 2배로 길면 t_2일 때 t_1일 때보다 2배 빠르게 물체가 움직인다는 것을 의미합니

◆　물체의 위치는 관습적으로 영어 용어 position의 첫 글자가 아닌 문자 x로 나타냅니다. 데카르트가 좌표계에서 문자 x, y, z로 공간의 한 점을 나타냈기 때문일까요? 아니면 뉴턴의 운동 방정식을 풀어 찾고자 하는 미지의 물리량이 물체의 위치이기 때문일까요?
◆◆　$\vec{x}$나 $\vec{v}$ 대신 굵은 문자 $\mathbf{x}$나 $\mathbf{v}$로 벡터 물리량을 나타내기도 합니다.

다. 하지만 $\vec{x}(t_1)$의 길이와 $\vec{v}(t_1)$의 길이를 비교하는 것은 어떤 의미도 없습니다. 본질적으로 서로 다른 물리량의 크기는 아예 비교해서는 안 되는 겁니다. 3m와 6m/s 중 어느 것이 크다 할 수 있겠어요? 다른 물리량들의 크기는 서로 비교할 수 없다는 것은 앞에서도 이야기했습니다. 여기에서 강조하려는 점은 크기가 6m/s인 속도 벡터를 화살표로 나타낼 때 3m 떨어진 위치를 나타내는 화살표에 비해 두 배로 길게 그려야 할 필요가 없다는 겁니다.

벡터 물리량끼리 더하기

같은 벡터 물리량끼리는 서로 더하거나 뺄 수 있습니다.[*] 이때 단순하게 크기만 더하거나 빼면 안 됩니다. 벡터의 덧셈에서는 1 더하기 1이 2가 아닐 수도 있습니다. 더할 때 벡터 물리량의 방향도 중요한 역할을 하기 때문입니다. 두 벡터 물리량을 더하는 방법을 쉽게 알려 주고 직관적으로 이해하도록 도와주는 가장 원초적인 벡터 물리량이 **변위 벡터**(變位 벡터, displacement vector)입니다. 변위 벡터는 말 그대로 공간 상에서 위치의 변화를 알려 주는 벡터입니다. 그림 3-25 (가)에 보인 것처럼 점 P_1에서 점 P_2로 위치가 이동했다면 변위 벡터는 꼬리가 P_1에 머리가 P_2에 있는 화살표로 나타낼 수 있습니다. 일상에서도 P_1 지점에서 P_2 지점으로 이동했다는 것을 이렇게 나타내기도 합니다. 단, 수

---

[*] 다른 물리량들은 절대로 서로 더하거나 뺄 수 없습니다.

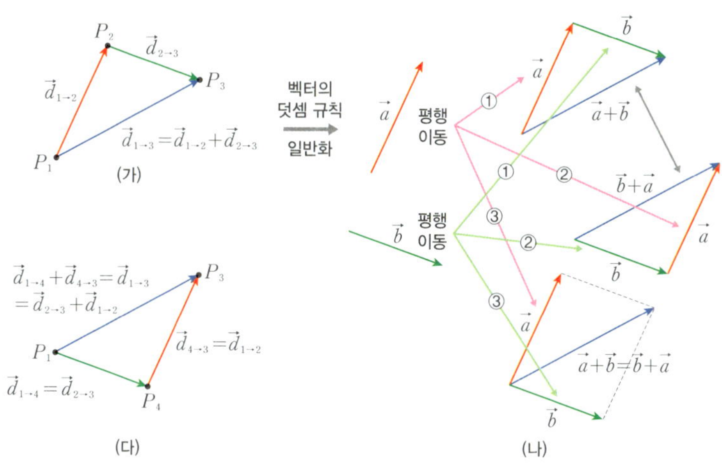

그림 3-25 (가) 두 변위 벡터의 합을 구하는 방법, (나) 두 벡터의 합을 구하는 세 가지 방법, (다) 변위 벡터 덧셈에서 교환법칙

학과 물리학에서 벡터를 나타내는 화살표는 반드시 직선이어야 합니다. P_1에서 P_2로의 위치 이동을 변위 벡터 $\vec{d}_{1\to2}$로 나타내기로 합시다. 그리고 P_2에서 P_3로의 위치 이동은 변위 벡터를 $\vec{d}_{2\to3}$라고 합시다. 그러면 두 벡터 $\vec{d}_{1\to2}$와 $\vec{d}_{2\to3}$를 더한 $\vec{d}_{1\to2}+\vec{d}_{2\to3}$는 무엇을 의미할까요? 그것은 P_1에서 P_2로 이동한 후, P_2에서 P_3로 이동한다는 것을 나타내는 것 아니겠어요? 그 결과는 P_1에서 출발하여 P_3에 도착한 것이니 $\vec{d}_{1\to2}+\vec{d}_{2\to3}$는 그림에 나타낸 $\vec{d}_{1\to3}$와 같아야 합니다. 이렇듯 벡터를 더하는 것은 그 두 벡터가 의미하는 두 일이 일어나는 것과 똑같은 일이 일어나는 것을 의미하는 하나의 벡터를 찾아내는 것입니다. 그러니 두 변위 벡터를 더한 것도 당연히 변위 벡터여야만 합니다.

$\vec{d}_{1\to2}$와 $\vec{d}_{2\to3}$가 서로 다른 방향이라면 **그림 3-25** (가)에 보인 것처

럼 $\vec{d}_{1\to2}+\vec{d}_{2\to3}$는 크기가 그대로 더해지지도 않고 심지어 방향까지도 $\vec{d}_{1\to2}$ 또는 $\vec{d}_{2\to3}$와 달라집니다. 오직 $\vec{d}_{1\to2}$와 $\vec{d}_{2\to3}$가 같은 방향일 때에만 $\vec{d}_{1\to2}+\vec{d}_{2\to3}$는 $\vec{d}_{1\to2}$ 또는 $\vec{d}_{2\to3}$와 같은 방향이며 크기가 그대로 더해지지요.

변위 벡터 더하기를 일반화하여 벡터를 더하는 규칙을 만들어 볼까요? P_1과 P_2, P_2와 P_3, P_1과 P_3는 각각 벡터 $\vec{d}_{1\to2}, \vec{d}_{2\to3}, \vec{d}_{1\to3}$의 꼬리와 머리입니다. 그러니까 더하고자 하는 두 벡터 중 첫 번째 벡터의 머리 (점 P_2)에 두 번째 벡터의 꼬리(역시 점 P_2)가 오게 하고, 첫 번째 벡터의 꼬리(점 P_1) 와 두 번째 벡터의 머리(점 P_3)를 꼬리와 머리로 하는 화살표가 두 벡터를 더한 벡터가 되는 겁니다, 이것이 벡터를 더하는 기본 규칙입니다. 문장도 길고 꼬리와 머리라는 단어가 계속 나오니 정신이 없겠지만 그림을 보며 무슨 뜻인지 이해해 보기 바랍니다.

벡터는 크기와 방향만 중요한 의미를 가집니다. 벡터를 화살표로 나타냈을 때 크기와 방향만 맞으면 꼬리나 머리가 어딘지는 중요하지 않습니다.◆ 그림 3-24에서 속도 벡터 $\vec{v}(t_1)$과 $\vec{v}(t_2)$의 꼬리를 각각 $\vec{x}(t_1)$과 $\vec{x}(t_2)$의 머리에 오도록 그려 놓은 것은 그렇게 하는 것이 직관적이니 관습이 된 것뿐입니다. $\vec{v}(t_1)$이라는 것이 t_1일 때 물체의 속도 벡터인데 꼬리를 어디에 그리더라도 그 크기와 방향만 알려 주면 그만입니다. 다만, 그 순간 물체가 있는 곳이 $\vec{x}(t_1)$의 머리니까 거기에 그려 놓

는 것뿐입니다.◆

　화살표로 나타낸 여러 벡터가 있을 때 어느 하나를 평행 이동하여 다른 화살표와 완전하게 겹친다면 그 두 벡터는 같은 것입니다. 이 사실을 이용하여 그림 3-25 (나)처럼 꼬리와 머리가 모두 다른 곳에 있는 두 벡터 $\vec{a}$와 $\vec{b}$를 더하는 방법을 찾아봅시다. 첫 번째 방법은 $\vec{a}$와 $\vec{b}$를 각각 평행 이동(①)하여 $\vec{b}$의 꼬리가 $\vec{a}$의 머리와 일치되도록 하는 겁니다. 그러면 변위 벡터 더하는 것과 같은 상황이 됩니다. 그러니까 $\vec{a}$의 꼬리가 꼬리이고 $\vec{b}$의 머리가 머리인 화살표를 그리면 이것이 $\vec{a}+\vec{b}$가 됩니다. 세 벡터 $\vec{a}$, $\vec{b}$, $\vec{a}+\vec{b}$가 삼각형을 만들지요? 특히 빨간색과 초록색 화살표로 나타낸 더하는 벡터 $\vec{a}$와 $\vec{b}$, 그리고 파란색 화살표로 나타낸 $\vec{a}+\vec{b}$를 유의해서 보기 바랍니다. 화살표들이 서로 어떻게 연결되는지 잘 보세요. 벡터를 나타내는 화살표가 변위 벡터처럼 어느 점에서 다른 점으로 이동하는 것을 의미하지는 않지만, 이 삼각형에서도 화살표가 연결되는 방식이 그림 (가)와 똑같지 않나요?

　또 다른 방법도 있습니다. 이번에는 $\vec{a}$와 $\vec{b}$를 평행 이동(②)하여 $\vec{a}$의 꼬리가 $\vec{b}$의 머리와 일치되도록 한 후에 $\vec{b}$의 꼬리가 꼬리이고 $\vec{a}$의 머리가 머리인 화살표를 그리는 겁니다. 그러면 이것은 $\vec{b}+\vec{a}$이겠네요. 그런데 그림으로부터 알 수 있듯이 $\vec{a}+\vec{b}$와 $\vec{b}+\vec{a}$는 평행 이동하면

◆　물리학에서 속도는 어느 순간 물체가 어떤 방향으로 얼마나 빠르게 움직이는가를 나타내는 물리량입니다. $\vec{x}(t_1)$을 아니까 $\vec{v}(t_1)$은 물체가 그 지점을 지나는 순간의 속도라는 것은 너무도 당연한데 반드시 그 지점에 $\vec{v}(t_1)$의 꼬리가 놓이게 할 필요는 없지 않겠어요?

완전하게 겹칩니다. 한 쌍씩의 $\vec{a}$와 $\vec{b}$를 조합하여 만들 수 있는 평행사변형의 대각선에 해당하니까요. 그러므로 벡터의 덧셈에도 일반 덧셈처럼

$$\vec{a}+\vec{b}=\vec{b}+\vec{a}$$

식 3.24

와 같이 **교환법칙**(교환법칙, commutative law)이 성립합니다. 이 교환법칙은 모든 덧셈이 만족해야 하는 필수 조건입니다.[*] 더하기 부호의 앞에 나오는 것과 뒤에 나오는 것의 순서에 따라 결과가 달라지면 덧셈이라고 할 수 없지요. 교환법칙은 벡터를 더하는 세 번째 방법을 우리에게 알려줍니다. 이번에는 **그림 3-25**에 보인 것처럼 $\vec{a}$와 $\vec{b}$를 꼬리가 서로 만나도록 평행 이동(③)합니다. 그리고 $\vec{a}$의 머리에 $\vec{b}$와 나란한 평행선을, $\vec{b}$의 머리에 $\vec{a}$에 나란한 평행선을 그어 평행사변형을 만듭니다. 그러면 $\vec{a}$와 $\vec{b}$의 꼬리가 만난 점이 꼬리이고 평행사변형의 맞은편 꼭짓점이 머리인 화살표가 $\vec{a}+\vec{b}$ 또는 $\vec{b}+\vec{a}$입니다.

그러고 보니 **식 (3.24)**의 교환법칙에 대해 이런 질문이 생깁니다. **그림 3-25** (가)에 보인 변위 벡터의 덧셈에서는 이러한 교환법칙이 성립한다는 것을 설명하기 어렵지 않냐고요. $\vec{d}_{2\rightarrow3}+\vec{d}_{1\rightarrow2}$는 처음에 P_2에서 P_3로 이동하고 그다음에 P_1에서 P_2로 이동한다는 뜻인데 그건 시간적으로 말이 되지 않으니까요. 별것도 아닌데 따진다고 할 수 있습니다. 특히 우리나라 교육에서는 이런 종류의 질문은 마음속에 떠오르

---

[*] 어느 축에 대한 회전도 크기와 방향을 가졌다고 할 수 있습니다. 축의 방향과 회전각의 크기에 따라 결과가 달라지니까요. 그런데 이 회전은 어떤 순서로 했느냐에 따라 결과가 달라집니다. 그러므로 회전은 벡터로 나타낼 수 없습니다.

더라도 밖으로 꺼내지 못하지요. 하지만 과학을 하려면 무엇이든 당연하게 받아들이지 않고 의심하며 따져 보아야 합니다. 여하간 '어? 그렇네?'라는 생각이 들지 않나요? 그리고 대답하기도 어렵습니다. 벡터의 본질을 되새기며 해결책을 찾아봅시다. 변위 벡터 역시 꼬리 또는 머리가 어딘지 관계없이 크기와 방향만 중요한 벡터입니다. 예를 들어, $\vec{d}_{2\to3}$는 P_2에서 P_3가 있는 방향으로 크기가 두 점 사이의 거리인 변위 벡터입니다. 그림 3-25 (다)에 보인 것처럼 $\vec{d}_{2\to3}$를 평행 이동하여 꼬리가 P_1에 오도록 했을 때 머리가 놓이는 점을 P_4라고 합시다. 앞에서 변위 벡터 이름을 붙인 규칙에 따르면 이 벡터는 $\vec{d}_{1\to4}$라고 불러야 합니다. 하지만 이름만 다르게 붙여졌을 뿐 $\vec{d}_{2\to3}$과 $\vec{d}_{1\to4}$는 완전히 똑같은 벡터입니다.[*] 그리고 P_4에서 P_3까지의 변위 벡터 $\vec{d}_{4\to3}$는 $\vec{d}_{1\to2}$와 똑같은 벡터입니다. P_1, P_2, P_3, P_4가 평행사변형의 꼭짓점일 테니까요. 앞에서 설명한 변위 벡터의 덧셈·방식에 따르면 $\vec{d}_{1\to4}+\vec{d}_{4\to3}=\vec{d}_{1\to3}$인데 $\vec{d}_{1\to4}=\vec{d}_{2\to3}$이고 $\vec{d}_{4\to3}=\vec{d}_{1\to2}$니까 다음과 같이 교환법칙이 성립한다는 것을 증명할 수 있지요.

$$\vec{d}_{1\to2}+\vec{d}_{2\to3}=\vec{d}_{1\to4}+\vec{d}_{4\to3}=\vec{d}_{2\to3}+\vec{d}_{1\to2}$$

변위 벡터의 덧셈에서 교환법칙의 성립에 의문을 품게 된 것은 앞에서 첫 번째 위치 변화(P_1에서 P_2까지)와 두 번째 위치 변화(P_2에서 P_3

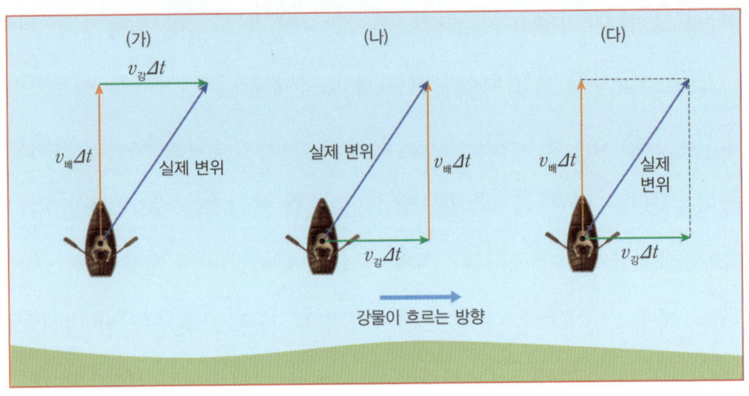

그림 3-26 흐르는 강물에서 배가 움직일 때 두 방향으로의 위치 변화는 동시에 일어나며 그 조합으로 배가 움직인다.

까지)가 순서대로 일어나는 것으로 설명한 탓입니다. 이렇게 순서에 따라 일어나는 위치의 변화를 예로 들어 벡터의 덧셈을 설명한 것은 직관적인 이해를 돕기 위해서였습니다. 이 예로부터 일반화한 벡터의 덧셈 규칙을 이해하고 받아들일 수 있었다면 이 상황에만 생각을 고정하면 안 됩니다. 이것은 물체에 작용하는 장력을 처음으로 설명할 때 줄에 매달려 가만히 있는 물체를 예로 드는 것과 같습니다. 그리고는 중력과 똑같은 크기의 장력이 그와 반대 방향으로 작용해서 물체가 움직이지 않고 가만히 있는 거라고 설명하지요. 이것은 눈에 보이지 않는 장력이 실제로 물체에 작용한다는 사실을 받아들이게 하려고 내세운 하나의 예일 뿐입니다.* 가장 간단하고 이해하기 쉬운 예니까요. 이 상황에만 생

---

* 눈에 보이지도 않고 경험한 적도 없어도 수업 시간에 선생님이 '장력이 작용한다'라고 하면 믿고 받아들이는 것이 현실이지만요. 이보다 더 끔찍한 것은 이겁니다. 이해하지 못하면 무조건 외워라!

각이 고정되어 '중력과 장력이 크기가 같다'◆라고 받아들이면 안 된다고 앞의 해님과 달님 이야기에서 강조했었습니다.

사실 동시에 일어나는 두 방향으로의 위치 변화가 합쳐져서 하나의 위치 변화로 나타나기도 합니다. 그림 3-26처럼 노 젓는 배로 강을 건너는 상황을 생각해 봅시다. 배의 키를 강에 수직이 되게 고정하고 양쪽 노를 똑같은 힘으로 젓는다고 합시다. 만일 강물이 흐르지 않는다면 배는 강에 수직으로 움직일 겁니다. 배의 속력이 $v_\text{배}$라면 $\varDelta t$의 시간이 지난 후 배는 $v_\text{배}\varDelta t$만큼의 거리를 이동하겠지요. 그러므로 노 젓는 추진력에 의한 $\varDelta t$ 동안의 배의 변위 벡터는 방향이 강에 수직이며 크기가 $v_\text{배}\varDelta t$인 벡터입니다. 그런데 배는 강물과 함께 하류 쪽으로 움직입니다. 강물의 속력이 $v_\text{강}$이라면 강물의 흐름에 의한 $\varDelta t$ 동안의 배의 변위 벡터는 방향이 강과 나란하며 크기가 $v_\text{강}\varDelta t$인 벡터입니다. 이 두 방향의 변위는 동시에 일어납니다. 그러니까 그림 3-26 (가)처럼 배가 노 젓는 방향으로 움직인 다음 강물을 따라 움직이는 것이 아닙니다. (나)처럼 강물과 함께 움직인 다음 앞으로 나아가는 것도 아니고요. 두 변위는 따로 나타나지 않습니다. 배는 '실제 변위'라고 표시한 화살표를 따라 움직일 뿐입니다. 그 움직임에 두 방향의 움직임이 들어 있는 거지요.

그림 (다)는 조금 더 이해하기가 쉬운가요? 하지만 변위가 순서대로 일어난다는 고정된 생각을 버리지 않은 사람은 이 그림에 대해 다음

◆ 줄이 팽팽해야 하고 줄과 나란한 방향으로 장력이 작용한다는 가장 중요한 사실은 오히려 잊어 버리지요. 이것이 제대로 설명되고 있는지도 모르겠습니다.

과 같이 생각할 수도 있지 않을까요? '일단 배가 노 젓는 방향으로 앞으로 나간 후에는 제자리에 있을 수 없는데 어떻게 그림(다)처럼 원래 자리에서 강물에 따라 움직일 수 있지?'라고 말입니다. 처음의 변위 벡터 더하기에서 벗어나지 못해 나오는 엉뚱한 질문입니다만, 그럼에도 불구하고 이해가 되지 않을 때는 이런 질문이라도 머리에 떠오른 것이 더 낫다고 생각합니다. 그래야 오류를 고치고 제대로 이해할 수 있게 됩니다.

벡터에서 벡터를 빼기

두 벡터를 더하는 방법을 알고 나면 하나의 벡터에서 다른 벡터를 빼는 방법은 쉽게 알아낼 수 있습니다. 모든 뺄셈이 그렇듯이, $\vec{a}$에서 $\vec{b}$를 빼는 것은

$$\vec{a}-\vec{b}=\vec{a}+(-\vec{b})$$

와 같이 $\vec{a}$에 $-\vec{b}$를 더하는 것과 같습니다. 그러면 먼저 $-\vec{b}$가 무엇인지 알아야겠지요? 그것도 $-$ 부호의 수학적 정의를 이해하면 쉽게 알 수 있습니다. -3이 3을 더하면 0이 되는 수인 것처럼, $-\vec{b}$는 $\vec{b}$를 더했을 때 0이 되는 벡터입니다. $\vec{b}-\vec{b}=0$이지요? 그런데 $\vec{b}$를 빼는 것은 $-\vec{b}$를 더하는 것과 같다고 했습니다. 교환법칙을 적용하면 $\vec{b}$에 $-\vec{b}$를 더하는 것은 $-b$에 $\vec{b}$를 더하는 것과 같습니다. 즉,

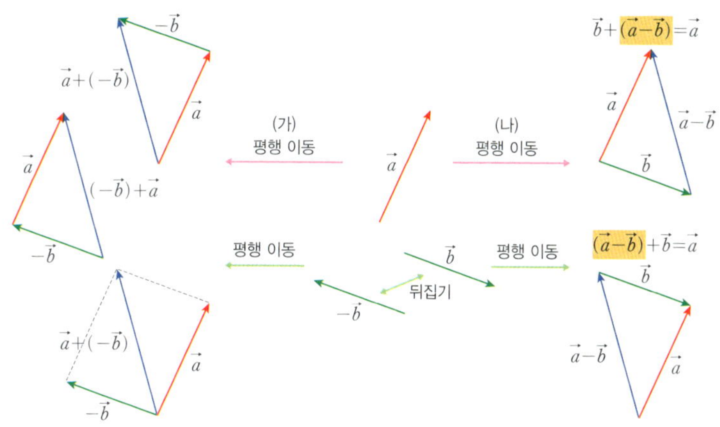

그림 3-27 (가) $\vec{a}-\vec{b}$는 $\vec{a}+(-\vec{b})$와 같다. (나) $\vec{a}-\vec{b}$는 $\vec{b}$를 더하면 $\vec{a}$가 되는 벡터이다.

$$\vec{b}+(-\vec{b})=(-\vec{b})+\vec{b}\equiv 0 ◆$$

인 겁니다. 앞에서 다룬 두 벡터를 더하는 방법을 적용해 보면 $-\vec{b}$는 $\vec{b}$와 크기는 같고 방향이 반대인 벡터여야 합니다. $\vec{b}$의 꼬리와 머리가 뒤집힌 벡터인 거지요. 그래야 $\vec{b}$의 머리에 $-\vec{b}$의 꼬리를 붙였을 때 $\vec{b}$의 꼬리와 $-\vec{b}$의 머리가 만나지 않겠어요? 그러니까 다음과 같이 말할 수 있습니다.

$-\vec{b}$는 $\vec{b}$와 크기는 같고 방향이 반대인 벡터이다.

◆ 벡터를 더한 결과는 벡터여야 합니다. 그러니 0에도 화살표를 붙여 $\vec{0}$으로 써야 할 것 같지만 0에는 화살표를 붙이지 않습니다. 크기가 없는 벡터에는 방향이 아무런 의미가 없기 때문이기도 하지만 아무것도 없게 된다는 의미로서 화살표 없이 0으로 적어야 오히려 더 맞습니다. 이 식은 어떤 것에 $-$부호를 붙인 것의 정의입니다.

하지만 이것은 $\vec{b}$가 벡터라서 새롭게 정해진 규칙도 아니고, 무조건 받아들여 외워야 하는 것도 아닙니다. 마이너스 부호에 들어있던 의미를 벡터에 대해 부여한 것뿐입니다.

그림 3-27 (가)는 $\vec{a}-\vec{b}$가 $\vec{a}+(-\vec{b})$와 같다는 사실을 이용하여 벡터의 뺄셈을 하는 방법을 설명합니다. $\vec{b}$의 방향을 뒤집어 $\vec{a}$와 더하는 것이지요. 그림에서 더하는 벡터인 $\vec{a}$와 $-\vec{b}$는 각각 빨간색과 초록색 화살표로, 두 벡터를 더한 결과로 만들어지는 $\vec{a}+(-\vec{b})$는 파란색으로 나타냈습니다. 하지만 이렇게 공식대로만 하면 재미없지요. $\vec{a}-\vec{b}$를 찾아내는 다른 방법을 소개하겠습니다. $\vec{a}-\vec{b}$ 역시 하나의 벡터입니다. 그리고 이 벡터에 $-\vec{b}$를 더하면 $\vec{a}$가 되지요. $(\vec{a}-\vec{b})+\vec{b}=\vec{a}$이니까요. 이 사실을 활용해 봅시다. $\vec{a}$와 $\vec{b}$($-\vec{b}$가 아닙니다!)를 평행 이동하여 그림 (나)처럼 $\vec{a}$와 $\vec{b}$의 꼬리끼리 또는 머리끼리 붙게 합니다. 그리고 벡터를 더하는 방법을 적용해서 (초록색으로 나타낸) $\vec{b}$와 더했을 때 (빨간색으로 나타낸) $\vec{a}$가 되는 벡터가 무엇일지를 생각해 보세요. 금방 답이 나오지요?

스칼라 물리량과 벡터 물리량을 곱하기

수학적 약속에 따라 $\vec{a}+\vec{a}=2\vec{a}$입니다. 똑같은 것을 더하는 것을 '2 곱하기'라고 하고, '2 곱하기 $\vec{a}$'를 곱하기 기호 $\times$를 생략하고 $2\vec{a}$로 적는 것 모두 수학에서 그렇게 하기로 약속한 것입니다. 그림 3-28 (가)에

278

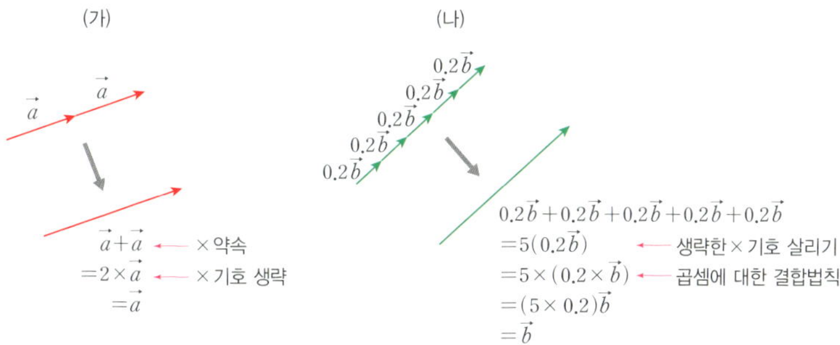

그림 3-28 (가) $2\vec{a}$는 $\vec{a}$와 방향은 같고 크기가 2배인 벡터이다. (나) $0.2\vec{b}$는 $\vec{b}$와 방향은 같고 크기가 1/5인 벡터이다.

보인 것처럼 $2\vec{a}$는 $\vec{a}$와 방향이 같고 크기가 2배인 벡터입니다. $0.2\vec{b}$는 어떻게 이해해야 할까요? 이것은 그림 (나)에 보인 것처럼 이 벡터를 5번 더하면, 즉, 5배 하면 $\vec{b}$가 되는 벡터입니다. $5(0.2\vec{b})=(5\times0.5)\vec{b}$니까요. 그러므로 $0.2\vec{b}$는 $\vec{b}$와 방향은 같고 크기가 1/5인 벡터입니다. 이 것을 일반화하면

어떤 실수와 벡터를 곱하면 방향은 그대로이고

곱한 수만큼 크기가 변한 벡터가 된다

는 것을 알 수 있습니다. 이것이 수학에서의 스칼라와 벡터의 곱입니다. 그런데 물리학에서 다루는 스칼라와 벡터는 단위를 가진 물리량이기 때문에 조심해야 합니다. 물리학에서 단순히 단순하게 어떤 실수를 벡터 물리량에 곱하는 일은 거의 하지 않습니다. 운동 법칙에 나오는 '질

량 곱하기 가속도'처럼 스칼라 물리량과 벡터 물리량을 곱하지요. 그 결과는 단위가 다른 새로운 벡터 물리량이 됩니다. 단순히 크기가 몇 배로 바뀌는 것이 아니라 곱하기 전 벡터 물리량과는 단위가 다르니 아예 크기를 서로 비교할 수 없는 다른 벡터 물리량이 되는 것입니다. 물론 새로운 물리량의 크기는 스칼라 물리량의 크기에 벡터 물리량의 크기를 곱한 값이기는 합니다. 3kg의 질량과 크기가 $4m/s^2$인 가속도를 곱하면 크기가 12N인 힘에 해당하는 벡터 물리량이 됩니다. 그러니 단순히 크기가 3배가 되었다고 할 수 없다는 거지요. 단, 곱하기 전 벡터 물리량과 새로 만들어진 벡터 물리량의 방향은 같습니다. 방향은 어떠한 단위도 붙지 않는 순수한 수학적 개념이니까요. 다음과 같이 정리할 수 있겠습니다.

스칼라 물리량과 벡터 물리량을 곱하면 방향은 그대로이고

단위가 다른 새로운 벡터 물리량이 된다

벡터끼리 곱할 수도 있습니다만[*] 이것은 나중에 필요할 때 알아보겠습니다.

[*] 벡터끼리 곱할 수는 있지만 나누기는 가능하지 않습니다. 곱하기의 역으로, 어떤 벡터에 곱했을 때 어느 정해진 양이 되는 벡터를 찾아내면 나누기가 아니냐고 할 수 있지만 그 벡터는 유일하지 않습니다.

속도와 가속도는 벡터 물리량입니다

벡터에 대한 기본 지식을 갖추었으니 위치 벡터로부터 속도 벡터와 가속도 벡터를 구해 봅시다. 앞의 해님과 달님 이야기에서 우리는 속도는 위치의 시간에 대한 순간 변화율로, 가속도는 속도의 시간에 대한 순간 변화율로 정의하였습니다. 기억을 되살리기 위해 다시 적어 보겠습니다.

$$v(t) = \lim_{\Delta t \to 0} \frac{x(t + \Delta t) - x(t)}{\Delta t} = \frac{dx}{dt}.$$

식 2.3, 식 2.5

$$a(t) = \lim_{\Delta t \to 0} \frac{v(t + \Delta t) - v(t)}{\Delta t} = \frac{dv}{dt}.$$

식 2.4, 식 2.6

이러한 위치, 속도, 가속도로 물체의 운동을 분석할 수 있었던 것은 물체가 정해진 하나의 일직선을 따라 움직인다는 걸 알기 때문입니다. 물체의 위치는 기준점으로부터의 거리인 $x(t)$만으로 알아낼 수 있고 속도와 가속도의 방향도 이미 정해져 있었지요. 일직선과 나란한 방향 말입니다.

식(2.3)~식(2.6)과 같이 속도와 가속도를 정의하고 운동 법칙을 적용하여 물체의 운동을 분석할 때 무엇보다도 중요한 것이 위치 $x(t)$를 정하는 일이라고 했습니다. 그런데 이제 위치를 정하는 방법이 바뀌었습니다. 물체가 3차원 공간에서 일직선이 아닌 궤적을 따라 움직이기에 위치는 크기와 방향 정보를 가진 벡터 물리량 $\vec{x}(t)$가 되었지요. 그리고 그 벡터를 꼬리가 기준점에 있고 머리가 물체의 위치에 있는 화살표로 나타내기로 했습니다. 그러면 속도와 가속도의 정의는 어떻게 바뀌며 어떻게 구해야 할까요? 일단 **식 (2.3)**과 **식 (2.5)**의 등호 오른쪽 식에서 위치 $x(t)$에 이것이 벡터 물리량임을 나타내는 화살표를 붙여 봅시다.

$$\lim_{\Delta t \to 0} \frac{\vec{x}(t+\Delta t) - \vec{x}(t)}{\Delta t} = \frac{d\vec{x}}{dt}$$

세상에! 화살표를 미분할 수 있을까요? 가능합니다. 이제부터 이 식이 무엇을 의미하는지 해석해 봅시다. $\vec{x}(t)$는 시간이 t일 때 물체의 위치 벡터이고 $\vec{x}(t+\Delta t)$는 그로부터 시간이 Δt만큼 바뀌었을 때의 위치 벡터입니다. 그리고 $\vec{x}(t+\Delta t) - \vec{x}(t)$는 $\vec{x}(t+\Delta t)$에서 $\vec{x}(t)$를 빼라는 겁니다. 벡터에서 벡터를 빼는 방법을 적용해야겠지요. 벡터에서 벡터를 뺀 것이니 $\vec{x}(t+\Delta t) - \vec{x}(t)$도 벡터입니다. 이 벡터를 Δ기호를 사용하여 $\Delta\vec{x}$라고 놓겠습니다.[◆] 이 벡터를 분모에 있는 시간의 변화량 Δt로 나누라지요? Δt는 스칼라 물리량입니다. 단위가 m(미터)인 벡터 물리량 $\vec{x}(t+\Delta t) - \vec{x}(t)$, 즉, $\Delta\vec{x}$를 단위가 s(초)인 스칼라 물리량 Δt로 나누면^{◆◆} 단위가 m/s인 새로운 벡터 물리량이 됩니다. 그런 다음 Δt를 아주 작은 값으로 보낼 때 $\Delta\vec{x}/\Delta t$의 극한을 구하면 크기와

◆ Δ는 그 뒤에 적은 물리량의 변화량이라는 것을 의미하는 기호입니다. 스칼라 물리량인 Δ와 위치 벡터 $\vec{x}$를 곱한 것이 아니므로, $\Delta\vec{x}$의 방향은 $\vec{x}$의 방향과 다릅니다.

◆◆ 이것은 $1/\Delta t$를 곱하는 것과 같습니다.

방향이 어떤 값에 수렴하는지를 알아보라네요. 이것이 화살표로 나타낸 위치 벡터 $\vec{x}(t)$를 시간에 대해 미분하는 방법입니다. 그렇게 하라는 것이 등호의 오른쪽에 있는 $d\vec{x}/dt$에 담겨 있는 의미지요.◆ 벡터를 시간에 대해 미분한 것도 크기와 방향을 가진 벡터 물리량이라는 것도 확인했으니까 이제 **식(2.3)**과 **식(2.5)**의 등호 왼쪽에 있던 v에도 화살표를 붙이고 **속도 벡터**라고 불러도 되겠습니다. 그리고 가속도에 대해서도 똑같은 논의를 펼치면, **식(2.4)**와 **식(2.6)**의 $v(t)$를 $\vec{v}(t)$로, $a(t)$를 $\vec{a}(t)$로 바꿀 수 있고 속도 벡터의 미분으로 **가속도 벡터**를 정의할 수 있을 겁니다. 즉, **식(2.3)**~**식(2.6)**은 다음과 같은 벡터 식으로 일반화할 수 있습니다.

$$\vec{v}(t) \equiv \frac{d\vec{x}}{dt} \equiv \lim_{\Delta t \to 0} \frac{\Delta \vec{x}}{\Delta t} \equiv \lim_{\Delta t \to 0} \frac{\vec{x}(t+\Delta t) - \vec{x}(t)}{\Delta t} \qquad \text{식 3.25}$$

$$\vec{a}(t) \equiv \frac{d\vec{v}}{dt} \equiv \lim_{\Delta t \to 0} \frac{\Delta \vec{v}}{\Delta t} \equiv \lim_{\Delta t \to 0} \frac{\vec{v}(t+\Delta t) - \vec{v}(t)}{\Delta t} \qquad \text{식 3.26}$$

아무리 그래도 화살표를 미분한다는 것을 받아들이기 어렵지요? 익숙해지기 위해 그림 3-24와 같은 경로로 물체가 움직이는 상황에서 위치 벡터를 미분해서 속도 벡터를 구해봅시다. **식(3.25)**에 적힌 대로 따라 하면서 말이지요. 그림 3-29 (가)와 (나)에 나타낸 세 화살표가 **식**

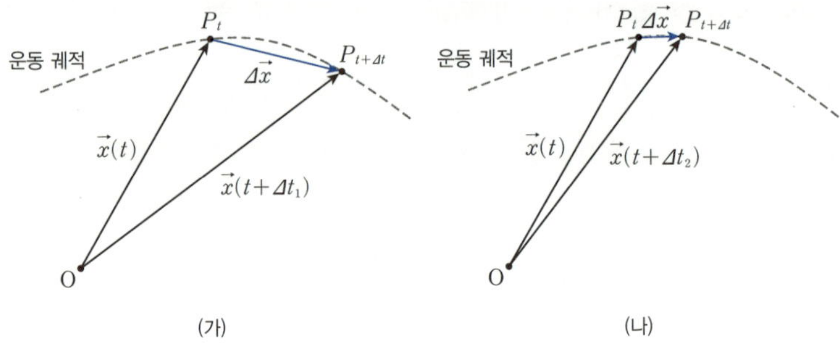

그림 3-29 $\vec{x}(t)$, $\vec{x}(t+\Delta t)$, $\vec{\Delta x}$. Δt가 작아질수록 $\vec{\Delta x}$의 방향은 점 P_t에서 운동 궤적에 접하는 방향이 된다. 그리고 $\vec{\Delta x}$의 크기(길이)는 점점 더 작아지지만 t와 $t+\Delta t$ 사이에 움직인 실제 거리에 접근한다.

(3.25)에 나오는 $\vec{x}(t)$, $\vec{x}(t+\Delta t)$, $\vec{\Delta x}$입니다. 점 P_t와 $P_{t+\Delta t}$는 각각 t와 $t+\Delta t$일 때 물체가 있는 곳입니다. 그림에서 벡터들의 화살표 방향으로부터 $\vec{\Delta x}=\vec{x}(t+\Delta t)-\vec{x}(t)$, 또는 $\vec{x}(t+\Delta t)=\vec{x}(t)+\vec{\Delta x}$와 같은 관계식을 확인해 보세요. 그리고 앞에서 이야기했듯이 $\vec{\Delta x}$의 방향이 $\vec{x}(t)$와 나란하지도 않다는 것도 눈여겨보기 바랍니다. 그림 (가)와 (나)는 서로 다른 시간 간격 $\Delta t(\Delta t_1 > \Delta t_2)$에서의 상황입니다. 이것은 Δt에 따라 $\vec{\Delta x}$의 크기뿐 아니라 방향도 Δt에 따라 달라진다는 것을 보여 줍니다. Δt가 작을수록 $\vec{\Delta x}$의 크기는 줄어듭니다. 더욱 중요한 점은 Δt가 작을수록 P_t와 $P_{t+\Delta t}$를 연결하는 실제 궤적의 모양이 $\vec{\Delta x}$의 직선과 더 가까워진다는 것입니다. 이로부터 우리는 $\Delta t \to 0$인 극한을 유추할 수 있습니다. $\Delta t \to 0$인 극한에서 $\vec{\Delta x}$의 방향은 P에서 운동 궤적에 접하는 접선과 나란해질 겁니다. $\Delta t \to 0$인 극한에서 $\vec{\Delta x}$의 크기(길이)는 당연히 0에 수렴합니다. 하지만 그 값은 실제 운동 궤적을 따라 움직

284

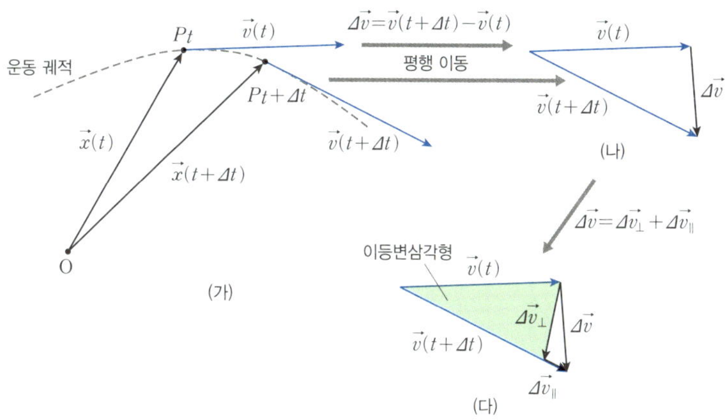

그림 3-30 (가) $\vec{v}(t),\ \vec{v}(t+\Delta t),\ \Delta v$ (나) $\Delta\vec{v}=\vec{v}(t+\Delta t)-\vec{v}(t)$ (다) $\Delta\vec{v}=\Delta\vec{v}_\perp+\Delta\vec{v}_\parallel,\ \Delta\vec{v}_\perp$ =속도의 방향 변화에 의한 변화량, $\Delta\vec{v}_\parallel$ =속도의 크기 변화에 의한 변화량

인 거리에 수렴할 것이므로 $\Delta\vec{x}$의 크기 $\Delta x^{\bullet}$와 Δt의 비는 t일 때 물체가 움직이는 실제 순간 속력에 수렴하게 됩니다. 식 (3.25)와 그림 3-29는 물체의 속도 벡터에 대해 다음과 같은 중요한 사실을 알려 줍니다.

물체의 속도 벡터 $\vec{v}(t)$의 방향은 t일 때의 위치에서 운동 궤적에 접하는 접선과 나란하고, 크기는 그 순간 물체가 움직이는 속력이다.

가속도 벡터를 구하는 과정도 속도를 구하는 과정과 같습니다. 그림 3-30 (가)는 물체가 t와 $t+\Delta t$에 점 P_t와 $P_{t+\Delta t}$에서 $\vec{v}(t)$와 $\vec{v}(t+\Delta t)$의 속도로 움직이는 것을 나타냅니다. 속도 벡터는 앞에서 설

◆ 앞으로 어떤 벡터, 예를 들어, $\Delta\vec{x}$의 크기를 나타낼 때 그 벡터에 화살표를 붙이지 않은 Δx로 나타내기로 하겠습니다.

명한 과정으로 구해진 것입니다. 궤적의 각 점에서 접선 방향이지요. 먼저 $\vec{v}(t+\Delta t)$에서 $\vec{v}(t)$를 빼서 $\Delta\vec{v}$를 구해야지요? 위치 벡터와는 달리 서로 다른 지점 P_t와 $P_{t+\Delta t}$에 꼬리가 있지만 괜찮습니다. 꼬리를 그 점에 놓이게 하는 건 그저 관습이라고 했지요? 두 벡터를 평행 이동해서 그림 (나)처럼 꼬리를 서로 붙이면 $\Delta\vec{v}$를 구할 수 있습니다. 그리고 그렇게 구한 $\Delta\vec{v}$가 $\Delta t \rightarrow 0$일 때 방향이 어찌 되는지, 크기 Δv와 시간 간격 Δt의 비가 어떤 값에 수렴하는지를 조사하면 가속도 벡터의 방향과 크기를 알아낼 수 있습니다.

그림 (나)는 우리에게 가속도에 대한 중요한 사실 하나를 알려 줍니다. $\vec{v}(t+\Delta t)$와 $\vec{v}(t)$의 크기뿐 아니라 방향이 바뀌어도 $\Delta\vec{v}$가 0이 아니라는 것입니다. 심지어 속도의 크기가 일정한 운동에서도 그렇습니다. $\vec{v}(t)$와 $\vec{v}(t+\Delta t)$가 나란하지 않으면 항상 세 벡터 $\vec{v}(t)$, $\vec{v}(t+\Delta t)$, $\Delta\vec{v}$가 삼각형을 이루어야 하니 그렇지요. 이에 대해 더 알아보기 위해 그림(다)처럼 $\Delta\vec{v}$를 속도의 방향 변화에 의한 변화량 $\Delta\vec{v}_{\perp}$와 속도의 크기 변화에 의한 변화량 $\Delta\vec{v}_{\parallel}$의 합으로 생각해 봅시다. 그림 (다)에서 녹색 삼각형은 등변의 크기♦가 $v(t)$♦♦이고, $\vec{v}(t)$와 $\vec{v}(t+\Delta t)$가 이루는 각을 꼭지각으로 하는 이등변삼각형입니다. 그림 (다)로 $\Delta\vec{v}_{\perp}$와 $\Delta\vec{v}_{\parallel}$이 어떻게 정의된 것인지 설명이 되었기를 바랍니

286

다. 속도의 방향이 변하지 않으면 $\Delta\vec{v}_\perp$가 0이고, 속도의 크기가 변하지 않으면 $\Delta\vec{v}_\parallel$이 0이라는 것도요.

Δt가 점점 작아져서 $\vec{v}(t)$와 $\vec{v}(t+\Delta t)$가 점점 더 같아지면 $\Delta\vec{v}_\perp$와 $\Delta\vec{v}_\parallel$의 방향은 아주 특별해집니다. 이등변삼각형의 꼭지각이 점점 작아질 테니 $\Delta\vec{v}_\perp$와 $\vec{v}(t)$가 이루는 각이 점점 더 직각에 가까워지고 $\Delta\vec{v}_\parallel$은 $\vec{v}(t)$의 방향에 가까워질 겁니다. 그러니 $\Delta t \rightarrow 0$인 극한에서는 결국 $\Delta\vec{v}_\perp$가 $\vec{v}(t)$에 수직이 되고 $\Delta\vec{v}_\parallel$은 $\vec{v}(t)$와 나란해질 겁니다. 이것이 $\Delta\vec{v}_\perp$와 $\Delta\vec{v}_\parallel$의 아래첨자에 수직을 의미하는 $\perp$기호와 나란하다는 것을 의미하는 $\parallel$기호를 붙인 이유입니다.

Δt가 작아지면 $\Delta\vec{v}_\perp$와 $\Delta\vec{v}_\parallel$의 크기도 점점 줄어들 겁니다. 하지만 그 크기 $\Delta v_\perp$와 $\Delta v_\parallel$과 Δt의 비는 어느 유한한 값에 수렴하겠지요. 이 값들을 각각 $a_\perp$와 $a_\parallel$이라고 합시다. 그러면 우리는 운동하는 물체의 가속도 벡터에 대해 다음과 같이 정리할 수 있습니다.

물체의 가속도 벡터 $\vec{a}(t)$는 속도의 방향 변화와 관계가 있는[◆] 가속도 $\vec{a}_\perp$와 속도의 크기 변화와 관계가 있는 가속도 $\vec{a}_\parallel$의 합이다. 즉,

$$\vec{a}=\vec{a}_\perp+\vec{a}_\parallel$$

◆　지금까지의 유도 과정에서는 속도로부터 가속도를 구하였기 때문에 속도 변화로 인하여 가속도가 나타나는 것처럼 보입니다. 그러므로 '속도의 방향 변화로 인한 가속도'라고 말해야 할 듯합니다. 하지만 나중에 운동법칙을 적용하다 보면 힘이 작용해서 물체에 가속도가 있게 되고 그 결과 속도 변화가 일어나는 것으로 볼 수도 있습니다. 사실 속도와 가속도는 어느 것이 원인이고 어느 것이 결과라고 정할 수 없습니다. 단지 식 (3.26)과 같은 관계식을 가지는 것뿐이지요. 그래서 '관계가 있는'이라고 표현했습니다.

그림 3-31 (가) 두 쇠똥구리가 똥경단에 작용하는 힘, (나) 액자에 작용하는 장력과 중력의 합은 0이다.

이때 $\vec{a}_\perp$는 방향이 속도 벡터와 수직이고 크기가 $a_\perp$인 벡터이고 $\vec{a}_\parallel$는 방향이 속도 벡터와 나란하며 크기가 $a_\parallel$인 벡터이다.

힘도 벡터입니다

물체에 작용하는 힘도 벡터 물리량입니다. 상식적으로 생각해도 그렇지요. 힘의 크기뿐 아니라 작용하는 방향에 따라 물체의 운동이 달라지는 것은 당연해 보입니다. 그리고 일상 경험과도 잘 들어맞지요.

288

　더구나 운동법칙 $F=ma$의 등호의 오른쪽에 있는 가속도가 벡터 물리량인 것을 알았습니다. 가속도에 스칼라 물리량인 질량을 곱한 것은 벡터 물리량입니다. 그러니 운동법칙의 등호 왼쪽에 있는 힘도 당연히 벡터 물리량이어야만 하지요. 운동법칙은 이제

$$\vec{F}=m\vec{a}$$

식 3.27

와 같은 벡터 물리량 사이의 등식으로 나타내져야 합니다.

　여러 변위가 더해진 결과가 단 하나의 변위와 같아지듯이, 여러 힘이 한 물체에 작용할 때 그 힘을 모두 더한 단 하나의 힘이 물체에 작용하는 것처럼 움직입니다.[◆] 그렇게 더해진 하나의 힘을 **알짜힘**(net force)^{◆◆}이라고 합니다. 이 알짜힘이 운동법칙 **식 (3.27)**의 왼쪽에 있는 $\vec{F}$입니다. 힘을 더해 알짜힘을 구하는 방식은 벡터끼리 더하는 규칙을 따라야 합니다. 그림 3-31 (가)에는 두 쇠똥구리가 하나의 똥경단에 각각 힘 $\vec{F_1}$과 $\vec{F_2}$를 작용합니다. 서로 협력하여 똥경단을 움직이는 거로는 보이지 않습니다만. 두 쇠똥구리가 똥경단에 작용하는 힘은 두 힘의 벡터합 $\vec{F_1}+\vec{F_2}$입니다. 이 힘은 각각의 쇠똥구리가 작용하는 힘과는 다른 방향이지요. 똥경단에는 이 외에도 중력과 지면과의 마찰력이 작용

<hr>

◆　크기가 있는 물체에 여러 힘이 작용하는 경우 질량중심의 운동만 하나의 힘이 작용하는 것과 똑같이 움직입니다. 물체의 회전운동은 힘이 어느 점에 작용하는가에 따라 달라집니다.

◆◆　우리 교육과정에서는 둘 이상의 힘을 더한 것을 **합력**이라고 부릅니다. 그리고 힘을 더해 합력을 구하는 것을 **힘의 합성**이라고 합니다.

합니다. 이 힘들을 모두 더해야 똥경단에 작용하는 알짜힘이 되지요. 그림 (나)는 쇠똥구리 연구로 유명한 **파브르**(Jean-Henri Casimir Fabre, 1823-1915)의 사진 액자가 못에 걸려 있는 상황입니다. 액자에는 중력과 두 줄의 장력이 작용합니다. 액자가 움직이지 않고 벽에 잘 걸려 있다면 이 세 힘을 더한 알짜힘은 0이 되어야 합니다. 그림 아래에 나타낸 것처럼 그 세 힘이 삼각형을 이루지요. 그림 (가)와 (나)에서 화살표의 방향에 주의하여 벡터 합 규칙을 확인해 보기 바랍니다.

포물선 운동을 벡터로 알아보기

운동법칙까지 벡터 관계식으로 바꾸었으니 포물선 운동을 벡터로 알아볼까요? 지표면 근처에서 물체가 $\vec{v_0}$♦의 속도로 운동을 시작했다고 합시다. 물체의 위치를 그림 3-32과 같이 검은색 화살표 $\vec{x}(t)$로 나타내기로 합시다. 운동을 시작한 위치를 위치 $\vec{x}(t)$의 기준점 O로, 그리고 그 순간을 시간 t의 기준으로 삼겠습니다. 위치 $\vec{x}(t)$가 정의되었으니 **식(3.25)**와 **식(3.26)**에 따라 속도 $\vec{v}(t)$와 가속도 $\vec{a}(t)$도 정의할 수 있습니다. 물체에 작용하는 다른 힘은 무시하고 오직 중력만 고려하기로 하지요.

해님과 달님 이야기에서 언급했던 임시 중력 법칙에 의하면, 지표

♦ $\vec{v_0}$처럼 어떤 물리량의 처음 값을 나타내고자 할 때 아래첨자 0을 사용합니다.

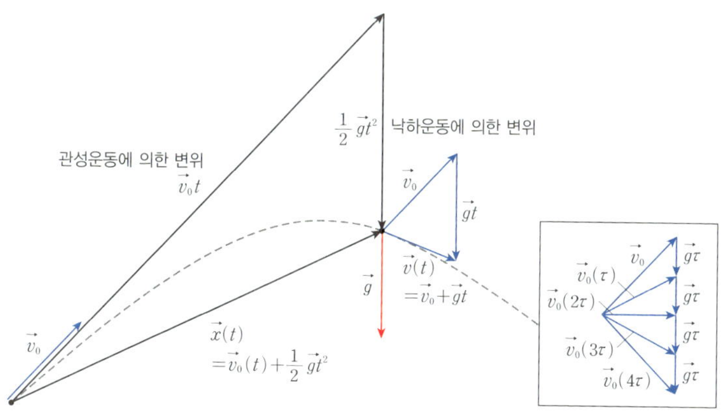

면 근처에서 질량이 m인 물체에 작용하는 중력은 크기가 mg이고 연직 아래 방향입니다. 여기에서 g는 중력가속도이며 시간과 위치에 따라 변하지 않는다고 할 수 있습니다. 이 중력가속도를 연직 아래 방향이라는 정보를 담아 $\vec{g}$와 같이 벡터로 바꿀 수 있습니다. **식 (3.27)**에 $\vec{F}=m\vec{g}$ 를 대입하면

$$\vec{a}(t)=\vec{g}$$

식 3.28

와 같은 운동 방정식을 얻게 됩니다. 이 방정식의 **해(解**, solution)가 위치 $\vec{x}(t)$입니다. 그래서 위치를 방정식에서 미지수를 나타내는 문자 x를 사용하는 걸까요?

$\vec{a}=d\vec{v}/dt$라는 사실과 운동 방정식인 **식 (3.28)**을 연계하면 우리는

$$\vec{v}(t) = \vec{g}t + \vec{C}$$

식 3.28

여야 한다는 것을 알 수 있습니다. 여기에서 $\vec{C}$는 상수입니다. 당연히 벡터지요. 벡터인 $\vec{g}t$에 스칼라를 더할 수는 없으니까요. 그리고 속도와 같은 단위를 가지는 벡터여야 합니다. 저 유명한

$$f(x) = x^n \text{이면 } df/dx = nx^{n-1},$$

$$df/dx = x^n \text{이면 } f(x) = x^{n+1}/(n+1) + c \ (c = \text{상수})$$

미적분 공식이 벡터 식에서도 성립한다는 것이 재미있지요? 한번 확인해 볼까요? $\vec{v}(t) = \vec{g}t + \vec{C}$면 $\vec{v}(t+\Delta t) = \vec{g}(t+\Delta t) + \vec{C}$이니까 $\Delta\vec{v} = \vec{g}\Delta t$입니다. 이것을 Δt로 나누고 $\Delta t \longrightarrow 0$인 극한을 취하면 (취할 필요도 없지만) $\vec{a} = \vec{g}$가 됩니다. **식 (3.29)**에 들어 있는 상수 벡터 $\vec{C}$는 $t=0$일 때 $\vec{v}(t=0) = \vec{v}_0$여야 한다는 사실로부터 정할 수 있습니다. 즉, $\vec{C} = \vec{v}_0$지요. 따라서,

$$\vec{v}(t) = \vec{g}t + \vec{v}_0$$

식 3.30

입니다. 이 식에서 반드시 눈여겨봐야 할 것이 있습니다. $\vec{v}(t)$와 $\vec{v}_0$뿐 아니라 $\vec{g}t$도 속도와 같은 단위를 가지는 벡터 물리량이라는 사실입니다. 벡터이고 단위가 $\mathrm{m/s^2}$인 중력가속도 $\vec{g}$에 단위가 s인 스칼라 물리량 t를 곱하면 속도와 같은 $\mathrm{m/s}$ 단위를 가지는 벡터 물리량이 되지요, 그래서 $\vec{v}_0$와 더할 수 있고 그 결과가 $\vec{v}(t)$가 될 수 있는 겁니다. **그림 3-32**에서 $\vec{v}(t)$, $\vec{v}_0$, $\vec{g}t$가 모두 파란색 화살표로 그려져 있다는 것,

그리고 **식 (3.30)**의 관계식을 만족하고 있다는 것을 꼭 확인하기 바랍니다. $\vec{g}$는 빨간색 화살표입니다. 그림 3-32의 상자 안에는 일정한 간격 τ만큼 시간이 지날 때의 속도 벡터가 그려져 있습니다. 이것은 **식 (3.30)**이 담고 있는 기하학적 의미를 잘 보여 주지요. 즉, $\vec{v}(t)$를 나타내는 화살표는 연직 방향으로의 높이만 바뀔 뿐 수평 방향으로의 폭은 변하지 않는다는 것입니다. 어쩐지 '수평 방향으로는 등속운동'이라는 주문이 생각나지 않나요? 화살표가 위로 향하다가 아래로 바뀌는 순간 ($t=2\tau$일 때), 즉, 화살표가 수평 방향일 때 물체는 최고점에 도달하겠네요.

이제 $\vec{v}(t)=\vec{g}t+\vec{v}_0$와 $\vec{v}(t)=d\vec{x}/dt$를 연계해 볼까요? 이 두 식을 만족하는 $\vec{x}(t)$는

$$\vec{x}(t)=\frac{1}{2}\vec{g}t^2+\vec{v}_0t+\vec{C'}$$

식 3.31

입니다. **식 (3.25)**에 이 $\vec{x}(t)$를 대입하여 직접 확인해 보기 바랍니다. 여기에서 $\vec{C'}$은 상수 벡터입니다. **식 (3.29)**의 상수 벡터 $\vec{C}$와 다른 벡터지요. 전혀 다른 벡터입니다. 단위까지 나르니까요. $\vec{C'}$의 단위는 m입니다. 내친김에 **식 (3.31)**에 있는 모든 항의 단위가 m라는 사실도 점검해 보기 바랍니다. $t=0$인 순간 물체의 위치를 $\vec{x}(t)$의 기준으로 삼았으니 $\vec{C'}=0$이어야 합니다.

드디어 운동 방정**식 (3.28)**의 답을 찾았네요.

$$\vec{x}(t) = \frac{1}{2}\vec{g}t^2 + \vec{v}_0 t$$

입니다. 첫 번째 항 $\vec{g}t^2/2$는 크기가 $gt^2/2$이고 $\vec{g}$와 나란하게 연직 아래를 향하는 벡터입니다. 이것은 물체의 낙하운동으로 인한 변위입니다. 두 번째 항 $\vec{v}_0 t$는 크기가 $v_0 t$이고 방향이 $\vec{v}_0$와 나란한 벡터입니다. 이것은 $\vec{v}_0$의 일정한 속도로 일직선 운동을 했을 때의 변위입니다. 즉, 관성 운동에 의한 변위지요. 그림 3-32는 식(3.32)의 기하학적 의미를 잘 보여 줍니다. 즉, 관성 운동과 낙하 운동에 의한 두 변위가 더해진 것이 위치 $\vec{x}(t)$라는 것을 말입니다. 앞에서 다루었던 갈릴레오의 포물선 운동 이야기와 비슷하지 않나요? 아예 같다고요? 하지만 우리는 지금 뉴턴의 운동 법칙을 적용한 겁니다. 더구나 벡터를 동원해서요. 이것은 뉴턴도 하지 못했던 겁니다.◆

벡터를 좌표로 나타내기

벡터를 화살표로 나타내면 여러모로 편리합니다. 무엇보다 직관적으로 상황을 이해할 수 있습니다. 하지만 결국에는 벡터를 수(와 단위)로 나타낼 수 있어야 정량적으로 분석할 수 있습니다. 앞에서 좌표계를 도입하면 위치를 수(와 단위)로 나타낼 수 있다고 이야기했습니다. 그 수(와 단위)를 좌표라고 한다고 했지요? 사실 공간상의 한 점의 위치를 나

◆   벡터 개념은 19세가 후반이 돼서야 정립되었습니다.

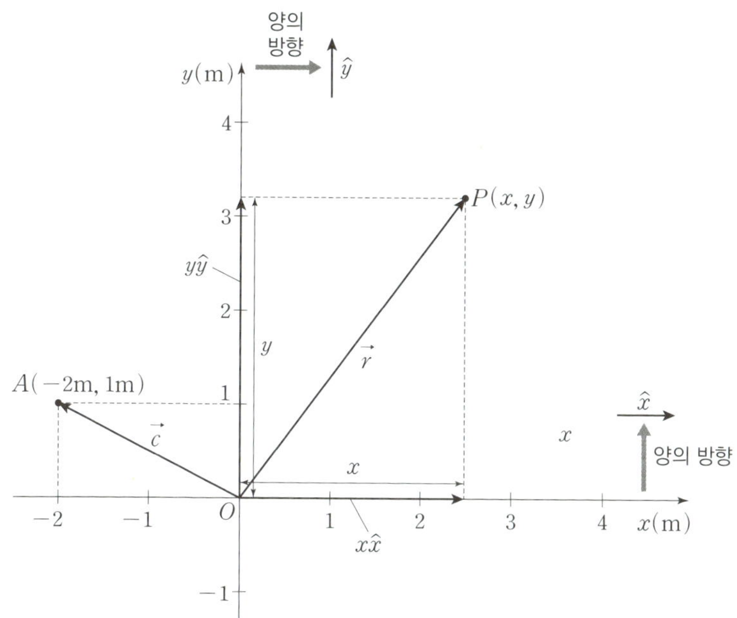

그림 3-33 데카르트식 좌표계에서 단위벡터 $\hat{x}$, $\hat{y}$는 각각 x축과 y축의 양의 방향을 가리키는 크기가 1이고 단위를 가지지 않는 벡터이다.

타내는 데는 좌표가 더 직관적입니다. 이것이 우리 인류가 어느 특정한 지점을 찾아가는 데 사용해 왔던 방법이니까요. 지금도 자동차 내비게이션 장치가 그렇게 길을 알려 주지요. 어느 길로 얼마만큼 간 다음 우회전해서 그 길을 따라 얼마만큼 가라는 식으로 말입니다. 이것을 크기와 방향을 가진 화살표로 나타내자는 것은 이해할 수는 있어도 익숙하지는 않을 겁니다. 한편 속도와 가속도는 어쩌면 그 반대일 겁니다. 크기와 방향으로 나타내는 것이 오히려 친숙하지요. 속도의 좌표라니 이상하지 않나요? 좌표로 나타낸 물리량을 화살표로 바꾸고, 화살표로 나타낸 물리량을 좌표로 바꾸는 일을 해 봅시다. 이 작업에는 방향 정보를 가진 특정한 벡터의 도움이 필요합니다.[◆]

그림 3-33과 같이 한 평면에 대해 서로 직교하는 x축과 y축을 도입하여 설정한 데카르트식 좌표계에서 점 P의 좌표가 (x, y)라고 합시다. x와 y는 점 P에서 x축과 y축에 그은 수선이 각각의 축과 만나는 점의 원점 O로부터 축의 '양의 방향으로 떨어진 거리'입니다. 이들은 길이의 단위, 예를 들어, m를 가집니다. 한편, 점 P를 나타내는 위치 벡터 $\vec{r}$[◆◆]은 그림에 보인 것처럼 원점 O에 꼬리가 있고 점 P에 머리가 있는 화살표입니다. 좌표 x와 y를 어떻게 하면 이 화살표와 연결할 수 있을까요?

좌표계를 설정할 때 우리는 x축과 y축의 양의 방향도 함께 정합니다. x축과 y축의 양의 방향을 나타내는 벡터[◆◆◆]를 각각 $\hat{x}$와 $\hat{y}$라고 합

시다. $\hat{x}$과 $\hat{y}$은 오직 방향 정보만을 가지며 크기는 1이고[*] 어떤 단위도 가지지 않습니다. 이러한 벡터를 **단위벡터**(unit vector)라고 합니다. m(미터)나 N(뉴턴) 등의 어떤 단위를 가지지 않는데도 단위벡터라고 부르는 것이 무척 역설적이지만요. 그림 3-33에서 단위벡터를 나타내는 화살표의 길이가 x축이나 y축에서 1m 간격으로 나타낸 눈금 한 칸의 길이와 다르다는 것을 눈여겨보기 바랍니다.[**] 단위벡터는 벡터지만 문자 위에 화살표를 붙이지 않습니다. 관습적으로 문자 위에 $\wedge$(hat)를 붙여 나타냅니다. 그래서 $\hat{x}$를 'x 햇(x hat)'이라고 읽습니다. 단위벡터 $\hat{x}$와 $\hat{y}$를 $\hat{i}$과 $\hat{j}$, 또는 $\hat{e}_x$와 $\hat{e}_y$와 같이 나타내기도 합니다.

P의 x좌표인 x에 단위벡터 $\hat{x}$를 곱한 $x\hat{x}$를 생각해 봅시다. $x\hat{x}$는 스칼라와 벡터를 곱한 벡터입니다. 이것은 그림 3-33에 나타낸 것처럼 크기가 x이고 방향이 $\hat{x}$과 나란한 벡터입니다. 마찬가지로 $y\hat{y}$는 크기가 y이고 방향이 $\hat{y}$과 나란한 벡터지요. 그리고 이 두 벡터 $x\hat{x}$와 $y\hat{y}$을 벡터 더하기 규칙을 따라 더하면 $\vec{r}$과 같은 벡터가 되지 않겠어요? 즉, 기하학적으로

---

[*] 단위를 가지지 않으니 크기가 1이라고 해도 그 크기가 물리적으로는 어떤 의미도 없습니다. 단위를 가진 그 어떤 벡터 물리량과 크기를 비교할 수 없을 테니까요. 크기가 1이라고 할 때 1은 곱하기에 대한 수학적 항등원으로 이해해야 할 겁니다.

[**] 사실 x축과 y축이 길이 단위를 가지는 그림 3-33의 좌표계에서 단위벡터를 구체적으로 나타낼 수 없습니다. 크기가 1이라는 것이 길이가 1m라는 의미가 아니니까요. 이것이 물리학과 수학에서 단위벡터가 다른 점입니다. 수학에서 다루는 공간은 오직 수로 나타낼 수 있는 추상적인 것이기 때문에 크기가 1인 단위벡터는 좌표계의 한 눈금과 길이가 같습니다. 물리학에사 단위벡터는 그저 추상적으로 정의된 벡터입니다.

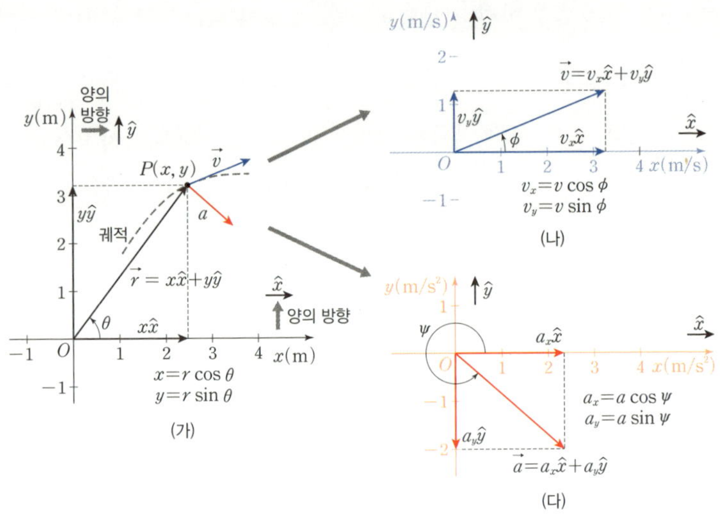

그림 3-34 굳이 따지자면 (가) 위치 벡터, (나) 속도 벡터, (다) 가속도 벡터에 대해서는 가로축과 세로축의 축척과 단위가 다른 좌표계를 도입해야 한다. 하지만 방향은 축척과 단위에 무관하므로 단위벡터 $\hat{x}$와 $\hat{y}$는 공통으로 사용할 수 있다.

$$\vec{r} = x\hat{x} + y\hat{y}$$

식 3.33

입니다. 좌표가 $(-2\,\mathrm{m}, 1\,\mathrm{m})$인 점 A의 위치를 나타내는 벡터를 $\vec{C}$라고 하면

$$\vec{C} = (-2\,\mathrm{m})\hat{x} + (1\,\mathrm{m})\hat{y}$$

와 같이 나타낼 수 있습니다. 이제 드디어 위치 벡터를 수(와 단위)로 나타낼 수 있게 되었네요. 간단해 보이지만 이런 식을 외우려 들면 절대 안 됩니다. 식에 나오는 문자와 그에 붙어 있는 화살표나 모자 기호의 의미를 모두 알고 **그림 3-32**의 상황을 머리에 떠올리고 연계할 수 있어

야 합니다. 당연히 $x\hat{x}$, $y\hat{y}$, 그리고 그 두 벡터 덧셈의 기하학적 의미도 이해해야겠지요?

그림 3-33 (가)는 어떤 궤적을 따라 이동하고 있는 물체가 점 P를 지나는 순간의 위치, 속도, 가속도 벡터를 각각 검은색, 파란색, 빨간색 화살표로 나타낸 것입니다. 물체의 운동 상황을 잘 나타내고 있지만, 앞에서 한번 이야기했던 것처럼 속도 벡터와 가속도 벡터를 나타낸 화살표는 엄밀하게 따지자면 그림 3-33 (가)의 좌표계에는 그릴 수 없습니다. 이 두 화살표의 길이는 각각 물체의 속력과 가속도의 크기를 나타내며 단위가 m/s과 m/s^{2}입니다. 사실 단위벡터 $\hat{x}$와 $\hat{y}$도 그림 (가)의 좌표계에는 그릴 수 없는 것이기는 합니다. 이 벡터들은 물리적인 2차원 평면, 예를 들어, 파리가 기어다니는 데카르트의 방 천장에 화살표로 나타낼 수 있는 벡터가 아닙니다. 속도와 가속도 벡터는 가상의 공간에 존재합니다. 그림 (나)와 (다)처럼 각각의 단위에 맞는 좌표계를 설정해야 하는 특별한 공간이지요. 단, 이 벡터들의 방향은 단위와 관계가 없으므로 그림 (가)의 좌표계의 방향을 그대로 사용할 수 있습니다. 예를 들어, 포물선 운동하는 물체의 가속도가 연직 아래 방향이라거나, 최고점을 지나는 순간에는 속도가 수평 방향이라고 말

> $\vec{r}$: 점 P를 나타내는 위치 벡터
> x: 점 P의 x 좌표
> $\vec{r}$의 x 성분($=r\cos\theta$)
> y: 점 P의 y 좌표
> $\vec{r}$의 y 성분($=r\sin\theta$)
> $\hat{x}$: x축 양의 방향을 나타내는 단위벡터
> $\hat{y}$: y축 양의 방향을 나타내는 단위벡터
> r: $\vec{r}$의 크기($=\sqrt{x^2+y^2}$)
> θ: $\vec{r}$이 x축과 이루는 각

하더라도 문제가 없지 않나요? 그러므로 단위와 축척이 모두 다른 (가), (나), (다)의 좌표계에서 좌표축의 방향은 모두 같게 정합니다. 그렇게 하면 $\hat{x}$와 $\hat{y}$를 위치, 속도, 가속도 벡터에 공통으로 사용할 수 있지요. 이제부터는 x축과 y축이 m만이 아니라 필요한 단위와 축척을 모두 가진 확장된 좌표축이라고 생각하기로 합시다. 단위와 축척은 필요한 경우가 아니면 아예 표시하지 않기로 하고요. 그러면 위치, 속도, 가속도 벡터를 나타내는 화살표를 하나의 좌표계에 나타낼 수 있지요.

그림 3-34 (가)와 연계하면 식 (3.34)는 $\vec{r}$을 x축과 y축 방향인 두 벡터 $x\hat{x}$과 $y\hat{y}$의 합으로 나타낸 것이라고 할 수 있습니다. 이때 $\hat{x}$와 $\hat{y}$의 앞에 붙는 x와 y를 각각 $\vec{r}$의 **x성분(x−component)과 y성분(y−component)**이라고 합니다.◆ $\vec{r}$의 크기가 r이고 그 화살표가 x축과 이루는 각이 θ라면 $x = r\cos\theta$이고 $y = r\sin\theta$임을 알 수 있습니다.

이와 똑같은 방식으로 그림 (나)와 (다)에 보인 것처럼 $\vec{v}$와 $\vec{a}$를 x축과 y축 방향인 두 벡터의 합으로 나타낼 수 있습니다.

$\vec{v}$: 어느 순간의 속도 벡터
v: $\vec{v}$의 크기 $\left(=\sqrt{v_x^2+v_y^2}\right)$
θ: $\vec{v}$가 x축과 이루는 각
v_x: $\vec{v}$의 x성분 $(=v\cos\theta)$
v_y: $\vec{v}$의 y성분 $(=v\sin\theta)$

◆ $x\hat{x}$를 스칼라 물리량(거리 또는 길이) x와 벡터 $\hat{x}$의 곱으로 볼 수 있지만 x는 스칼라 물리량은 아닙니다. 스칼라라고 부를 수 있는 물리량은 좌표계를 회전시켰을 때도 그 값이 변하지 않아야 합니다. 예를 들어, 그림 3-34 의 좌표계를 90°만큼 시계 반대 방향으로 회전하면 y축이 새로운 x축이 되고, 새로운 y축은 지금의 x축과 나란하지만 양의 방향이 바뀌게 될 것입니다. 그러면 위치 벡터의 x성분과 y성분의 값은 달라지지요. $\vec{r}$의 크기 $r\left(=\sqrt{x^2+y^2}\right)$은 스칼라 물리량입니다.

$$\vec{v}=v_x\hat{x}+v_y\hat{y} \qquad \text{식 3.34}$$

$$\vec{a}=a_x\hat{x}+a_y\hat{y} \qquad \text{식 3.35}$$

> $\vec{a}$: 어느 순간의 속도 벡터
> a: $\vec{a}$의 크기$(=\sqrt{a_x^2+a_y^2})$
> θ: $\vec{a}$가 x축과 이루는 각
> a_x: $\vec{v}$의 x성분$(=a\cos\theta)$
> a_y: $\vec{v}$의 y성분$(=a\sin\theta)$

이처럼 어떤 벡터 $\vec{A}$의 x성분과 y성분은 A_x와 A_y로 나타냅니다. 위 두 식에서 문자 v와 a, 그리고 아래첨자 x와 y가 어느 벡터의 어느 축에 대한 성분인지를 잘 알려 주지요? $\vec{v}$와 $\vec{a}$의 크기가 각각 v와 a이고, 그림 3-34 (나)와 (다)에 보인 것처럼 축과 이루는 각이 ϕ와 ψ라면 x성분과 y성분 v_x와 v_y, a_x와 a_y는 다음과 같이 구해집니다.

$$v_x=v\cos\phi, \qquad \text{식 3.34 a}$$

$$v_y=v\sin\phi, \qquad \text{식 3.34 b}$$

$$a_x=a\cos\psi, \qquad \text{식 3.35 a}$$

$$a_y=a\sin\psi. \qquad \text{식 3.35 b}$$

x와 y가 위치 벡터를 나타내는 화살표의 성분인 동시에 (x,y)가 위치 벡터 머리가 놓인 점의 좌표인 것처럼, 속도 벡터와 가속도 벡터의 성분을 (v_x,v_y)와 (a_x,a_y)와 같이 나타내면 이들은 그림 (나)와 (다)와 같은 가상공간의 좌표계에서 해당하는 벡터의 머리가 놓인 점의 '좌표'라고 할 수 있겠습니다. 물론 벡터들의 꼬리가 좌표계의 원점에 오도록 평행 이동을 먼저 해야겠지요. 이제까지는 그동안 화살표로 나타냈던 벡터를 점에 대응시키고 좌표를 구한 겁니다.

어떤 두 벡터, 예를 들어, 두 힘 $\vec{F_1}$와 $\vec{F_2}$가 같다면 두 벡터의 성분도 서로 같아야 합니다. 즉,

$$\vec{F_1}=\vec{F}_{1x}\hat{x}+\vec{F}_{1y}\hat{y},$$
$$\vec{F_2}=\vec{F}_{2x}\hat{x}+\vec{F}_{2y}\hat{y}$$

인데

$$\vec{F_1}=\vec{F_2}$$

라면,

$$F_{1x}=F_{2x},$$
$$F_{1y}=F_{2y}$$

라는 겁니다. 이것은 너무나도 당연한 결론으로 보입니다. 그렇지만 수학적으로 증명을 해야지요. 혹시 서로 다른 성분을 가진 벡터가 같을 수도 있으니까요. $\vec{F_1}$과 $\vec{F_2}$의 크기가 각각 F_1과 F_2이고, 각 벡터를 나타내는 화살표가 x축과 이루는 각이 θ_1과 θ_2라면

$$F_{1x}=F_1\cos\theta_1, \ F_{1y}=F_1\sin\theta_1$$
$$F_{2x}=F_2\cos\theta_2, \ F_{2y}=F_2\sin\theta_2$$

입니다. 그런데 두 벡터의 크기가 같고 방향도 같으니 $F_1=F_2$인데 $\theta_1=\theta_2$입니다. '증명 끝'이네요. 즉,

같은 두 벡터의 성분은 모두 서로 같다.

는 거지요.

벡터의 덧셈이 성분으로는 어떻게 되는지 알아봅시다. 앞에 성분으로 표시한 두 벡터 $\vec{F_1}$과 $\vec{F_2}$의 합을 예를 들어 보겠습니다. $\vec{F_1}$과 $\vec{F_2}$는 이제는 같은 벡터가 아닙니다. 성분으로 나타낸 벡터를 더하면

$$\vec{F_1}+\vec{F_2}=(F_{1x}\hat{x}+F_{1y}\hat{y})+(F_{2x}\hat{x}+F_{2y}\hat{y})$$
$$=(F_{1x}\hat{x}+F_{2x}\hat{x})+(F_{1y}\hat{y}+F_{2y}\hat{y})$$
$$=(F_{1x}+F_{2x})\hat{x}+(F_{1y}+F_{2y})\hat{y}$$

입니다. 이 결과를 다음과 같이 일반화할 수 있습니다.

두 벡터를 더한 벡터의 x성분과 y성분은 각 벡터의 해당 성분끼리 더한 것과 같다.

앞의 계산 과정에서 $F_{1x}\hat{x}$와 $F_{2x}\hat{x}$를 더한 것을 $(F_{1x}+F_{2x})\hat{x}$라고 할 수 있는 것은 곱셈과 덧셈의 결합법칙을 적용한 것입니다.[*] 기하학적으로는 그림 3-35 (가)에 보인 것처럼 같은 방향의 벡터니까 크기를 더한 것이라고 할 수 있겠네요. 하지만 서로 수직인 $F_{1x}\hat{x}$와 $F_{1y}\hat{y}$는 더했을 때 $F_{1x}\hat{x}+F_{1y}\hat{y}$ 이상으로 식을 간단히 할 수 없다는 것도 눈여겨

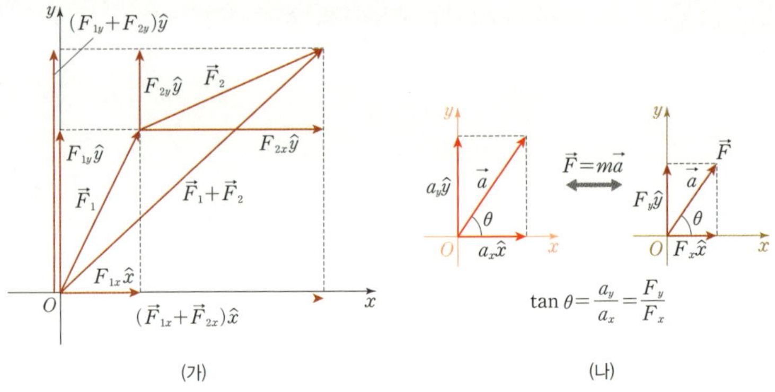

그림 3-35 (가) $\vec{F_1}+\vec{F_2}$의 x성분과 y성분은 F_1과 F_2의 해당 성분을 더한 값과 같다. (나) $\vec{F}(=m\vec{a})$의 x성분과 y성분의 비는 $\vec{a}$의 x성분과 y성분의 비와 같다.

보기 바랍니다.♦ 물론 $F_{1x}\hat{x}+F_{1y}\hat{y}$은 기하학적으로는 **그림 3-35** (가)에서처럼 한 벡터로 나타낼 수 있습니다. '식에서는 더 이상 간단하게 할 수 없다'는 말입니다.

성분으로 나타낸 벡터의 덧셈이 어떻게 되는지 알면 같은 두 벡터의 성분이 모두 서로 같다는 것도 새롭게 증명할 수 있습니다. 등식 $\vec{F_1}=\vec{F_2}$의 양변에서 $\vec{F_2}$를 빼면 $\vec{F_1}-\vec{F_2}=0$이라는 등식을 얻게 됩니다. 이것을 성분으로 나타내면 다음과 같습니다.

♦ 초등학교에서 덧셈을 가르칠 때 종종 '사과 3개와 배 4개가 있다면 과일이 모두 몇 개인가?'와 같은 문제를 내곤 합니다. 이것은 '같은 것끼리만 더할 수 있다'는 덧셈에 대한 기본적인 사항이 지켜지지 않았기에 수학적으로 잘못된 문제입니다. '사과'와 '배'라고 과일 종류를 구체적으로 명시했기 때문에 단순히 3과 4를 더해 7이라고 할 수 없습니다. 이들을 더한 것은 그저 사과 3개와 배 4개입니다. 수식으로는 '3사과+4배'일 뿐입니다. 과일 7개라고 하면 안 되지요. 사과 3개와 배 4개로 이루어진 과일 7개에서 사과 5개를 뺄 수는 없지 않겠어요? '-2사과+4배'라고 할 수는 있겠습니다만.

$$(F_{1x}-F_{2x})\hat{x}+(F_{1y}-F_{2y})\hat{y}=0$$

서로 수직인 두 벡터를 더했을 때 0이 되려면 각각이 0이 되는 수밖에 없습니다. 즉, $F_{1x}=F_{2x}$이고 $F_{1y}=F_{2y}$여야 하지요.

수평방향으로는 등속운동, 연직 방향으로는 등가속도운동이라는 말의 근거

스칼라와 벡터를 곱한 벡터의 성분도 알아봅시다. $m\vec{a}$로 예를 들어 보지요. $\vec{a}=a_x\hat{x}+a_y\hat{y}$일 때 곱셈과 덧셈에서의 분배법칙을 적용하면

$$m\vec{a}=m(a_x\hat{x}+a_y\hat{y})=(ma_x)\hat{x}+(ma_y)\hat{y}$$

임을 알 수 있습니다. 그러므로 $m\vec{a}$의 x성분과 y성분은 스칼라 물리량인 m을 해당 성분에 곱한 값이 됩니다. 단위만 따져 봐도 그래야 한다는 것을 알 수 있습니다. 만일 스칼라 물리량이 벡터 물리량의 어느 한 성분에만 곱해진다면 성분끼리 단위가 달라질 테니까 모든 성분에 똑같이 곱해야지요. 기하학적으로도 그렇습니다. 그림 3 35 (나)에 보인 것처럼 $\vec{a}$와 $\vec{F}=m\vec{a}$가 나란하다면 두 벡터가 x축과 이루는 각이 같으니까 기울기에 해당하는 성분끼리의 비가 같아야 합니다. 즉,

$$\frac{a_y}{a_x}=\frac{F_y}{F_x}$$

여야 하지요. 그러므로 $F_x=ma_x$라면 반드시 $F_y=ma_y$여야 합니다.

식 (3.33)에 있는 위치 벡터 $\vec{r}$을 시간에 대해 미분해 봅시다. $\hat{x}$와 $\hat{y}$
가 시간에 따라 변하지 않기 때문에 다음과 같이 됩니다.

$$\vec{v}=\frac{d\vec{r}}{dt}=\frac{d}{dt}(x\hat{x}+y\hat{y})=\frac{dx}{dt}\hat{x}+\frac{dy}{dt}\hat{y}.$$

또는, 다음과 같이 속도를 정의하는 **식 (3.25)**의 극한을 직접 취해서도
구할 수도 있습니다.

$$\vec{v}=\lim_{\Delta t \to 0}\frac{\vec{r}(t+\Delta t)-\vec{r}(t)}{\Delta t}$$

$$=\lim_{\Delta t \to 0}\frac{(x(t+\Delta t)\hat{x}+y(t+\Delta t)\hat{y})-(x(t)\hat{x}+y(t)\hat{y})}{\Delta t}$$

$$=\lim_{\Delta t \to 0}\frac{(x(t+\Delta t)-x(t))\hat{x}+(y(t+\Delta t)-y(t))\hat{y}}{\Delta t}$$

$$=\left(\lim_{\Delta t \to 0}\frac{(x(t+\Delta t)-x(t))}{\Delta t}\right)\hat{x}+\left(\lim_{\Delta t \to 0}\frac{(y(t+\Delta t)-y(t))}{\Delta t}\right)\hat{y}$$

$$=\frac{dx}{dt}\hat{x}+\frac{dy}{dt}\hat{y}$$

이 결과를 **식 (3.34)**와 연계하면

$$v_x\hat{x}+v_y\hat{y}=\frac{dx}{dt}\hat{x}+\frac{dy}{dt}\hat{y}$$

여야 하므로

$$v_x=\frac{dx}{dt}, v_y=\frac{dy}{dt} \qquad \text{식 3.36}$$

임을 알게 됩니다. 같은 방법으로

$$a_x = \frac{dv_x}{dt} = \frac{d^2x}{dt^2}, \, a_y = \frac{dv_y}{dt} = \frac{d^2y}{dt^2}$$

식 3.37

라는 것도 알 수 있습니다. 미분한 후에도 같은 성분끼리만 연결되는 것처럼 보이는 이러한 관계식은 상당한 오해를 불러일으킵니다. 자칫 v_x의 문자 v와 첨자 x가 x를 시간에 대해 미분한 속도(velocity)라는 의미라고 착각하게 만드니까요. 하지만 앞에서 이야기했듯이 v_x가 의미하는 것은 '속도 벡터 $\vec{v}$의 x성분'이라는 겁니다. 그러므로 식(3.36) 의 올바른 해석은

속도 벡터의 x성분인 v_x가 위치 벡터 $\vec{r}$의 x성분인 x를 시간에 대해 미분한 것과 '같다'

는 것입니다. '이다'가 아니라 '같다'입니다! 그리고 이러한 관계식은 $\hat{x}$와 $\hat{y}$가 상수인 데카르트식 좌표계에서만 성립합니다.◆

　힘도 당연히 x축과 y축 방향인 두 벡터의 합으로 나타낼 수 있습니다.

◆　예를 들어, 평면 극좌표계에서는

$$v_r = \frac{dr}{dt}, \, v_\theta = r\frac{d\theta}{dt}$$

$$a_r = \frac{d^2r}{dt^2} - r\left(\frac{d\theta}{dt}\right)^2, \, a_\theta = r\frac{d^2\theta}{dt^2} + 2\left(\frac{dr}{dt}\right)\left(\frac{d\theta}{dt}\right)$$

처럼 r과 θ가 서로 섞입니다.

$$\vec{F}=F_x\hat{x}+F_y\hat{y}$$ 식 3.38

그러니 운동법칙 $\vec{F}=m\vec{a}$는 다음과 같은 각각의 성분에 대한 식으로 바꿀 수 있습니다.

$$F_x=ma_x,\ F_y=ma_y$$ 식 3.39

즉, x와 y방향의 가속도는 오직 그 방향의 힘에 따라 정해진다는 것입니다. 이것은 222쪽에 있는 '수평 방향과 연직 방향의 운동이 서로 독립적'이라고 했던 말보다 더 보편타당한 법칙입니다. 아주 특별한 경우에만 수평 방향과 연직 방향의 운동이 서로 독립적이거든요. 예를 들어, 공기의 저항력이 속력의 제곱에 비례하는 경우 수평 방향으로 빠르게 움직이는 것이 연직 방향의 운동에 영향을 미칠 수 있어서 두 방향의 운동이 독립적일 수 없습니다.

자, 드디어 우리는 다음과 같이 이렇게 말할 수 있는 기초 지식을 모두 갖추었습니다! 중력만 작용한다면

수평 방향으로는 등속운동, 연직 방향으로는 등가속도운동

이라고요. 던진 물체의 운동을 알아보기 위해 수평 방향을 x축으로 하고 연직 위 방향을 y축으로 하는 데카르트식 좌표계를 도입하기로 합시다. 던진 이후 오직 중력만 연직 아래 방향으로 작용한다고 가정하면 $F_x=0$이고 $F_y=-mg$니까 **식 (3.39)**에 따라 $a_x=0$이고 $a_y=-g$ (상

수)입니다. 즉, '수평 방향으로는 등속운동'이고 '연직 방향으로는 등가속도운동'인 거지요. 하지만 이 사실만으로 고등학교 물리 교과서의 x와 y에 관한 그 유명한 공식으로 건너뛸 수 없습니다. 그 공식은 **식(3.36)**과 **식(3.37)**에 따라 각 방향의 위치, 속도, 가속도 성분이 서로 섞이지 않으니 나오는 겁니다. 제대로 알아볼까요?

던진 순간을 시간 t의 기준으로 하고 그때 물체의 위치를 좌표계의 원점으로 하겠습니다. t일 때 물체의 위치, 속도, 가속도 벡터를

$$\vec{r}(t) = x(t)\hat{x} + y(t)\hat{y},$$
$$\vec{v}(t) = v_x(t)\hat{x} + v_y(t)\hat{y},$$
$$\vec{a}(t) = a_x(t)\hat{x} + a_y(t)\hat{y}.$$

식 3.40

라 하면 이 성분들은 **식(3.36)**과 **식(3.37)**로 서로 연결되어 있습니다. $a_x = 0$과 $a_y = -g$를 **식(3.37)**에 대입하면

$$v_x = C, \, v_y = -gt + C'$$

여야 한다는 것을 알 수 있습니다. 여기에서 C와 C'은 속도의 단위를 가진 상수입니다. 저음에 물체를 v_0의 속력으로 x축의 양의 방향과 θ의 각을 이루게 던졌다면 $t = 0$일 때 속도의 성분은 다음과 같아야 합니다.

$$v_x(t=0) = v_0\cos\theta, \, v_y(t=0) = v_0\sin\theta$$

이 조건으로부터 C와 C'을 구할 수 있지요. 즉,

$$v_x = v_0\cos\theta,$$

식 3.41

$$v_y = -gt + v_0\sin\theta$$

입니다. 이 결과를 **식**(3.36)에 대입하면 x와 y를 다음과 같이 구할 수 있습니다.

$$x = (v_0\cos\theta)t,$$

식 3.42

$$y = -\frac{1}{2}gt^2 + (v_0\sin\theta)t$$

x와 y에 각각 길이의 단위를 가진 상수가 더해질 수 있으나 $t=0$일 때의 위치를 좌표계의 원점으로 정했으니 모두 0이어야 합니다. 갈릴레오의 관성운동과 낙하운동을 조합하여 찾은 **식**(3.19c,d)와 같지요. 다만 **식**(3.19c,d)에 있는 비례계수 α와 β가 처음 속력과 중력가속도로 바뀐 것뿐이네요. 즉, $\alpha = v_0$이고 $\beta = g/2$인 걸 알게 되었습니다.

똑같은 결과를 화살표 벡터와 미분만을 이용해서 구한 293~294쪽의 **식**(3.31)과 **식**(3.32)에 $\vec{v_0} = (v_0\cos\theta\hat{x} + v_0\sin\theta\hat{y})$와 $\vec{g} = -g\hat{y}$을 대입해서도 구할 수 있습니다. 즉,

$$v_x\hat{x} + v_y\hat{y} = (-g\hat{y})t + (v_0\cos\theta\hat{x} + v_0\sin\theta\hat{y}),$$

$$x\hat{x} + y\hat{y} = \frac{1}{2}(-g\hat{y})t^2 + (v_0\cos\theta\hat{x} + v_0\sin\theta\hat{y})t$$

니까요, 등식이 성립하려면 등호 양쪽에 있는 벡터의 성분이 서로 같아야 합니다.

이것이 뉴턴의 운동법칙을 적용해서 던진 물체가 포물선 운동을 한

다는 것을 보이는 제대로 된 방법입니다. 그런데 우리나라 과학 교육 과정에서는 포물선 운동을 다루되 벡터 개념을 도입하지 말라고 제한 하고 있습니다. 그래서 중력이 연직 방향으로만 작용하니까 '수평 방 향으로는 등속운동, 연직 방향으로는 등가속도운동'을 한다고 하고는 **식(3.41)**과 **식(3.42)**를 하늘에서 떨어진 공식처럼 내미는 겁니다. 물 론 이렇게 반박할 수 있습니다. 이 두 식이 일직선을 따라 등속운동 또 는 등가속도운동을 하는 물체의 위치와 속도에 대한 공식으로부터 유 도할 수 있는 것 아니냐고요. 천만에요. 그렇지 않습니다. 다시 한번 강 조하지만 **식(3.36)**의 $v_x = dx/dt$는 v_x에 대한 정의가 아닙니다. 일직 선 운동에서는 $v = dx/dt$가 v의 정의였지요. v_x는 $\vec{v}$의 x성분인데 데 카르트식 좌표계에서 이것이 dx/dt와 같은 것뿐입니다. 벡터의 개념, 즉, '성분'이라는 것을 설명하지 않고는 얻을 수 없는 등식입니다. 아예 $v_x = dx/dt$와 $v_y = dy/dt$가 v_x와 v_y를 정의하는 식이라고 치면요? 그 러면 a_x와 a_y가 가속도 벡터의 x와 y성분이라고 한 것이 아니기 때문 에 **식(3.39)**로 F_x 및 F_y와 연결할 수 없습니다. 그리고 **식(3.41)**에 있 는 $v_0\cos\theta$와 $v_0\sin\theta$를 설명할 길이 없지요. 이들은 $t=0$인 순간 속도 벡터 $\vec{v}$의 x와 y성분이니까요. (그림 3-26과 같이) x축과 θ의 각을 이루 고 v_0의 속력으로 움직이는 것이 x축과 y축 방향으로는 각각 $v_0\cos\theta$와 $v_0\sin\theta$로 움직이는 것과 같다는 사실을 벡터 개념을 도입하지 않고 어 떻게 설명할 수 있을까요?

미분과 벡터를 도입하지 않아야 한다면 앞에서(252쪽) 언급한 갈릴레오 방식으로 포물선 운동을 설명하는 편이 더 낫다고 생각합니다. 즉, 수평 방향으로의 등속운동과 연직 방향으로의 등가속도운동이라는 조합이 아니라 관성운동과 낙하운동의 조합으로 말입니다. 거기에는 어떤 논리적 비약도 없으니까요.♦ 사실 물체는 수평 방향이 아니라 던진 방향으로 일직선을 따라 등속운동을 한다고 말해도 되지 않나요?

☞ 앞에서 질량중심의 운동에 대한 규칙을 증명 없이 언급만 하고 사용하였습니다. 질량중심의 제대로 된 정의와 그런 규칙이 운동법칙으로부터 유도된다는 것을 보이겠습니다. 질량중심에 대해 잘 알고 있다면 321쪽으로 건너뛰세요. ☞ 321p

질량중심(質量中心, center of mass)

앞에서 크기를 가진 물체는 위치 변수를 정하기 어렵고 그 결과 운동법칙을 간단하게 적용할 수 없다고 했습니다. 그런데 질량중심은 예외였지요. 다음과 같은 규칙이 있다고 했습니다.

물체의 운동은 물체의 모든 질량이 그 물체의 질량중심에 모여 있는 것처럼

♦ 미적분을 사용하지 않는다면 식 (3.42)에서 g앞에 1/2이 나오는 이유도 설명할 수 없습니다. 고등학교 물리 교과서에는 속도-시간 그래프에서 $v-t$관계를 나타내는 선의 아래 면적이 움직인 거리라며 설명하고 있습니다만, 이것이 바로 미적분의 핵심 개념 아닌가요?

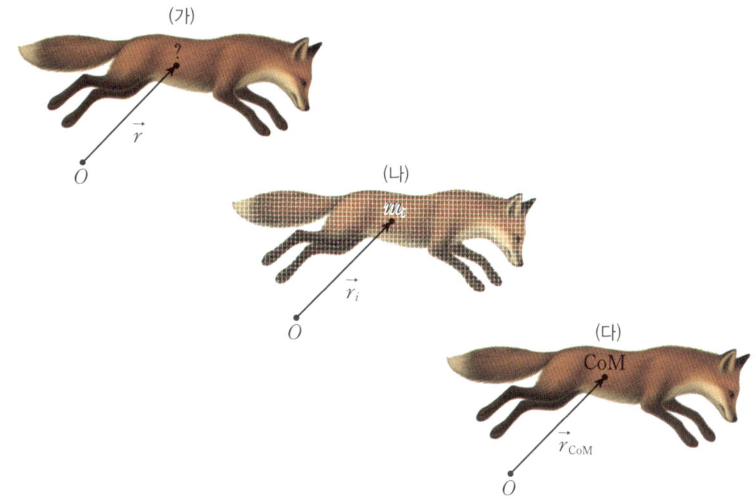

$\vec{F}=m\vec{a}$ 운동법칙을 따른다. 이때 F는 외부에서 물체에 작용하는 힘이며 물체의 각 부분끼리 작용하는 힘은 질량중심의 운동에 영향을 주지 않는다.

이 규칙 역시 기본 법칙으로부터 유도할 수 있기에 간단히 설명하려고 합니다. 여우와 신포도 이야기에서의 마지막 물리 강의입니다.

물리학에서 다루는 물체는 크기가 있어서 '물체가 있는 곳'이 수학적인 점일 수 없습니다. 그러니 '물체의 위치'를 공간상의 한 점으로 취급하기는 애당초 불가능한 일이었지요. 이것은 가장 성공적인 물리학이라고 할 수 있는 **동역학**(動力學, dynamics)의 근간을 흔드는 일입니다. 운동법칙 $\vec{F}=m\vec{a}$에서 $\vec{a}$는 속도를 시간에 대해 미분한 것이고, 속도는 위치를 시간에 대해 미분한 것이기 때문입니다. 위치를 수학적으로 정의할 수 없으면 이 동역학 체계는 무너지고 맙니다. 사실 이런 문제는 비단 동역학뿐 아니라 자연에서 일어나는 일을 수학적인 모형으로 설명하려고 하는 모든 분야의 물리학에서 일어납니다. 이 세상에 존재하는 구체적인 사물은 추상적이고 이상적인 수학적 개념과 완벽하게 들어맞을 수는 없으니까요.

위치를 정의하기 위해 물리학에서 도입한 수학적 모형이 '**점 입자**(point particle)'입니다. 이것은 질량을 가지고 있지만 크기는 점으로 근사할 수 있는 물체를 의미합니다. 물체의 크기가 운동하는 공간의 크기에 비해 무시할 정도로 작으면 점 입자로 근사할 수 있습니다. 이때 물체와 운동 공간의 상대적인 크기가 중요합니다. 똑같은 물체라 하더라도 상황에 따라 점 입자로 근사할 수도 있고 그렇지 않을 수도 있으니까요. 여우를 예로 들어 봅시다. 먹이를 찾느라 넓은 포도밭을 돌아다니는 여우는 점 입자로 취급할 수 있습니다. 하지만 그림 3-36 (가)처럼 여우가 점프하는 상황에서 여우의 크기는 무시할 수 없지요.

문제가 무엇인지 알면 해결책을 찾을 수 있습니다. 크기 때문에 점 입자로 취급할 수 없다면 여우를 그림 (나)처럼 작은 조각으로 나누면 됩니다. 물론 실제로 나누자는 것은 아닙니다. 여우의 몸이 이런 작은 조각으로 이루어져 있다고 생각해 보자는 겁니다. 사실 여우 몸은 아주 작은 세포로 이루어져 있지요. 세포 정도로 작게 나눌 필요는 없습니다만. 작은 조각의 크기가 운동 공간에 비해 충분히 잘게 나누면 각각의 조각은 이제 점 입자로 취급하여 그 위치를 정의할 수 있습니다. i번째 조각의 위치를 $\vec{r}_i$라 합시다. 그러면 $\vec{r}_i$를 시간에 대해 미분하여 속도 $\vec{v}_i$를 정의하고 $\vec{v}_i$를 미분하여 가속도 $\vec{a}_i$를 정의할 수 있습니다. 질량이 m_i이고 작용하는 힘이 $\vec{F}_i$라면, i번째 조각은

$$\vec{F}_i = m_i \vec{a}_i$$

식 3.43

에 따라 운동합니다.

조각으로 나누어 위치 문제는 해결했습니다만 이제 다른 문제가 나타납니다. 만일 N개의 조각으로 나누었다면 우리는 식 (3.43)과 같은 N개의 운동 방정식을 풀어야 합니다. 3차원 운동이라면 실제로는 $3N$개의 연립 방정식의 해를 찾아야 합니다. 그냥 방정식이 아닙니다. $\vec{a}_i$를 구한 다음 이로부터 $\vec{r}_i$를 찾아내야 하는 미분방정식이지요. 이것은 결코 쉬운 일이 아닙니다.◆ i번째 조각에는 중력이나 저항력처럼 외부에서 작용하는 힘만 작용하는 것이 아닙니다. 다른 조각들도 이 조각에 힘을 작용하지요. 이 점을 고려하여 식 (3.43)을 하나씩 구체적으로 써 보겠습니다.

◆   하지만 불가능한 일은 아닙니다. 성능이 좋은 컴퓨터를 사용하면 수백만 개체의 연립 운동 방정식을 풀 수 있습니다.

$$\vec{F}_1^{(e)} + \vec{F}_{2\to1} + \vec{F}_{3\to1} + \cdots + \vec{F}_{N\to1} = m_1\vec{a}_1,$$

$$\vec{F}_2^{(e)} + \vec{F}_{1\to2} + \vec{F}_{3\to2} + \cdots + \vec{F}_{N\to2} = m_2\vec{a}_2,$$

$$\vdots$$

$$\vec{F}_N^{(e)} + \vec{F}_{1\to N} + \vec{F}_{2\to N} + \cdots + \vec{F}_{N-1\to N} = m_N\vec{a}_N.$$

식 3.44

여기에서 $\vec{F}_i^{(e)}$는 외부에서 i번째 조각에 작용하는 힘을, $\vec{F}_{j\to i}$는 j번째 조각이 i번째 조각에 작용하는 힘을 나타냅니다. 얼마나 복잡한 연립 방정식인지 짐작이 되나요? $\vec{F}_{j\to i}$는 i번째 조각뿐 아니라 j번째 조각의 위치와 속도에 따라서도 크기와 방향이 달라집니다. 그러니 이 방정식의 변수들은 아주 복잡하게 서로 얽혀 있지요. 게다가 조각들 사이에 어떤 힘이 어떤 크기로 어느 방향으로 작용하는지 잘 알려지지 않았고 그것을 실험으로 찾아내기도 어렵습니다.

'산 넘어 산'이네요. 여우 이야기를 하는 중이니 기왕이면 '여우를 피하려다 호랑이를 만난 꼴'이라고 할까요? 그런데 우리가 이 호랑이를 피할 방법이 하나 있습니다. 식(3.44)의 모든 식을 더해 봅시다. 복잡한 식 더해 봤자 더 복잡해지지 않겠냐고요? 그렇지 않습니다. 멋진 일이 일어납니다. 작용-반작용 법칙에 따라 조각들 사이에 작용하는 힘이 서로를 상쇄합니다. 두 조각 사이에 작용하는 힘이 크기가 같고 방향이 반대니까 항상 $\vec{F}_{j\to i} = -\vec{F}_{i\to j}$이어서 $\vec{F}_{j\to i} + \vec{F}_{i\to j} = 0$이지요. 그러므로 식(3.44)를 모두 더하면 다음과 같이 됩니다.

$$\vec{F}_1^{(e)} + \vec{F}_2^{(e)} + \cdots + \vec{F}_N^{(e)} = m_1\vec{a}_1 + m_2\vec{a}_2 + \cdots + m_N\vec{a}_N$$

식 3.45

그림 3-37 점프하는 동안 여우 몸에서 질량중심의 위치는 자세에 따라 달라진다. 하지만 여우의 몸이 공중에 떠 있는 동안 (저항력을 무시한다면) 질량중심은 포물선을 그리며 운동한다.

등호의 왼쪽에 있는 것은 외부에 있는 다른 물체가 조각들에 작용하는 힘의 합입니다. 사실은 그 합이 물체에 작용하는 힘이었던 겁니다. 예를 들어, **그림 3-36**에 보인 여우의 모든 조각에 지구가 작용하는 중력이나, 여우가 땅을 박차고 뛰어오른다면 땅이 빌바닥을 이루는 조각에 작용하는 수직항력과 마찰력 같은 겁니다. 이들의 합이 여우의 전체 몸에 작용하는 중력이고 발바닥에 작용하는 수직항력과 마찰력이지요. 각각 다른 위치에 작용한다는 점은 이 힘들을 더할 때 문제가 되지 않습니다.

등호의 오른쪽도 간단하게 만들어 봅시다. 질량중심의 위치 $\vec{x}_{\mathrm{CoM}}$을

$$m_1\vec{r}_1 + m_2\vec{r}_2 + \cdots + m_N\vec{r}_N \equiv (m_1 + m_2 + \cdots + m_N)\vec{r}_{\text{CoM}}$$ 식 3.46

와 같이 정의하면[*], 이것으로부터 질량중심의 속도 $\vec{v}_{\text{CoM}}$과 가속도 $\vec{a}_{\text{CoM}}$을 정의할 수 있을 겁니다. 그러면 **식 (3.45)**에서 등호의 오른쪽은 전체 질량(모든 조각의 질량을 더한 것) $m(= m_1 + m_2 + \cdots + m_N)$에 질량중심의 가속도 $\vec{a}_{\text{CoM}}$를 곱한 것이 됩니다. 즉,

$$\vec{F}^{(e)} = m\vec{a}_{\text{CoM}}$$ 식 3.48

이지요. 이것이 210쪽에 적힌 운동 규칙의 근거입니다.

그림 3-37은 **그림 3-2**를 또 한 번 그린 것입니다. 이 그림에서 여우의 점프는 포물선 운동이 아닌 것처럼 보입니다. 뛰어오를 때와 내리찍을 때가 확실하게 대칭이 아니지요. 하지만 몸이 공중에 떠 있는 동안 작용하는 힘이 중력만이라고 가정하면 어찌 되든 여우의 질량중심은 정확하게 포물선을 그립니다.[**] 올라갈 때와 내려올 때 질량중심이 그리는 궤적은 꼭짓점에 대해 서로 대칭이지요. 포물선 운동이 아닌 것처럼 보였던 이유는 **그림 3-37**에 나타냈듯이 여우 몸의 모양이 바뀌기 때문입니다. 그에 따라 여우의 질량중심이 다른 곳이 되지요. 가장 높

[*] 조각의 크기가 작으면 작을수록 $\vec{x}_i$의 정의가 더 엄밀해지겠지요? 조각의 수를 아주 많게 하면 되겠네요. $N \to \infty$인 극한을 취하면 **식 (3.46)**은 다음과 같이 됩니다.

$$\vec{r}_{\text{CoM}} \equiv \frac{1}{m}\int dm\,\vec{r}$$

적분이라니! 겁먹지 맙시다. 등호의 오른쪽 기호들을 해석해 볼까요? m을 잘게 나누고 (dm), 각 조각의 질량 dm에 그 조각의 위치 $\vec{x}$를 곱해 모두 더한$(\int)$ 값을 전체 질량 m으로 나누라는 의미입니다.

[**] 여우 몸이 땅에 닿아 있을 때는 중력 외에 다른 힘이 작용하니까 포물선 운동에서 벗어납니다.

은 곳에 올라갔을 때처럼 여우가 몸을 바짝 구부리면 질량중심이 심지어 몸 밖에 있을 수도 있습니다. 뛰어오른 후 질량중심은 포물선 운동을 한다는 제한 조건 내에서 여우는 자신 몸의 모양을 바꿔 땅에 도달했을 때 입이 먹이를 덮칠 수 있도록 조정하는 겁니다. 질량중심의 위치를 바꾸는 데 여우의 긴 꼬리가 아주 중요한 역할을 합니다. 여우가 이렇게 몸의 모양을 바꾸기 위해서 몸의 각 부분은 당연히 서로 힘을 작용해야 합니다. 근육의 수축과 이완을 이용하겠지요. 앞에서 중력만 고려한다고 했을 때 이 힘들까지 무시한 건 아닙니다. 단지 고려할 필요가 없을 뿐입니다. 이 힘들은 질량중심의 운동에는 영향을 미치지 못하니까요.

식 (3.48)은 오직 질량중심의 운동만 우리에게 알려 줍니다. 식 (3.44)를 모두 더하는 과정에서 조각들 사이의 힘이 상쇄되면서 운동에 대한 많은 정보를 잃게 되었습니다. 하지만 질량중심의 운동만 아는 것도 충분히 멋진 일이지요. 특히 모든 부분이 질량중심과 똑같이 움직이는 물체의 운동에서는 모든 걸 알게 된 겁니다. 운동하는 동안 모양이 변하지 않는 물체의 경우 질량중심의 운동에 덧붙여 질량중심에 대한 회전운동까지 알면 모든 부분의 운동을 알 수 있고요. 물체의 모양이 바뀌더라도 질량중심의 운동은 유용한 정보입니다. 대부분의 물체는 모든 부분이 질량중심 가까이에 있을 테니까요. 팔이 아주 길게 늘어날 수 있는 만화 원피스의 주인공 몽키 D. 루피는 예외지만요.

☞ 포물선 운동에 관한 물리학을 질리도록 공부했지요? 이것은 여우의 발이 땅에서 떨어진 순간 질량중심의 속도를 알 때만 여우가 얼마

나 높이 그리고 얼마나 멀리 뛸지를 알려 줍니다. 하기 이것만도 대단한 일이지요. 공중에 머무는 동안 여우가 어떤 자세를 취하건 여우의 질량중심은 포물선을 따라 움직이고, 맨 처음의 속도에 의해 얼마나 높이 올라갈지 얼마나 멀리 뛸지가 정해진다는 거니까요. 똑같은 속도로 뛰어오르면 똑같은 운동을 한다는 사실은 여우가 쥐를 사냥하는 데 큰 도움을 줄 겁니다. 똑같이 뛰었는데도 그때마다 다른 운동을 한다면 얼마나 힘들겠어요? 주사위 던지는 것처럼 매번 운에 맡겨야 할 테니까 말이지요. 더구나 질량중심만 포물선 운동을 하니까 몸의 자세를 바꾸면 땅에 도달했을 때 입이 먹이를 물 수 있습니다. 눈밭에서는 눈 속으로 깊숙이 머리를 깊이 박게 할 수도 있지요. 마치 다이빙 선수가 물에 수직으로 들어가도록 자세를 바꾸는 것처럼요.

발이 땅에서 떨어진 순간 질량중심이 어떤 속도로 움직이게 하는가는 전적으로 여우에 달려 있습니다. 그렇다고 여우가 마음먹은 대로 뛸 수 있는 것도 아니지요. 여우의 근육량과 골격 그리고 뼈가 얼마나 튼튼한지에 따라서도 달라집니다. 여우가 땅을 박차고 뛰어오르는 과정에서 바닥과 여우 사이에 작용하는 힘이나 이때 여우의 몸에서 일어나는 몇 가지 현상도 물리학의 대상이 될 수 있습니다. 근육이 뼈를 움직이는 원리는 마치 나무로 만든 줄인형(마리오네트, marionette)을 줄로 조정하는 것과 똑같습니다. 그래서 여우의 능력에 따라 다르고 여우가 마음먹기에 따라 결과가 다르기는 하지만 여우가 뛸 수 있는 높이와 거리에는 한계가 있습니다. 처음 질문으로 다시 돌아가 봅시다.

여우는 과연 얼마나 높이 뛸 수 있을까요?

☞여우는 길들이기 어려운 동물입니다. 야생의 여우를 우리가 원하는 동작을 하도록 가르친 다음 뛰어오르는 과정에 관한 실험을 하기는 무척 어려운 일일 겁니다. 대신 개의 점프에 관한 연구는 많이 발표되었습니다. 그중 하나를* 소개하려고 합니다. 영국 리즈(Leeds) 대학의 Alexander 교수는 개가 달리다가 허들을 넘고, 제자리에서 뛰어올라 일정 높이의 벽을 넘는 동작을 정량적으로 분석하였습니다. 개가 뛰어오르는 지점에 설치한 force platform**으로 개가 뛰어오를 때 지면에 수직인 방향과 나란한 방향으로 작용하는 힘의 크기를 측정하였습니다. 그와 함께 1초에 50프레임을 찍을 수 있는(50fps) 카메라로 찍은 동영상과 비교하여 각각의 동작에서 어떤 힘이 작용하는지를 알아냈지요. 그림 3-38 (가)***와 (나)****는 제자리 뛰기를 할 때의 수치입니다.

그림 (가)에서 F_y는 개와 force platform 사이에 수직으로 작용하는 힘을 측정한 것입니다. 수직항력이라고 할 수 있겠네요. 이 힘의 방향은 정해져 있습니다. force platform과 개 사이에 면에 수직인 방향으로 작용하는 힘은 서로 미는 방향일 수 밖에 없습니다. 만일 force platform의

* R. McN. Alexander, *The mechanics of jumping by a dog (Cunis furnifiuris)*, J. Zool., Lond. (1974) 173, 549-573.

** 저울과 비슷하지만 면에 수직인 방향뿐 아니라 나란한 방향으로 작용하는 힘의 크기도 측정할 수 있습니다. 이것을 일컫는 우리말 용어가 없으니 force platform으로 표기하겠습니다.

*** 논문의 그림 5 (b)의 F_x와 F_y를 같은 축적으로 함께 그린 것입니다.

**** 논문의 그림 9.

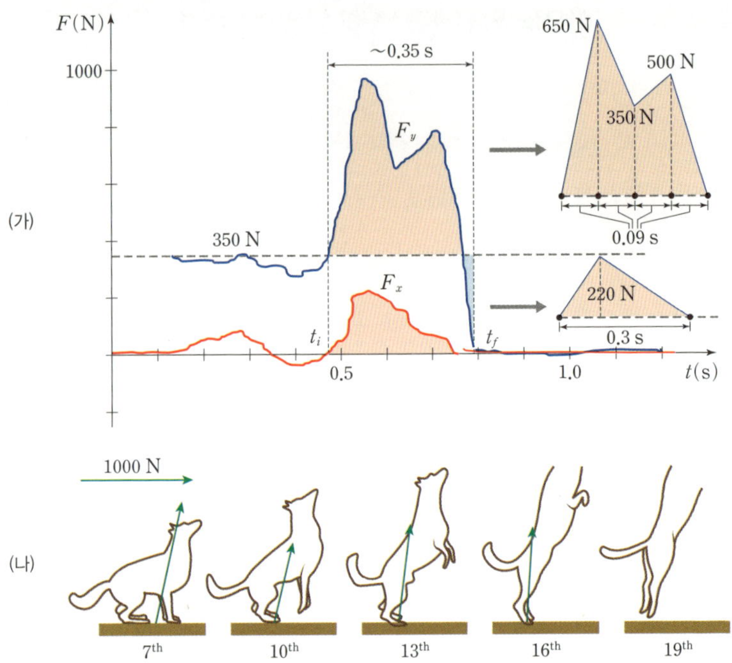

그림 3-38 (가) 벽을 넘으려고 제자리에서 뛰어오르는 동작에서 개와 바닥 사이에 작용하는 힘의 시간에 따른 변화 (나) 50fps 카메라로 찍은 동영상의 여러 프레임에서 개의 동작과 바닥이 개에 작용하는 힘 (그림 아래의 숫자는 몇 번째 프레임인지를 나타냄)

면이 수평면과 나란하다면 force platform이 개에게 작용하는 힘은 연직 위 방향이고 개가 force platform에 작용하는 힘은 연직 아래 방향이지요. 그러므로 크기만 명시하면 됩니다. 점선으로 표시한 350N은 개의 무게입니다.◆ 개가 force platform 위에 가만히 서 있을 때 개에 작용하는 수직항력의 크기는 중력, 즉 개의 무게와 크기가 같습니다. 처음에

◆ 실험에 참여한 개는 훈련받은 저먼 셰퍼드(영국에서는 Alsatian이라고 함)로 질량은 36kg입니다.

322

F_y가 이 값보다 약간 아래로 내려갔다가 올라가는 이유는 개가 뛰어오르려고 뒷다리를 구부릴 때 질량중심이 아래로 이동하기 때문입니다.

F_x는 수평 방향으로 작용하는 힘을 측정한 것입니다. 만일 force platform의 면이 매끈하고 개의 발에 의해 눌려 변형되거나 발톱이 파고들지 않는다면 이 힘은 마찰력이라 할 수 있습니다. 이 힘의 방향은 개의 앞과 뒤, 오른쪽과 왼쪽 모두가 될 수 있습니다. 그림 (가)에서 F_x는 개에게 작용하는 힘이 개의 앞쪽일 때 양이 되도록 방향을 정한 것입니다. 이것이 개가 움직일 방향이니까요. 가만히 서 있다면 F_x는 0이어야 합니다. 하지만 개가 움츠리는 과정에서 질량중심의 위치가 아래로 이동할 뿐 아니라 앞뒤로도 바뀌니 그림에서처럼 약간의 요동이 있게 됩니다.

그림 3-38 (가)는 실험에 참여한 개가 뒷다리를 오므렸다가 뛰어오르는 순간인 t_i에서 다리가 모두 땅에서 떨어지는 순간인 t_f사이의 시간은 약 0.35s가 걸리며, 어느 순간에는 1000N (개 무게의 3배!) 정도의 힘이 개의 발에 작용한다는 것을 보여 줍니다. 뒷발이 바닥에서 떨어지기 전 0.02s 정도의 시간 동안은 자신의 무게보다 바닥에 작용하는 힘의 크기가 작습니다. 뒷다리가 많이 펴진 상태에서는 바닥에 큰 힘을 작용할 수 없기 때문이지요. 하지만 이 힘도 개가 높이 뛰는 데 도움이 됩니다. 개가 바닥을 뒷다리로 밀어 뛰어오르는 0.35s 동안에도 중력은 아래로 작용하면서 운동을 방해하고 있었습니다. 그러니 약간의 힘이라도 위로 작용해서 중력의 방해를 줄이면 좋지요.

개에게 작용하는 힘은 $F_x\hat{x}$와 $F_y\hat{y}$의 합력입니다. 그림 (나)는 동영상의 몇 프레임에서 개의 자세와 그때 작용하는 힘을 화살표로 나타낸 것입니다. 앞다리가 땅에서 떨어지기 전인 7번째 프레임에는 힘 벡터의 꼬리를 앞발과 뒷발 사이에 놓이도록 그렸습니다. 그 이후의 힘은 뒷발에 작용할 테니 꼬리를 뒷발에 그렸고요. 사실 이 힘은 어느 한 점에 작용하는 것은 아닙니다.

개의 발이 바닥에 닿아 있는 동안 개의 질량중심의 운동은 다음과 같은 운동법칙을 따릅니다.

$$F_x = ma_x,$$
$$F_y - mg = ma_y$$

식 3.49

이 식에서 a_x와 a_y는 각각 가속도 벡터의 x방향과 y방향의 성분입니다. 물론 개의 질량중심이 움직이는 가속도입니다. 그리고 앞에서 포물선 운동을 이야기할 때 도입했던 수평 방향을 x축으로 (머리 쪽이 양의 방향)하고 연직 방향을 y축으로 (위쪽이 양의 방향) 하는 데카르트식 좌표계를 사용하여 개의 위치를 나타내기로 할 때지요. 식이 복잡해지니 질량중심을 나타내는 첨자 CoM은 변수에 붙이지 않았습니다.

그림 3-38 (가)처럼 시간에 따라 어떻게 바뀐다는 것을 알면 **식 (3.49)**의 운동 방정식을 푸는 것은 비교적 간단합니다. **식 (3.49)**를 t_i에서부터 t_f까지 시간에 대해 적분을 해 봅시다. 그리고 등호의 오른쪽에 있는 가속도 성분이 $a_x = dv_x/dt$, $a_y = dv_y/dt$라는 사실을 이용하면 다음과 같이 됩니다.

324

$$\int_{t_i}^{t_f} F_x(t)dt = \int_{t_i}^{t_f} ma_x dt = \int_{t_i}^{t_f} m\frac{dv_x}{dt}dt = mv_x(t_f) - mv_x(t_i),$$

$$\int_{t_i}^{t_f} (F_y - mg)dt = \int_{t_i}^{t_f} ma_y dt = \int_{t_i}^{t_f} m\frac{dv_y}{dt}dt = mv_y(t_f) - mv_y(t_i).$$

여기에서 $v_x(t_i)$와 $v_y(t_i)$, 그리고 $v_x(t_f)$와 $v_y(t_f)$는 각각 t_i와 t_f인 순간의 v_x와 v_y의 값입니다. t_i 이전의 개의 움직임을 무시하면

$$v_x(t_i) = v_y(t_i) = 0$$

이라고 할 수 있습니다. 발이 바닥에서 떨어지는 t_f 이후부터 개의 질량 중심은 포물선 운동을 합니다. 그러므로 $v_x(t_f)$와 $v_y(t_f)$가 바로 앞에서 이야기했던 포물선 운동을 시작하는 처음 속도입니다. 즉,

$$v_x(t_f) = v_{0x} = v_0\cos\theta$$
$$v_y(t_f) = v_{0y} = v_0\sin\theta$$

입니다. 정리하면

$$\int_{t_i}^{t_f} F_x(t)dt = mv_0\cos\theta,$$

$$\int_{t_i}^{t_f} (F_y - mg)dt = mv_0\sin\theta.$$

식 3.50

와 같이 됩니다. 그러므로 개가 바닥에 작용하는 힘을 측정하여 그림 3-38 (가)와 같은 $F_x(t)$와 $F_y(t)$를 알게 되면 우리는 개가 포물

선 운동을 시작하는 처음 속도를 구할 수 있습니다.

식 (3.50)에서 등식 왼쪽에 있는 적분값은 **충격량(衝擊量, implulse)**이라는 물리량이며 그림 3-38 (가)에서 색칠한 부분의 '면적'*입니다. F_y의 경우에는 붉은색으로 채운 면적에서 푸른색으로 채운 면적을 뺀 값입니다. 그래프의 오른쪽에 나타낸 것처럼 $F_x(t)$와 $F_y(t)$를 꺾은선 그래프로 단순화하면 충격량을 다음과 같이 간단히 계산할 수 있습니다.

$$\int_{t_i}^{t_f} F_x(t)\,dt = \frac{1}{2}(220\text{N})(0.30\text{s}) = 33\text{N}\cdot\text{s},$$

$$\int_{t_i}^{t_f} (F_y(t) - mg)\,dt = \frac{1}{2}(650\text{N})(0.09\text{s})$$

$$+ \frac{1}{2}(650\text{N} + 350\text{N})(0.09\text{s})$$

$$+ \frac{1}{2}(350\text{N} + 500\text{N})(0.09\text{s})$$

$$+ \frac{1}{2}(500\text{N})(0.09\text{s})$$

$$= 135\text{N}\cdot\text{s}$$

이 값으로부터 포물선 운동의 초기 속도 $\vec{v}_0$를 다음과 같이 구할 수 있습니다.

$$v_{0x} = (33 \text{ N·s})/(36 \text{ kg}) = 0.92 \text{ m/s},$$

$$v_{0y} = (135 \text{ N·s})/(36 \text{ kg}) = 3.75 \text{ m/s},$$

$$v_0 = \sqrt{v_{0x}^2 + v_{0y}^2} = 3.86 \text{ m/s},$$

$$\theta = \tan^{-1}(v_{0y}/v_{0x}) = 76^\circ.$$

이 값으로부터 포물선 궤도의 최고점의 높이를 구하면

$$h = \frac{v_{0y}^2}{2g} = \frac{(3.75 \text{ m/s}^2)}{2(9.8 \text{ m/s}^2)} = 0.76 \text{ m}$$

입니다. 저먼 셰퍼드가 네다리로 서 있을 때의 키*는 60cm입니다. 이때 질량중심은 지면으로부터 약 40cm 정도의 높이에 있겠지요. 그림 3-38 (나)의 19번째 프레임처럼 땅에서 발이 떨어지는 순간 개의 질량중심은 약 두 배 정도인 0.8m의 높이에 있습니다. 그러므로 개가 최고점에 있을 때 질량중심은 약 1.6m의 높이에 있겠네요. 최고점을 지날 때 개가 앞발과 뒷발을 앞뒤로 쭉 뻗는다면 약 1.4m 높이의 담을 뛰어넘을 수 있겠습니다.** 멋지지 않나요? 개가 뛰어오르는 곳에 force platform을 설치하여 F_x와 F_y를 시간의 함수로 측정하면 개가 얼마만큼 멀리 그리고 얼마만큼 높이 뛸지를 알 수 있는 겁니다.

---

* 일반적인 개의 키는 네 다리로 서 있을 때 지면에서 어깨의 가장 높은 부분까지의 높이로 정의합니다.

** 그림 3-38 (가)의 데이터는 개가 1.7m 높이를 뛰었을 때 측정한 것입니다. 발이 땅에서 떨어진 순간의 속력은 $v_0 = 5.5$m/s였습니다. 우리 계산에서 3.9m/s가 나온 이유는 면적 계산이 실제값보다 적게 나왔기 때문입니다. 최고 높이가 v_0의 제곱에 비례하니까 우리의 계산보다 높이 뛸 수 있었겠지요.

개와 바닥 사이에 작용하는 힘의 크기가 크면 클수록 그리고 바닥과 발이 닿은 시간이 길수록 v_0를 크게 할 수 있습니다. 하지만 여기에는 제한이 있습니다. 이 힘은 개의 뒷다리 특히 발가락의 뼈에 작용합니다. 뼈가 튼튼하기는 하지만 작용하는 힘이 어느 이상이 되면 부러지거나 으스러집니다. 달려온 개가 사람의 등을 딛고 뛰게 하여 아주 높이 올라가게 하는 개 점프 경기가 있습니다.◆ 이 경기에서 높이 뛴 개가 아래로 떨어질 때는 주인이 개를 받아 주는 것을 볼 수 있습니다. 그렇지 않으면 발에 큰 무리가 갈 테니까요. 개 멀리 뛰기 경기에서는 충격을 줄이기 위해 바닥에 모래를 깔거나 물로 뛰게 합니다.

개가 뛰어오를 때 바닥과 개 사이에만 힘이 작용하는 게 아닙니다. 뛰어오를 때뿐 아니라 모든 움직임이 일어나려면 개의 근육이 뼈를 잡아당겨야 합니다. 마치 마리오네트의 나무 부분을 줄로 당겨 조정하는 것처럼 말이지요. 그림 3-39 (가)는 개의 뒷다리 근육 일부의 실제 모양이며 (나)는 개의 뛰어오르는 동작에서 이 근육들이 어떤 역할을 하는지 보이기 위해 중요한 근육 몇 개를 줄로 단순화하여 나타낸 것입니다. 각각의 줄이 당겨지면 뼈가 어떻게 움직일지 생각해 보세요. 그리고 그림 3-39 (나)와 같이 뒷다리가 움직이려면 근육들이 어떻게 작동해

◆ 예를 들어 https://www.youtube.com/shorts/-V9gaMV_x58 에서 벨지언 말리누아가 아주 높이 뛰는 것을 볼 수 있습니다.

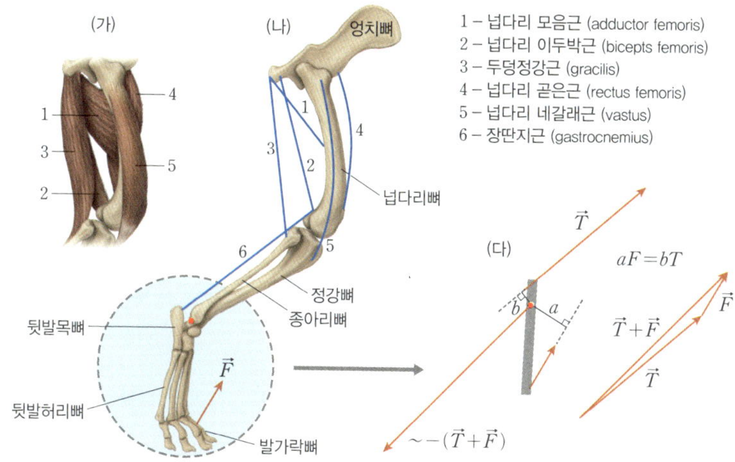

그림 3-39 (가) 뒷다리를 움직이는 주요 근육 (나) 근육이 하는 일을 보여 주기 위해 근육을 줄로 단순화한 것, (다) 뛰어오르는 과정에서 바닥이 발가락에 작용하는 힘과 장딴지근이 뒤꿈치에 작용하는 힘, 그리고 발목관절에 발뼈와 정강이뼈 사이에 작용하는 힘 사이의 관계식

야 할지 알아보기 바랍니다. 근육은 수축할 때만 뼈를 잡아당기며 힘을 작용합니다. 근육을 원래 길이보다 늘어나게 할 때도 이에 저항하는 장력을 작용합니다. 근육들이 뼈에 이러한 힘을 작용할 때 관절을 받침점으로 하는 뼈는 **지렛대**(lever) 역할을 합니다.

그림 (다)는 예로서 바닥이 발가락뼈에 작용하는 힘과 장딴지 근육이 뒤꿈치의 뒷발목뼈를 잡아당기는 힘◆ 사이에 어떤 관계식이 성립하는지를 보여 줍니다. 뒷발의 뼈를 하나의 지렛대라고 단순화해 봅시다. 그리고 발가락과 뒤꿈치에 작용하는 힘을 각각 $\vec{F}$와 $\vec{T}$라고 하고 이 힘

◆　　물리학적으로는 장력이라고 할 수 있겠네요.

들의 연장선이 지레의 받침점인 발목관절로부터 떨어진 거리가 a와 b
라고 합시다. 발의 회전을 무시하고 지렛대의 원리[*]를 적용하면

$$aF = bT$$

와 같은 관계식이 성립해야 합니다. 일반적으로 발목관절에서 발가락
까지의 거리가 발목관절에서 뒤꿈치까지의 거리보다 훨씬 기니까 장딴
지 근육이 뒤꿈치를 잡아당기는 힘은 바닥이 발가락에 작용하는 힘보
다 훨씬 강합니다. 만일 $a:b=3:1$이고 한쪽 발의 발가락에 작용하는
힘이 500N[**]이라면 발뒤꿈치에 작용하는 힘은 1500N이지요. 이 힘
은 근육이 수축하여 만들어 내는 힘이고 정확하게 그만큼의 힘이 근육
을 잡아당기게 됩니다. 몸무게보다 더 강한 힘이 작용하는 거지요. 심한
운동을 하면 발목 인대가 끊어지는 것이 이런 이유입니다.

　더 강한 힘이 작용하는 곳이 있습니다. 두 사람이 타고 있는 시소에
서 가장 강한 힘이 작용하는 곳은 받침점입니다. 그곳에는 두 사람의 몸
무게에 해당하는 힘이 작용하니까요.[***] 몸과 함께 발도 가속 운동한
다는 사실을 무시하면 받침대 역할을 하는 발목관절에서 발목뼈가 정
강뼈에 작용하는 힘은 $\vec{F} + \vec{T}$입니다. 정강뼈는 발목뼈에 같은 크기
로 반대 방향인 힘을 작용하고요. 그림 (다)에 예로 든 것처럼 F와 T

가 500N과 1500N이고 방향이 비슷하다면 관절에서는 두 뼈가 거의 2000N의 힘으로 서로 누르는 겁니다. 이와 비슷한 일이 모든 근육과 관절에서 일어납니다. 어느 동물이거나 뼈가 부러지거나 근육이 끊어질 정도로 뛰지는 않을 테니 어느 이상으로는 높이 뛸 수 없지요. 올림픽 경기에서 높이뛰기 기록 경신이 얼마나 힘든지 생각해 보세요.

마리오네트의 동작은 인형술사(marionettist)♦가 줄을 잡아당겨 나무토막을 움직여 조종합니다. 하지만 동물이 움직일 때 근육은 누가 밖에서 잡아당기지 않습니다. 신호를 보내 움직임을 조종하는 두뇌는 인형술사와는 달리 직접 힘을 작용하지는 않습니다. 신호가 도달하면 근육이 스스로 수축하여 길이가 짧아지며 양쪽 끝에 붙어 있는 뼈에 힘을 작용합니다.

근육이 수축할 때 일어나는 일

물질 중에는 외부의 환경이 바뀌면 길이가 변화하는 것이 있습니다. 예를 들어 대부분의 물질은 온도가 올라가면 팽창하고 온도가 내려가면 수축합니다. 고무줄은 신기하게도 그 반대로 뜨거운 물에 담그면 길

♦ 마리오네트가 사람 모양만 있는 것은 아니니 이것을 조종하는 사람을 인형술사라고 번역하는 것이 어색하기는 합니다만 우리나라에서는 동물 모양을 한 것도 인형이라고 부르니 어쩔 수 없지요. 뜻을 풀면 '사람 모양'인 인형이라는 용어를 무작정 사용하는 것 역시 포물선이라는 용어에 대한 감정처럼 뭔가 못마땅합니다. 인형이라는 단어는 사실 일본말인데 정작 일본에서는 인형은 사람 모양인 것에만 사용하고 다른 모양에 대해서는 다른 단어를 사용한다고 하네요. '꼭두'라는 우리말이 있었다고 합니다만.

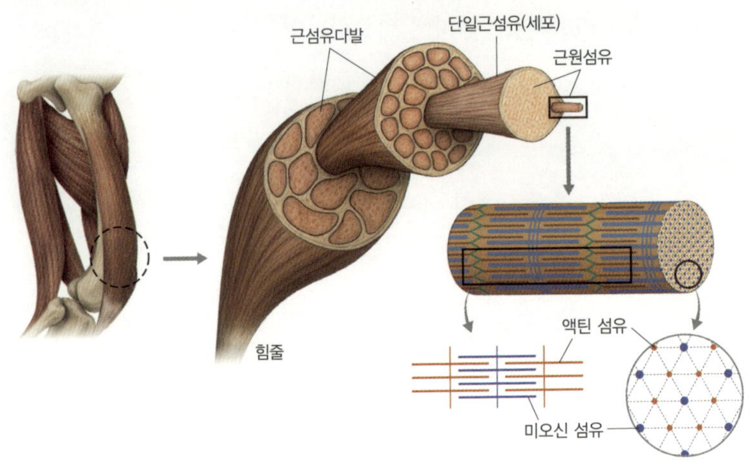

이가 줄어듭니다. 석영이나 설탕과 같은 물질은 전기장을 걸어 주면 수축하는 성질을 가지고 있습니다. 죽은 개구리의 뒷다리도 전기 자극을 가하면 움찔움찔합니다. 1780년에 이탈리아의 과학자(외과의사, 물리학자, 생물학자, 철학자) **갈바니 (Luigi Galvani, 1737-1798)**가 이 현상을 발견하였지요. 19세기 초에 쓰인 공상과학소설 프랑켄슈타인에서 주인공 빅토르 프랑켄슈타인이 만든 괴물 휴머노이드도 전기 자극으로 움직입니다. 하지만 동물의 근육 안에서 일어나는 일은 단순히 전기 자극에 의한 물질의 변형이 아닙니다. 아주 복잡하고 재미있는 일이 일어납니다.

개 뒷다리에 있는 근육처럼 서로 다른 뼈에 양 끝이 붙어 있으며 동

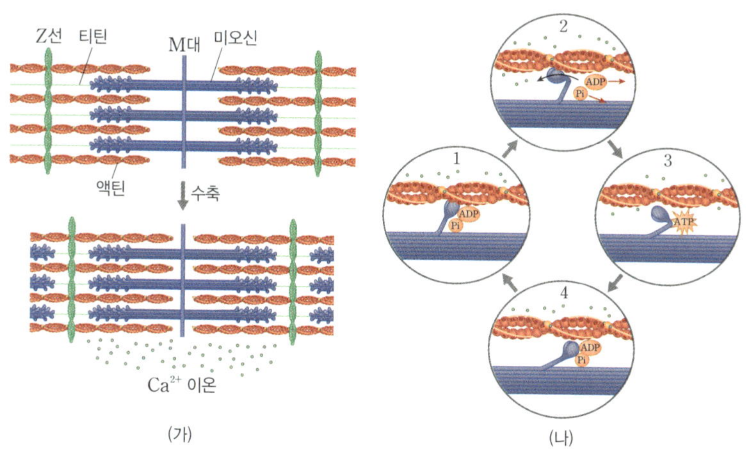

그림 3-41 (가) 미오신 섬유 다발과 액틴 섬유 다발이 서로 겹진 모양. 운동 뉴런의 자극을 받아 Ca^{2+} 이온이 방출되면 미오신 섬유가 액틴 섬유를 잡아당겨 겹친 부분이 늘어나 근육이 수축한다.

(나) 1. Ca^{2+} 이온이 액틴 섬유에 미오신 분자의 머리가 달라붙도록 해 준다. 2. 미오신 분자에 붙어 있던 ADP와 Pi(인산기)가 떨어져 나가면서 미오신 머리가 구부러지고 이것이 액틴 섬유를 M대가 있는 쪽으로 당긴다. 3. ATP가 미오신에 결합하면 미오신 머리가 액틴으로부터 떨어진다. 4. ATP가 가수분해되면 머리가 펼쳐진다. 계속해서 Ca^{2+} 이온이 있으면 1 → 2 → 3 → 4의 과정이 되풀이된다. Ca^{2+} 이온이 없으면 4의 상태로 근육은 휴식 상태가 된다. (외부 힘이 작용하는 대로 근육이 늘어난다.)

물의 움직임에 관여하는 근육을 **골격근(骨格筋, skeleton muscle)**이라고 합니다. **그림 3-40**은 골격근의 미세구조를 보여 줍니다. 분자 크기로 가는 미오신 섬유와 액틴 섬유가 모여 근원섬유를 이루고, 근원섬유 다발이 근섬유를 이루고, 근섬유 다발을 수백 수천 개가 골격근을 이루는 것입니다. 미오신 섬유와 액틴 섬유는 같은 섬유끼리 단백질로 고정되어 있으며 칫솔에 칫솔모가 박혀 있는 것처럼 나란하게 배열하고 있습니다. 그리고 두 칫솔의 칫솔모를 서로 물려 놓은 모양으로 겹쳐 있습니다. 그림 3-40에 보인 것처럼 하나의 미오신 섬유 주변에는 6개의 액틴 섬유가 있고 하나의 액틴 섬유 주변에는 3개의 미오신 섬유가 있는 규칙적인 배열을 합니다. 칫솔모가 겹친 부분이 많아질수록 두 칫솔이 가까워지듯 미오신 섬유 다발과 액틴 섬유 다발의 많이 겹치면 근육이 수축합니다.

그림 3-41 (가)는 미오신 섬유와 액틴 섬유가 겹쳐 있는 모양을 나타낸 것입니다. 액틴 섬유와 미오신 섬유가 고정되어 있는 부분을 Z선(Z line)과 M대(M band)라고 부릅니다.◆ 미오신 섬유 다발과 액틴 섬유 다발은 완전히 떨어져 있는 것은 아니고 티틴 단백질로 연결되어 있습니다, 그러므로 어느 한계 이하의 힘이 작용할 때 근육이 어느 이상으로 늘어나지는 않습니다. 물론 그 한계를 넘는 힘이 작용하면 근육에 이상이 생기지요.

그림 3-41 (나)는 근육이 수축할 때 일어나는 일을 보여 줍니다. 운동 뉴런이 신호를 전달하면 근육에는 Ca^{2+} 이온이 방출됩니다. 그러면 이것이 액틴에 미오신 머리가 결합할 수 있도록 합니다. 그러면 미오신에 있던 ADP와 인산기(Pi)가 떨어져 나가고 이것이 미오신 머리를 구부러지게 합니다. 이것이 액틴 섬유를 M대 쪽으로 잡아당기지요. 마치 손으로 줄을 잡고 팔을 구부리면 줄이 당겨지는 것과 같지요. ADP가

◆ 이 이름은 근원섬유의 분자적 구조나 성질이 밝혀지기 전에 붙여진 이름입니다. 현미경에 보이는 모습에 따라 어떤 것은 선으로 부르고 어떤 것은 띠라고 부른 것이지요.

떨어져 나간 자리에 새로운 ATP가 결합하면 액틴과 미오신의 결합이 풀어집니다. 그리고 ATP이 가수분해되어 ADP와 Pi로 되면 구부러졌던 미오신 머리가 펴집니다. 이 과정이 되풀이하여 액틴 섬유를 M대 쪽으로 당기면 근육이 수축하지요. 우리의 움직일 때 근육 안에서 대단히 복잡한 일이 일어나고 있지요?

한번 수축한 근육이 계속해서 유지되는 것도 아닙니다. 근육을 원래 상태로 되돌리려고 하는 외부 힘이 작용하고 있다면 계속해서 미오신 분자가 구부러지며 액틴 섬유를 잡아당겨야 근육의 수축이 지속됩니다. 외부 힘에 의해 미오신 섬유과 액틴 섬유가 미끄러질 테니까요. 그러니 끊임없이 ATP가 소모되어야 합니다. 요즘은 학교 현장에서 사라졌지만 예전에는 수업 중 말썽을 피운 학생에게 손을 들고 서 있는 벌을 내리고는 했습니다. 경험해 보지 않은 사람은 움직이지 않고 가만히 있는 것이니 별것 아니라고 생각하겠지만 그렇지 않습니다. 팔을 들려면 어느 근육을 수축해야 합니다. 그 상태를 유지하려면 ATP를 계속 공급해야 하고 그것은 몸 안의 포도당을 분해해서 만들어 내야 합니다. 운동을 하지는 않더라도 몸의 에너지가 소모됩니다. 가만히 서 있을 때노 몸에 있는 여러 근육이 수축 상태를 유지해야 합니다. 그래서 오래 서 있으면 피곤하지요. 해님과 달님 이야기에서 호랑이가 동아줄을 꽉 쥐고 있기 위해서도 ATP가 지속적으로 공급되어야 합니다. 그래서 땅으로 떨어진 걸지도 모릅니다. 그렇다면 어린 오누이가 어떻게 하늘까지 올라갔을지도 궁금합니다. 불쌍한 오누이에게는 동아줄만 내려 주지 않고 뭔가 탈것을 내려보냈겠지요?

여우와 신포도 이야기에서는 순전히 여우의 점프에 대한 물리만 다루었네요. 어쩔 수 없는 것이 여우가 주인공으로 발탁된 것이 마우싱이라고 부르는 그 특이한 점프 덕분이니까요. 계속해서 우리 사람의 높이뛰기와 장대높이뛰기에 대한 물리학도 소개하려 했는데 너무 지겨울 것 같아 여기에서 마치겠습니다. 이 주제는 점프라면 내가 일등이라고 할 개구리나 베짱이가 나오는 다른 이야기에서 다루겠습니다.

여우와 신포도 이야기의 물리학적 교훈

뛸 수 있는 높이는 각자 다르다. 하지만 그 차이는 크지 않다. 남보다 높이 뛴다고 자만하지 말아야 한다. 그렇지만 조금이라도 더 높이 뛸 수 있는 능력과 높이 뛰려고 기울인 노력도 마땅히 존중해 주어야 한다.

과학이 꼭 필요한 이유

소위 물리학자인 부부가 어떤 엉뚱한 일을 했는지 들어 보세요. 고지식함을 드러내는 것이라 부끄럽지만 과학의 중요성을 일깨워 주는 이야기라서 소개하고자 합니다. 어떤 현상의 정확한 원인을 모르면 이렇게 행동하게 될 테니까요.

무척이나 더웠던 2024년 여름날 청유재의 냉장고에 문제가 생겼습니다. 어느 날 외출했다가 집에 돌아오니 냉장고 앞면 계기판이 켜져 있고 거기 표시된 냉장실의 온도가 9 ℃를 가리키고 있었습니다.

냉장고 문을 제대로 닫지 않았나 보네? ⇐ 가설 설정 ◆

◆　가장 확률이 높다고 생각되는 상황을 가정한 것이지요. 10년이 지난 냉장고지만 최근 어떤 이상도 감지되지 않았었으니까요.

아이고! 아침에 내가 마지막으로 닫았는데. (자주 그러니까)

하루 종일 냉장고가 작동했으면 컴프레서에 무리가 갔을 텐데 걱정이

네요. 그리고 불도 날 수 있었고. (냉장고 걱정)

아예 모터 소리가 나지 않는데요? 모터가 탔으려나?

어라? 문이 열리지도 않았는데? ⇐ 가설 틀린 것 확인

문을 꽉 누르니 다시 작동해요. 다행이네요. ⇐ 실험 및 관찰

냉장고가 오래되어 고무 패킹 탄성이 줄어서 덜 닫히나? ⇐ 가설 재설정

그리고 이렇게 더운 날인데도 내부 온도가 9℃밖에 올라가지 않은 게

그나마 다행이랄까… (음식물 걱정)

과 은 이후 냉장고 문을 꽉 누르며 닫고 냉장고가 제대로 작동하는지 확인합니다. 문을 닫은 후 약 1분 정도 지나서 계기판이 꺼지면 냉장고가 제대로 작동하는 것이라는 규칙도 발견합니다. ⇐ 관찰과 규칙 발견

며칠 후

냉장고가 또 그러네? ⇐ 가설 틀린 것 확인

안에 넣어 놓은 그릇에 걸려서 문이 덜 닫히나? ⇐ 가설 재설정

(냉장고 문 쪽에 가까운 그릇을 안으로 밀어 넣고 문을 닫으니 냉장고가 제대로 작

동하는 것 확인.) ⇐ 실험으로 확인

다음 날

냉장고가 아무래도 고장인가 보네요. ⇐ **가설 틀린 것 확인**

문을 눌러서 닫았고, 걸리는 것도 없는 것 같은데.

패킹이 문제라면 오히려 냉장고 컴프레서가 계속 작동해야 하는 것 아

닌가? ⇐ **상황 정리 및 분석**

문이 잘 닫히도록 냉장고를 뒤로 기울여 볼게요. ⇐ **가설 재설정**

작동했다가 한참 후 다시 문을 열었다 닫으니 또다시 정지.

무엇이 문제일까?

멀티탭◆ 불이 깜박거리는데 전선이 접촉 불량이라 그런가? (냉장고 움

직일 것을 걱정하면서 다른 전기 기구로 멀티탭 점검해 보니 멀티탭에는 이상이

없다는 것 확인. 여전히 멀티탬의 불은 불안정하게 깜박거리지만.)

수리 신청을 해 볼까요?

어떤 때는 작동하고 어떤 때는 작동하지 않는 것이 문제지요. 이 더운

날 수리하러 왔는데 제대로 작동하고 있으면 수리 기사에게 미안하고.

하기야… (이리저리 해 보다가 냉동실 문을 닫는 순간 냉장실 문이 들썩이는 것

◆   냉장고 뒤 벽에 전기소켓(콘센트, 배선용 꽂음 접속기가 공식적인 명칭이라고 하네요.)이 있
어서 멀티탭을 연결하여 전원을 밖으로 빼고 냉장고를 벽에 가까이 붙여 놓은 상태입
니다. 만일의 경우 냉장고 전원을 아예 끊어야 할 경우에도 냉장고를 움직이지 않으려
는 조치였습니다. 그러니 멀티탭이 고장 났다면 그것도 큰일인 겁니다. 벽에 붙여 놓은
냉장고를 움직여야 하니까요.

발견) ⇐ **관찰과 새로운 규칙 발견**

냉동실 문을 닫을 때 냉장실 문이 열렸다가 다시 닫히네?

이때 다시 누르면 작동하네요? 하지만 이것도 문제를 해결한 것은 아닌 듯? ⇐ **반복가능성, 재현가능성 제기**

작동될 때 문을 닫아 두고 수리를 부탁합시다.

완전히 고장이 나면 음식물까지 다 버리게 될 테니.

그럽시다. 전문가는 무엇이 문제인지 찾아내겠지.

서비스 센터에 전화하자 바로 다음 날 수리 기사가 오셨습니다. 냉장고의 증상을 설명하자마자 곧바로 문제점을 찾아내시더군요. 냉장고 '홈바◆'의 작은 문이 열렸는지 닫혔는지를 감지하는 센서가 고장 난 거라고 말이지요.◆◆ 냉장고 컴프레서 모터를 보호하느라 이 센서가 문이 열려 있다고 감지하면 아예 모터 작동을 멈추게 되어 있다는군요.◆◆◆ 그러니 냉장고에 무리가 갈 거를 걱정할 필요는 없었습니다. 여하간 수리는 10분도 걸리지 않고 끝났습니다.◆◆◆◆ 일주일 이상을 괴롭혔던 문

◆ 원래는 가정집에서 간단히 술이나 음료를 마시려고 만든 작은 공간을 부르는 말인데, 냉장고에 식음료를 보관해 두고 문 전체를 열지 않고도 작은 문만 열어 꺼낼 수 있도록 만든 작은 공간을 부르는 말로도 널리 쓰입니다.

◆◆ 이 센서는 홈바가 열리는 순간 전구를 켜서 홈바를 밝게 하기 위한 것입니다.

◆◆◆ 우리처럼 자주 냉장고 문을 제대로 닫지 않는 사람들이 많나 봅니다. 그리고 문을 오래 열어 두어도 냉장고는 자동으로 보호된다는 것을 알았습니다. 음식물은 그렇지 않겠지만요.

◆◆◆◆ 수리는 간단했습니다. 센서를 교체하는 대신 간단히 홈바 센서에 연결된 전선을 자르는 것이었지요. 홈바 조명은 필요치 않으니까요. 센서가 off일 때 냉장고는 작동하나 봅니다.

제인데 말이지요.

은 홈바의 문을 여는 일이 거의 없어서 이것이 문제일 거라고는 생각하지도 못했습니다. 음료수를 마실 아이들이 집에 없으니까요. 두 사람이 세웠던 모든 가설은 왜 문이 덜 닫히는가에 고정되어 있었지요. 그리고 그에 따른 해결책으로 제시한 방법이 성공했던 이유는 우연히 홈바 문 센서를 작동시켰던 겁니다. 문을 누르면서 닫았을 때 홈바 문을 누른 경우는 작동했고 다른 곳을 눌렀을 때는 작동하지 않았던 거지요. 냉장고를 뒤로 기울였을 때도 그때 우연히 홈바 문을 건드린 거였고요. 문제점을 알게 되었을 때, 마치 추리소설의 마지막 부분에서 범인이 밝혀진 것 같다는 생각이 들었습니다. 탐정에 의해 사건의 전말이 밝혀지고 나면 그때까지 여러 등장인물이 왜 의심받을 만한 행동을 했는지가 모두 설명되지 않던가요? 제대로 된 과학도 그렇습니다. 올바른 법칙이 찾아지기까지는 자연현상마다 따로 그에 맞는 제각각의 규칙과 설명을 하게 되지요. 예외도 잔뜩 나타나고요. 올바른 법칙은 그에 해당하는 자연현상 모두를 예외 없이 설명할 수 있게 됩니다.

가전제품 회사의 고객 서비스가 이렇게나 잘 되어 있는 시대에 살면서 고장난 냉장고와 일주일 넘게 씨름한 두 과학자의 이야기는 한심하게 들릴지 모릅니다. 하기야 과 가 과학자답게 행동한 것은 맞습니다. 원인에 대한 가설을 세우고 그것을 실험으로 확인한 후 가설을 수정하고 다시 확인하며 문제를 해결해 보려 했으니까요. 시간이 충분히 주어졌다면 어쩌면 해결책을 찾았을지도 모릅니다. 홈바 문도 열었다 닫았다 해 보았을 테니까요. 여하간 이 일화는 어설픈 과학적 사고만으로 복잡한 기술적인 문제를 해결할 수 없다는 걸 보여 줍니다.

다른 한편으로 이 일화는 오히려 과학의 중요성을 강조하는 것이기도 합니다. 과 가 한 행동은 사실 '장님 코끼리 만지기'였지요. 신형 냉장고의 세부적인 장치에 대해 전혀 알지 못한 채◆ 겉으로 드러난 몇 가지 증상만으로 냉장고의 문제를 해결해 보려 했으니까요. 이것은 과학적 원리를 모른 채 공학(engineering)과 기술(technology)을 하려고 덤비는 것과 같습니다. 비유하자면 냉장고에 관해서는 집에 오신 수리 기사가 과학자이고 (물리학 박사인) 과 가 오히려 과학적 원리를 모르는 어설픈 기술자였던 거지요. 이것은 결코 과학자가 기술자보다 우월하다는 말이 아닙니다. 앞 문단에서 이야기한 것처럼 어설픈 과학자도 기술적 문제를 해결할 수 없습니다. 과학적 원리를 모른 채 마구잡이로 덤비는 기술자를 어설프다고 표현한 것뿐입니다. 에디슨이 전구를 발명할 때 2,000번의 실패를 극복했다는 일화는 유명합니다. 에디슨의 끈질긴 노력은 당연히 본받을 만 하지요. 하지만 다른 한편으로 그의 전구 발명 과정에 과학적 뒷받침이 있었더라면 과연 2,000번이나 실패했을까라는 생각도 합니다.

과학기술 강국을 표방하는 우리나라의 교육 현실은 어떤가요? 과학 과목은 대학 진학 시험에서 채택되어 교육이 진행되고는 있지만 과학

◆ 냉장고에서 어떻게 열이 밖으로 빠져 나오는지는 물리학의 한 분야인 열역학으로 잘 설명됩니다.

적 사고력 신장과 과학 교육의 원래 취지는 찾아보기 어렵습니다. 공학적 사고력 신장이라거나 일상을 살아가는 데 필요한 기초적인 기술을 가르치는 일은 아예 학교 교육 현장에서 사라지고 말았지요. 고장 난 냉장고 덕분에 여러 생각을 해 보았습니다.

이야기에서 물리 찾기 1

1판 1쇄 발행일 2026년 1월 30일

지은이 청유재 사람들 – 박병윤·권경훈·박혜연·박준규·윤지영
펴낸이 권준구 | 펴낸곳 (주)지학사
등록 2017년 2월 9일(제2017-000034호)
주소 서울시 마포구 신촌로6길 5
전화 02.330.5200 | 팩스 02.3141.4488
이메일 webmaster@jihak.co.kr | 홈페이지 www.jihak.co.kr

ISBN 978-89-05-05939-2 (03420)